线性代数及其应用（第 2 版）

主　编　王　艳
副主编　程　茜　杨　卫

北京理工大学出版社
BEIJING INSTITUTE OF TECHNOLOGY PRESS

内容提要

本书以理论结合实际的方式，以解决问题为目标，全面地介绍线性代数的主要内容．全书共5章：第1章为行列式，重点介绍行列式的各种性质计算；第2章矩阵，基于矩阵的基础知识介绍矩阵的应用；第3章 n 维向量与线性方程组，通过案例阐述线性方程组在生产生活中的应用；第4章相似矩阵及二次型，重点讲授特征值、二次型等的应用；第5章线性规划的基本问题，着重介绍有关线性规划的一些基本概念、基本理论及求解线性规划问题的若干方法．本书除了教授常规的计算方法外，还在计算方面重点引入软件操作，希望学生能在这门课程中了解到软件在实际问题中是如何发挥作用的，并且提升学生的编程能力，提升学生在专业课程中的编程思维与逻辑思维．

在本教材的使用中，每章的上机部分在机房进行，教师引导学生对问题进行讨论，学生通过软件实现问题的解决．

线性代数及其应用/王艳主编．—2版．—北京：北京理工大学出版社，2019.8(2020.12重印)

ISBN 978-7-5682-7439-5

Ⅰ.①线…　Ⅱ.①王…　Ⅲ.①线性代数-高等学校-教材　Ⅳ.①O151.2

中国版本图书馆CIP数据核字（2019）第174970号

出版发行／北京理工大学出版社有限责任公司
社　　址／北京市海淀区中关村南大街5号
邮　　编／100081
电　　话／(010) 68914775（总编室）
　　　　　(010) 82562903（教材售后服务热线）
　　　　　(010) 68948351（其他图书服务热线）
网　　址／http://www.bitpress.com.cn
经　　销／全国各地新华书店
印　　刷／涿州市新华印刷有限公司
开　　本／787毫米×1092毫米　1/16
印　　张／12
字　　数／283千字
版　　次／2019年8月第2版　2020年12月第2次印刷
定　　价／35.00元

责任编辑／多海鹏
文案编辑／孟祥雪
责任校对／周瑞红
责任印制／李志强

前言

在科学技术飞速发展、知识更替日新月异的今天，希望、困惑和挑战等无时无刻不出现在我们的生活和学习当中．如何抓住机遇寻求发展？如何迎接挑战适应变化？最直接的办法就是学会学习，终身学习．

大学生的学习任务相当繁重，加上不断压缩的学时，使许多学生对所学的知识缺乏思考，难以深入理解，整体表现出一种浮躁的状态．如果再加之教材的理论过于深入，语言晦涩难懂，就更给学习者带来消极的影响．为了使学生真正掌握所学知识的内涵，把握知识点，了解重点、难点和解题思路，达到事半功倍的效果，我们结合在教学过程中的经验和全国乃至国外优秀教材的精华编写了本书．

线性代数是一门重要基础课，也是培养学生抽象思维和逻辑思维能力及空间想象能力的重要课程．是否全面系统地理解和掌握它的基本内容将直接影响到后续课程的学习．

线性代数的特点是高度抽象并且概括性强，具有严密的逻辑性和独特的公式语言的特点．为了帮助学生更好地学习线性代数，本书虽然围绕着线性代数教学大纲的基本要求展开，但在内容安排、形式体例、行文风格等方面都做了调整，注意表述的清晰与逻辑的严密，同时注重语言的通俗易懂．每一章用一个实际问题引入并展开知识点的讲解，最后又回到开始的实际问题进行全面的讲解，同时引入软件求解的内容，让学生在掌握基本求解方法的同时学会在现实生活中利用软件求解实际问题．

本书还配备练习题，学生可通过知识回顾、课堂练习和课后作业、章节测试对本书设计的知识点进行学习．

本书由王艳主编，其编写第 1 章，程茜编写第 3、4 章，杨卫编写第 2、5 章．

由于编者水平有限，书中难免有疏漏或是不妥之处，欢迎读者批评指正．

编　者

目 录

第1章

行 列 式

在一个函数、方程或不等式中，如果出现的数学表达式是关于未知数或变量的一次式，那么这个函数、方程或不等式就称为线性函数、线性方程或线性不等式．如果一个实际问题中归纳出来的数学模型中出现的函数、方程式或不等式都是线性的，就称这个数学模型为线性模型．在经济管理活动中，许多变量之间存在着或近似存在着线性关系，使得对这种关系的研究显得非常重要．投入产出线性规划数学模型是最常见的线性模型，在数据计算、信息处理、均衡生产、减少消耗、增加产出等方面有着广泛的应用．在模型的建立中，我们也常将非线性关系近似看作线性关系．线性代数就是研究线性关系的基本数学工具．

在1683年与1693年，日本数学家关孝和与德国数学家莱布尼茨就分别独立地提出了行列式的概念．以后很长一段时间内，行列式主要应用于对线性方程组的研究．大约一个半世纪后，行列式逐步发展为线性代数的一个独立的分支．1750年，瑞士数学家克莱姆在他的论文中提出了利用行列式求解线性方程组的著名法则——克莱姆法则．随后，1812年，法国数学家柯西发现了行列式在解析几何中的应用．如今，随着计算机的发展，行列式的数值意义已经不大，但行列式的理论依然占据着重要的地位．特别是在本课程中，行列式是研究后面线性代数方程组、矩阵的重要工具．本章思维导图如图1-1所示．

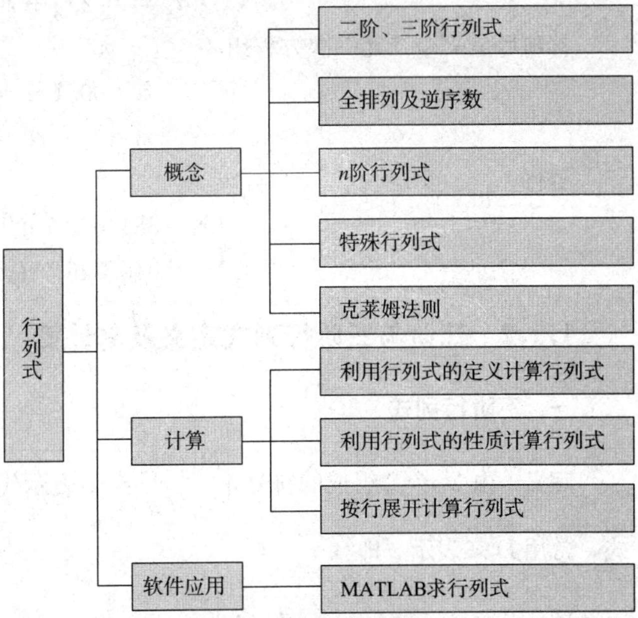

图1-1　本章思维导图

1.1　二阶与三阶行列式

1.1.1　引例

引例 1

设有二元线性方程组

$$\begin{cases} a_{11}x_1 + a_{12}x_2 = b_1 \\ a_{21}x_1 + a_{22}x_2 = b_2 \end{cases} \tag{1}$$

用消元法解方程组（1），当 $a_{11}a_{22} - a_{12}a_{21} \neq 0$ 时，方程组（1）有唯一解，且得

$$\begin{cases} x_1 = \dfrac{b_1a_{22} - b_2a_{12}}{a_{11}a_{22} - a_{12}a_{21}} \\ x_2 = \dfrac{b_2a_{11} - b_1a_{21}}{a_{11}a_{22} - a_{12}a_{21}} \end{cases} \tag{2}$$

为了便于研究，引入二阶行列式的定义．

引例 2

假设甲、乙两个运输公司组成一个运输队，它们分别对外提供服务，在运输期间又商定相互提供服务，已知甲公司每创造单位产值需要乙公司提供 0.1 单位服务；乙公司每创造单位产值需要甲公司 0.2 单位服务．又知道在该时期内，2 个公司创造的产值分别为：甲公司 500 万元，乙公司 700 万元．问：每个公司创造的总产值分别为多少？

假设甲公司产值为 x_1，乙公司产值为 x_2，可列方程组如下：

$$\begin{cases} x_1 = 0.1x_2 + 500 \\ x_2 = 0.2x_1 + 700 \end{cases}$$

移项后是一个二元一次方程组

$$\begin{cases} x_1 - 0.1x_2 = 500 \\ -0.2x_1 + x_2 = 700 \end{cases}$$

解得

$$\begin{cases} x_1 = 581.632\,7\ (\text{万元}) \\ x_2 = 816.326\,5\ (\text{万元}) \end{cases}$$

1.1.2　二阶与三阶行列式定义及其计算

一、二阶行列式

定义　由 2^2 个数组成的符号 $\begin{vmatrix} a_{11} & a_{12} \\ a_{21} & a_{22} \end{vmatrix}$，表示代数和 $a_{12}a_{22} - a_{12}a_{22}$，称它为二阶行列式，常用 D 来表示．即

$$D = \begin{vmatrix} a_{11} & a_{12} \\ a_{21} & a_{22} \end{vmatrix} = a_{11}a_{22} - a_{12}a_{21}$$

其中，a_{ij} 是表示二阶行列式中第 i 行第 j 列的元素．横排称为行，竖排称为列，二阶行列式表示一个数值，它只是一个数的另一种表示方式，代表一种运算．

二阶行列式的计算可以用对角线法则来计算，如下所示：

$$\begin{vmatrix} a_{11} & a_{12} \\ a_{21} & a_{22} \end{vmatrix} = a_{11}a_{22} - a_{12}a_{21}$$

我们将从左上角到右下角的对角线称为行列式的主对角线；从右上角到左下角的对角线称为行列式的副（次）对角线．所以，a_{11} 到 a_{22} 的实连线称为主对角线，a_{12} 到 a_{21} 的虚连线称为次对角线．

因此，二阶行列式是主对角线上的元素乘积减去次对角线上的元素乘积．

例 1　计算二阶行列式$\begin{vmatrix} 1 & 2 \\ 3 & 5 \end{vmatrix}$.

解

$$\begin{vmatrix} 1 & 2 \\ 3 & 5 \end{vmatrix} = 1 \times 5 - 2 \times 3 = -1$$

例 2　计算二阶行列式$\begin{vmatrix} a & b \\ c & d \end{vmatrix}$.

解

$$\begin{vmatrix} a & b \\ c & d \end{vmatrix} = ad - bc$$

有了二阶行列式的概念，对于引例 1，就可以记 $D = \begin{vmatrix} a_{11} & a_{12} \\ a_{21} & a_{22} \end{vmatrix}, D_1 = \begin{vmatrix} b_1 & a_{12} \\ b_2 & a_{22} \end{vmatrix}, D_2 = \begin{vmatrix} a_{11} & b_1 \\ a_{21} & b_2 \end{vmatrix}$，当 $D \neq 0$ 时，引例 1 中方程组（2）的解可表示成 $x_1 = \dfrac{D_1}{D}, x_2 = \dfrac{D_2}{D}$.

例 3　解二元线性方程组$\begin{cases} x_1 + 2x_2 = 5 \\ 3x_1 + 4x_2 = 9 \end{cases}$.

解

$$x_1 = \frac{D_1}{D} = \frac{\begin{vmatrix} 5 & 2 \\ 9 & 4 \end{vmatrix}}{\begin{vmatrix} 1 & 2 \\ 3 & 4 \end{vmatrix}} = \frac{5 \times 4 - 2 \times 9}{-2} = -1$$

$$x_2 = \frac{D_2}{D} = \frac{\begin{vmatrix} 1 & 5 \\ 3 & 9 \end{vmatrix}}{\begin{vmatrix} 1 & 2 \\ 3 & 4 \end{vmatrix}} = \frac{1 \times 9 - 5 \times 3}{-2} = 3$$

所以，$x_1 = -1$，$x_2 = 3$.

同样地，对于引例 1、引例 2，也可以采用行列式的方法进行求解．那么，对于三元的线性方程组，又该如何求解呢？为此，我们给出三阶行列式的定义.

二、三阶行列式

对于三元线性方程组$\begin{cases} a_{11}x_1 + a_{12}x_2 + a_{13}x_3 = b_1 \\ a_{21}x_1 + a_{22}x_2 + a_{23}x_3 = b_2 \\ a_{31}x_1 + a_{32}x_2 + a_{33}x_3 = b_3 \end{cases}$，其系数行列式

$$\begin{vmatrix} a_{11} & a_{12} & a_{13} \\ a_{21} & a_{22} & a_{23} \\ a_{31} & a_{32} & a_{33} \end{vmatrix}$$

称为三阶行列式．

即

$$D=\begin{vmatrix} a_{11} & a_{12} & a_{13} \\ a_{21} & a_{22} & a_{23} \\ a_{31} & a_{32} & a_{33} \end{vmatrix}$$
$$=a_{11}a_{22}a_{33}+a_{12}a_{23}a_{31}+a_{13}a_{21}a_{32}-a_{11}a_{23}a_{32}-a_{12}a_{21}a_{33}-a_{13}a_{22}a_{31}$$

同样，其代表一个数．三阶行列式由 9 个元素组成，它表示 $3!=6$ 项的代数和，其中正负项各占一半，每一项都是取不同行不同列的 3 个元素的乘积．类似于二阶行列式，三阶行列式也可以用对角线法则的方法记忆其计算方法，如图 1－2 所示，实连线的三个元素之积带正号，虚连线的三个元素之积带负号．

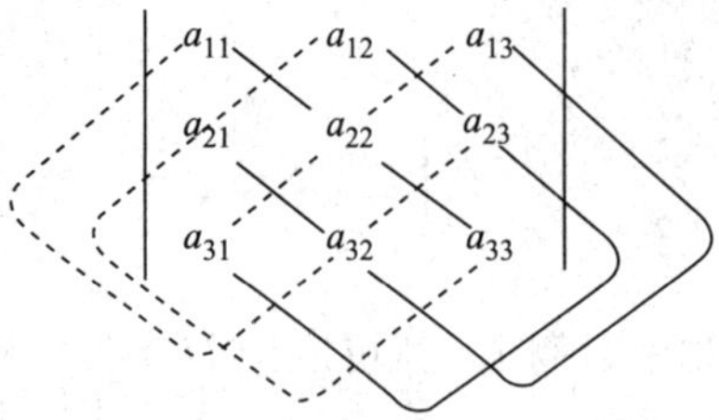

图 1－2　三阶行列式计算图

例 4　计算三阶行列式 $\begin{vmatrix} 1 & -1 & -2 \\ 2 & 3 & -3 \\ -4 & 4 & 5 \end{vmatrix}$ 的值．

解

$$D=1\times3\times5+(-1)\times(-3)\times(-4)+(-2)\times2\times4-(-2)\times3\times(-4)-(-1)\times2\times5-1\times(-3)\times4$$
$$=15-12-16-24+10+12=-15$$

例 5　已知三阶行列式 $D=\begin{vmatrix} a & 3 & 4 \\ -1 & a & 0 \\ 0 & a & 1 \end{vmatrix}=0$，求元素 a 的值．

解　$D=\begin{vmatrix} a & 3 & 4 \\ -1 & a & 0 \\ 0 & a & 1 \end{vmatrix}=a^2-4a+3=(a-1)(a-3)$

已知 $D=0$，所以 $(a-1)(a-3)=0$，得 $a=1$ 或 $a=3$.

若令 $D_1=\begin{vmatrix} b_1 & a_{12} & a_{13} \\ b_2 & a_{22} & a_{23} \\ b_3 & a_{32} & a_{33} \end{vmatrix}$，$D_2=\begin{vmatrix} a_{11} & b_1 & a_{13} \\ a_{21} & b_2 & a_{23} \\ a_{31} & b_3 & a_{33} \end{vmatrix}$，$D_3=\begin{vmatrix} a_{11} & a_{12} & b_1 \\ a_{21} & a_{22} & b_2 \\ a_{31} & a_{32} & b_3 \end{vmatrix}$，利用对角线法

则计算出 D,D_1,D_2,D_3 的值，当系数行列式 $D\neq 0$ 时，$x_1=\dfrac{D_1}{D},x_2=\dfrac{D_2}{D},x_3=\dfrac{D_3}{D}$.

注：对角线法则只适用于二、三阶行列式.

练习题 1-1

1. 计算 $\begin{vmatrix} 4 & -3 \\ 5 & 2 \end{vmatrix}$.

2. 设 $D=\begin{vmatrix} \lambda^2 & \lambda \\ 3 & 1 \end{vmatrix}$，求：(1) 当 λ 为何值时 $D=0$？(2) 当 λ 为何值时 $D\neq 0$？

3. 解方程组 $\begin{cases} 2x_1+3x_2=8 \\ x_1-2x_2=-3 \end{cases}$.

4. 计算下列行列式：

(1) $\begin{vmatrix} a-1 & -1 \\ 1 & a^2+a+1 \end{vmatrix}$；　(2) $\begin{vmatrix} \cos\theta & \sin\theta \\ \sin\theta & -\cos\theta \end{vmatrix}$；

(3) $\begin{vmatrix} 3+\sqrt{5} & \sqrt{3}-2 \\ \sqrt{3}+2 & 3-\sqrt{5} \end{vmatrix}$；　(4) $\begin{vmatrix} \sin\alpha & \cos\alpha \\ \sin2\alpha & \cos2\alpha \end{vmatrix}$.

5. 计算三阶行列式 $\begin{vmatrix} 1 & 2 & 3 \\ 4 & 0 & 5 \\ -1 & 0 & 6 \end{vmatrix}$.

6. 求解方程 $D=\begin{vmatrix} 1 & 1 & 1 \\ 2 & 3 & x \\ 4 & 9 & x^2 \end{vmatrix}=0$.

7. 若行列式 $\begin{vmatrix} k & 0 & 0 \\ 2 & 1 & 0 \\ 9 & 3 & 8 \end{vmatrix}=40$，求 k 的值.

8. 已知行列式 $\begin{vmatrix} \lambda & 1 & 1 \\ 1 & \lambda & -1 \\ 2 & -1 & 1 \end{vmatrix}=0$，求 λ 的值.

9. 已知 $f(x)=\begin{vmatrix} 2 & 1 & 1 \\ 2 & x & 1 \\ 5 & 0 & x \end{vmatrix}$，若 $f(x)>0$，求 x 的取值范围.

1.2　全排列及其逆序数

对于 n 个不同的元素，可以给它们规定一个次序，并称这规定的次序为标准次序. 例如 $1,2,\cdots,n$ 这 n 个自然数，一般规定由小到大的次序为标准次序.

定义 1 由 n 个自然数 $1,2,\cdots,n$ 组成的一个有序数组 $i_1i_2\cdots i_n$ 称为一个 n 元全排列，简称为排列．

例如，由 1，2，3 这三个数组成的 123，132，213，231，312，321 都是 3 元（全）排列．

定义 2 在一个排列里，如果某一个较大的数码排在一个较小的数码前面，就说这两个数码构成一个逆序（反序），在一个排列里出现的逆序总数叫作这个排列的逆序数，用 $\tau(i_1i_2\cdots i_n)$ 表示排列 $i_1i_2\cdots i_n$ 的逆序数．

根据定义 2，可按如下方法计算排列的逆序数：

设在一个 n 级排列 $i_1i_2\cdots i_n$ 中，比 $i_t(t=1,2,\cdots,n)$ 大的且排在 i_t 前面的数共有 t_i 个，则 i_t 的逆序的个数为 t_i，而该排列中所有数的逆序的个数之和就是这个排列的逆序数．即

$$\tau(i_1i_2\cdots i_n)=t_1+t_2+\cdots+t_n=\sum_{i=1}^{n}t_i$$

例 1 计算排列 45321 的逆序数.

解 因为 4 排在首位，故其逆序数为 0；

比 5 大且排在 5 前面的数有 0 个，故其逆序数为 0；

比 3 大且排在 3 前面的数有 2 个，故其逆序数为 2；

比 2 大且排在 2 前面的数有 3 个，故其逆序数为 3；

比 1 大且排在 1 前面的数有 4 个，故其逆序数为 4.

可见，所求排列的逆序数为

$$\tau(45321)=0+0+2+3+4=9$$

定义 3 逆序数为偶数的排列叫作偶排列，逆序数为奇数的排列叫作奇排列．

$\tau(i_1i_2\cdots i_n)=i_2$ 前面大于 i_2 的元素个数 $+\,i_3$ 前面大于 i_3 的元素的个数 $+\cdots+\,i_n$ 前面大于 i_n 的元素的个数，例如，

$\tau(2341)=0+0+3=3$，逆序数为 3，$\tau(2341)$ 为奇排列．

$\tau(4321)=1+2+3=6$，逆序数为 6，$\tau(4321)$ 为偶排列．

定义 4 把一个排列中某两个数码 i 和 j 互换位置，而其余数码不动，就得到一个新排列. 对一个排列所施行的这样一个变换叫作一个对换．

例如，排列 2341 经过元素 2，4 对换变成排列 4321，可记为 $2341\xrightarrow{(2,4)}4321$.

定理 1 对换改变排列的奇偶性．

证 先证相邻对换.

设排列为 $a_1\cdots a_l\,a\,b\,b_1\cdots b_m$，对换 a 与 b，得 $a_1\cdots a_l\,b\,a\,b_1\cdots b_m$.

当 $a<b$ 时，经对换后 a 的逆序数增加 1，b 的逆序数不变；

当 $a>b$ 时，经对换后 a 的逆序数不变，b 的逆序数减少 1.

因此对换相邻两个元素，排列改变奇偶性．

再证非相邻对换，现设排列为 $a_1\cdots a_lab_1\cdots b_mbc_1\cdots c_n$，现来对换 a 与 b.

因为 $a_1\cdots a_lab_1\cdots b_mbc_1\cdots c_n\xrightarrow{m\text{ 次相邻对换}}a_1\cdots a_labb_1\cdots b_mc_1\cdots c_n$

$a_1\cdots a_labb_1\cdots b_mc_1\cdots c_n\xrightarrow{m+1\text{ 次相邻对换}}a_1\cdots a_lbb_1\cdots b_mac_1\cdots c_n$

所以 $a_1\cdots a_l a b_1\cdots b_m b c_1\cdots c_n \xrightarrow{2m+1\text{次相邻对换}} a_1\cdots a_l b b_1\cdots b_m a c_1\cdots c_n$

因此，对换两个元素，排列改变奇偶性．

也就是说，只要经过一次对换，奇排列变成偶排列，而偶排列变成奇排列．

推论 奇排列变成标准排列的对换次数为奇数，偶排列变成标准排列的对换次数为偶数．

练习题 1－2

1. 求排列 32514 的逆序数．

2. 按自然数从小到大为标准次序，求下列排列的逆序数：$13\cdots(2n-1)24\cdots(2n)$．

3. 计算以下各排列的逆序数，并指出它们的奇偶性：

(1) 42531； (2) $135\cdots(2n+1)246\cdots(2n)$．

1.3 n 阶行列式的定义

引言 三阶行列式的构成规律为：

$$\begin{vmatrix} a_{11} & a_{12} & a_{13} \\ a_{21} & a_{22} & a_{23} \\ a_{31} & a_{32} & a_{33} \end{vmatrix} = a_{11}a_{22}a_{33} + a_{12}a_{23}a_{31} + a_{13}a_{21}a_{32} - a_{13}a_{22}a_{31} - a_{12}a_{21}a_{33} - a_{11}a_{23}a_{32}$$

其中，符号 $\begin{vmatrix} a_{11} & a_{12} & a_{13} \\ a_{21} & a_{22} & a_{23} \\ a_{31} & a_{32} & a_{33} \end{vmatrix}$ 是由 3^2 个元素 a_{ij} 构成的三行、三列方表，横排叫行，纵排叫列；在上述形式下，元素 a_{ij} 的第一个下标叫行下标，第二个下标叫列下标．从形式上看，三阶行列式是上述特定符号表示的一个数，这个数由一些项的和而得：

(1) 项的构成：取自不同的行又于不同的列上的元素的乘积；

(2) 项数：三阶行列式是 $3!=6$ 项的代数和；

(3) 项的符号：每项的一般形式可以写成 $a_{1j_1}a_{2j_2}a_{3j_3}$ 时，即行标为自然排列时，该项的符号为 $(-1)^{\tau(j_1j_2j_3)}$，即由列标排列 $j_1j_2j_3$ 的奇偶性决定．

定义 n 阶行列式定义为

$$|\boldsymbol{A}| = \begin{vmatrix} a_{11} & a_{12} & \cdots & a_{1n} \\ a_{21} & a_{22} & \cdots & a_{2n} \\ \vdots & \vdots & & \vdots \\ a_{n1} & a_{n2} & \cdots & a_{nn} \end{vmatrix} = \sum_{\substack{i_1i_2\cdots i_n \\ j_1j_2\cdots j_n}} (-1)^{\tau(j_1j_2\cdots j_n)+\tau(i_1i_2\cdots i_n)} a_{i_1j_1}a_{i_2j_2}\cdots a_{i_nj_n}$$

用符号 $\begin{vmatrix} a_{11} & a_{12} & \cdots & a_{1n} \\ a_{21} & a_{22} & \cdots & a_{2n} \\ \vdots & \vdots & & \vdots \\ a_{n1} & a_{n2} & \cdots & a_{nn} \end{vmatrix}$ 表示由 n^2 个数 a_{ij} 所组成的 n 阶行列式，简记为 $|\boldsymbol{A}|$ 或

D ，这是一个数. 其中，$i_1 i_2 \cdots i_n$ 和 $j_1 j_2 \cdots j_n$ 都是 n 级排列，$\sum$ 表示对所有的 n 级排列求和.

由定义可以看出，n 阶行列式的值等于所有取自不同的行、不同的列上的 n 个元素的乘积 $a_{i_1 j_1} a_{i_2 j_2} \cdots a_{i_n j_n}$ 的代数和，共有 $n!$ 项，每一项前面的符号由排列 $i_1 i_2 \cdots i_n$ 和 $j_1 j_2 \cdots j_n$ 的逆序数 $\tau(i_1 i_2 \cdots i_n) + \tau(j_1 j_2 \cdots j_n)$ 决定.

另外，行列式还可以定义为

$$|\boldsymbol{A}| = \begin{vmatrix} a_{11} & a_{12} & \cdots & a_{1n} \\ a_{21} & a_{22} & \cdots & a_{2n} \\ \vdots & \vdots & & \vdots \\ a_{n1} & a_{n2} & \cdots & a_{nn} \end{vmatrix} = \sum (-1)^{\tau(j_1 j_2 \cdots j_n)} a_{i_1 j_1} a_{i_2 j_2} \cdots a_{i_n j_n}$$

或

$$|\boldsymbol{A}| = \begin{vmatrix} a_{11} & a_{12} & \cdots & a_{1n} \\ a_{21} & a_{22} & \cdots & a_{2n} \\ \vdots & \vdots & & \vdots \\ a_{n1} & a_{n2} & \cdots & a_{nn} \end{vmatrix} = \sum (-1)^{\tau(i_1 i_2 \cdots i_n)} a_{i_1 j_1} a_{i_2 j_2} \cdots a_{i_n j_n}$$

以上两个定义式分别以行列的排列为标准序列，其每一项前面的符号由 $j_1 j_2 \cdots j_n$ 和 $i_1 i_2 \cdots i_n$ 的逆序数决定.

例 1 在四阶行列式中，$a_{21} a_{32} a_{14} a_{43}$ 应带什么符号?

解 (1) 按行列式定义 5 计算，因为 $a_{21} a_{32} a_{14} a_{43} = a_{14} a_{21} a_{32} a_{43}$，而 4123 的逆序数为 $\tau(4123) = 0 + 1 + 1 + 1 = 3$，所以 $a_{21} a_{32} a_{14} a_{43}$ 的前面应带负号.

(2) 按行列式定义 6 计算，因为 $a_{21} a_{32} a_{14} a_{43}$ 的

行指标排列的逆序数为 $\tau(2314) = 0 + 0 + 2 + 0 = 2$，

列指标排列的逆序数为 $\tau(1243) = 0 + 0 + 0 + 1 = 1$.

所以 $a_{21} a_{32} a_{14} a_{43}$ 的前面应带负号.

例 2 计算行列式 $\begin{vmatrix} a_{11} & a_{12} & 0 & 0 \\ a_{21} & 0 & a_{23} & 0 \\ 0 & a_{32} & a_{33} & 0 \\ 0 & 0 & 0 & a_{44} \end{vmatrix}$.

分析 按行列式定义，每一项都是取自不同行不同列的 4 个元素的乘积，共有 4! 项. 但此行列式中有很多零元素，因此有的项为零，故只需找出不含零元素的项，不妨设各个字母表示的都是非零元素. 于是在第一行中只有两个非零元素 a_{11} 和 a_{12}. 当第一行取 a_{11} 时，第二行只能取 a_{23}（a_{21} 与 a_{11} 同列，故不能取)，第三行只能取 a_{32} ，第四行只能取 a_{44} ，即 $a_{11} a_{23} a_{32} a_{44}$ 是其中的一项. 另外，当第一行取 a_{12} 时，第二行可以取 a_{21} 和 a_{23} ，但当第二行取 a_{23} 时，第三行只能取零元素，故第二行只可以取 a_{21} ，第三行取 a_{33} ，第四行取 a_{44} ，即另一非零项为 $a_{12} a_{21} a_{33} a_{44}$.

解

$$\begin{aligned} D &= (-1)^{\tau(1324)} a_{11} a_{23} a_{32} a_{44} + (-1)^{\tau(2134)} a_{12} a_{21} a_{33} a_{44} \\ &= -a_{11} a_{23} a_{32} a_{44} - a_{12} a_{21} a_{33} a_{44} \end{aligned}$$

练习题 1－3

1. 在五阶行列式中，$a_{12}a_{23}a_{35}a_{41}a_{54}$ 与 $a_{12}a_{21}a_{35}a_{43}a_{54}$ 这两项各取什么符号？

2. 求四阶行列式中带负号且包含因子 a_{11} 和 a_{23} 的所有项．

3. 判断 $a_{14}a_{23}a_{31}a_{42}$，$a_{11}a_{23}a_{32}a_{44}$，$a_{11}a_{24}a_{33}a_{44}$ 以及 $a_{31}a_{24}a_{43}a_{12}$ 是否为四阶行列式 $D=\begin{vmatrix} a_{11} & a_{12} & a_{13} & a_{14} \\ a_{21} & a_{22} & a_{23} & a_{24} \\ a_{31} & a_{32} & a_{33} & a_{34} \\ a_{41} & a_{42} & a_{43} & a_{44} \end{vmatrix}$ 中的一项.

4. 在六阶行列式 $|a_{ij}|$ 中，下列各元素乘积应取什么符号？

（1）$a_{15}a_{23}a_{32}a_{44}a_{51}a_{66}$；

（2）$a_{11}a_{26}a_{32}a_{44}a_{53}a_{65}$；

（3）$a_{21}a_{53}a_{16}a_{42}a_{65}a_{34}$.

5. 计算行列式 $\begin{vmatrix} a & b & 0 & 0 \\ 0 & c & d & 0 \\ 0 & 0 & e & f \\ g & h & 0 & 0 \end{vmatrix}$.

6. 用行列式的定义计算下列行列式：

（1）$\begin{vmatrix} 0 & 0 & \cdots & 0 & 1 \\ 0 & 0 & \cdots & 2 & 0 \\ \vdots & \vdots & & \vdots & \vdots \\ 0 & n-1 & \cdots & 0 & 0 \\ n & 0 & \cdots & 0 & 0 \end{vmatrix}$；

（2）$\begin{vmatrix} 0 & 1 & 0 & \cdots & 0 \\ 0 & 0 & 2 & \cdots & 0 \\ \vdots & \vdots & \vdots & & \vdots \\ 0 & 0 & 0 & \cdots & n-1 \\ n & 0 & 0 & \cdots & 0 \end{vmatrix}$；

（3）$\begin{vmatrix} a_{11} & a_{12} & a_{13} & a_{14} & a_{15} \\ a_{21} & a_{22} & a_{23} & a_{24} & a_{25} \\ a_{31} & a_{32} & 0 & 0 & 0 \\ a_{41} & a_{42} & 0 & 0 & 0 \\ a_{51} & a_{52} & 0 & 0 & 0 \end{vmatrix}$；

（4）$\begin{vmatrix} a_{11} & \cdots & a_{1n-1} & a_{1n} \\ a_{21} & \cdots & a_{2n-1} & 0 \\ \vdots & & \vdots & \vdots \\ a_{n1} & \cdots & 0 & 0 \end{vmatrix}$；

(5) $\begin{vmatrix} 0 & 0 & 1 & 0 \\ 0 & 1 & 0 & 0 \\ 0 & 0 & 0 & 1 \\ 1 & 0 & 0 & 0 \end{vmatrix}$；

(6) $\begin{vmatrix} 1 & 1 & 1 & 0 \\ 0 & 1 & 0 & 1 \\ 0 & 1 & 1 & 1 \\ 0 & 0 & 1 & 0 \end{vmatrix}$.

1.4　特殊行列式

一、上三角形行列式

上三角形行列式形式如下：

$$D=\begin{vmatrix} a_{11} & a_{12} & \cdots & a_{1,n-1} & a_{1n} \\ 0 & a_{22} & \cdots & a_{2,n-1} & a_{2n} \\ \vdots & \vdots & \ddots & \vdots & \vdots \\ 0 & 0 & \cdots & a_{n-1,n-1} & a_{n-1,n} \\ 0 & 0 & \cdots & 0 & a_{nn} \end{vmatrix}=a_{11}a_{22}\cdots a_{n-1,n-1}a_{nn}$$

特点：主对角线及其上方元素不全为零，其余元素全为零．

二、下三角形行列式

下三角形行列式形式如下：

$$D=\begin{vmatrix} a_{11} & 0 & \cdots & 0 & 0 \\ a_{21} & a_{22} & \cdots & 0 & 0 \\ \vdots & \vdots & \ddots & \vdots & \vdots \\ a_{n-1,1} & a_{n-1,2} & \cdots & a_{n-1,n-1} & 0 \\ a_{n1} & a_{n2} & \cdots & a_{n,n-1} & a_{nn} \end{vmatrix}=a_{11}a_{22}\cdots a_{n-1,n-1}a_{nn}$$

特点：主对角线及其下方元素不全为零，其余元素全为零．下三角形行列式与上三角形行列式统称为三角形行列式．

三、主对角线行列式

主对角线行列式的形式如下：

$$D=\begin{vmatrix} a_{11} & 0 & \cdots & 0 & 0 \\ 0 & a_{22} & \cdots & 0 & 0 \\ \vdots & \vdots & \ddots & \vdots & \vdots \\ 0 & 0 & \cdots & a_{n-1,n-1} & 0 \\ 0 & 0 & \cdots & 0 & a_{nn} \end{vmatrix}=a_{11}a_{22}\cdots a_{n-1,n-1}a_{nn}$$

特点：主对角线元素不全为零，其余元素全为零．

四、次对角线行列式

次对角线行列式的形式如下：

$$D=\begin{vmatrix} 0 & 0 & \cdots & 0 & a_{1n} \\ 0 & 0 & \cdots & a_{2,n-1} & 0 \\ \vdots & \vdots & & \vdots & \vdots \\ 0 & a_{n-1,2} & \cdots & 0 & 0 \\ a_{n1} & 0 & \cdots & 0 & 0 \end{vmatrix}=(-1)^{\frac{n(n-1)}{2}}a_{1n}a_{2,n-1}\cdots a_{n-1,2}a_{n1}$$

特点：次对角线元素不全为零，其余元素全为零．

练习题 1-4

1. 计算行列式 $\begin{vmatrix} 1 & 4 & 6 & 7 \\ 0 & 3 & 3 & 9 \\ 0 & 0 & 5 & 5 \\ 0 & 0 & 0 & 8 \end{vmatrix}$.

2. 计算行列式 $\begin{vmatrix} 1 & 0 & 0 & 0 \\ 2 & 8 & 0 & 0 \\ 4 & 7 & 6 & 0 \\ 6 & 4 & 2 & 9 \end{vmatrix}$.

3. 计算行列式 $\begin{vmatrix} a & 0 & 0 & 0 & 0 & 0 \\ 0 & 1 & 0 & 0 & 0 & 0 \\ 0 & 0 & 2 & 0 & 0 & 0 \\ 0 & 0 & 0 & b & 0 & 0 \\ 0 & 0 & 0 & 0 & d & 0 \\ 0 & 0 & 0 & 0 & 0 & c \end{vmatrix}$.

4. 计算行列式 $\begin{vmatrix} 0 & 0 & 0 & 0 & 0 & 8 \\ 0 & 0 & 0 & 0 & 6 & 0 \\ 0 & 0 & 0 & 7 & 0 & 0 \\ 0 & 0 & 9 & 0 & 0 & 0 \\ 0 & 10 & 0 & 0 & 0 & 0 \\ 5 & 0 & 0 & 0 & 0 & 0 \end{vmatrix}$.

1.5 行列式的性质及应用

1.5.1 行列式的性质

设行列式

$$D=\begin{vmatrix} a_{11} & a_{12} & \cdots & a_{1n} \\ a_{21} & a_{22} & \cdots & a_{2n} \\ \vdots & \vdots & & \vdots \\ a_{n1} & a_{n2} & \cdots & a_{nn} \end{vmatrix},\ D^{\mathrm{T}}=\begin{vmatrix} a_{11} & a_{21} & \cdots & a_{n1} \\ a_{12} & a_{22} & \cdots & a_{n2} \\ \vdots & \vdots & & \vdots \\ a_{1n} & a_{2n} & \cdots & a_{nn} \end{vmatrix}$$

行列式 D^{T} 叫作行列式 D 的转置行列式．

性质1 行列式与它的转置行列式相等，即 $D=D^{\mathrm{T}}$.

证 用数学归纳法证明，对于二阶行列式性质1显然成立，假设对于 $n-1$ 阶行列式性质1成立，把 n 阶行列式 D 按第一行展开，依据归纳法假设可得

$$D=\sum_{j=1}^{n}(-1)^{1+j}a_{1j}M_{1j}=\sum_{j=1}^{n}(-1)^{1+j}a_{1j}M_{1j}^{\mathrm{T}}=D^{\mathrm{T}}$$

右端恰为 D^{T} 按第一列展开的行列式．

如 $D=\begin{vmatrix} 1 & 3 & 2 \\ 2 & 1 & 0 \\ -1 & 2 & 1 \end{vmatrix}=5$，$D^{\mathrm{T}}=\begin{vmatrix} 1 & 2 & -1 \\ 3 & 1 & 2 \\ 2 & 0 & 1 \end{vmatrix}=5$.

性质1说明行列式中的行与列具有同等的地位，行列式的性质中凡是对行成立的，对列也成立．

性质2 互换行列式的两行（列），行列式变号．

证 先证明邻行互换时行列式变号，设 D_1 是由 n 阶行列式 D 的第 i 行与第 $i+1$ 行互换得到的行列式：

$$D_1=\begin{vmatrix} \vdots & & \vdots \\ a_{i-1,1} & \cdots & a_{i-1,n} \\ a_{i+1,1} & \cdots & a_{i+1,n} \\ a_{i,1} & \cdots & a_{i,n} \\ \vdots & & \vdots \end{vmatrix}\begin{matrix} \\ \\ i\text{行} \\ i+1\text{行} \\ \\ \end{matrix}$$

把 D_1 按第 $i+1$ 行展开

$$D_1=\sum_{j=1}^{n}(-1)^{i+1+j}a_{ij}M_{ij}=-\sum_{j=1}^{n}(-1)^{1+j}a_{ij}M_{ij}=-D$$

设 D_2 是由 n 阶行列式 D 的第 i 行与第 j 行互换得到的行列式，不妨设 $i<j$，于是 D_2 可看成 D 的第 i 行依次经过 $j-i$ 个邻行互换后到第 j 行位置，而原第 j 行又依次经过 $j-i-1$ 邻行互换后到第 i 行位置，因此

$$D_2=(-1)^{(j-i)+(j-i-1)}D=-D$$

用 r_i 表示行列式的第 i 行，用 c_i 表示行列式的第 i 列．交换 i，j 两行，记作 $r_i\leftrightarrow r_j$. 交

换 i，j 两列，记作 $c_i \leftrightarrow c_j$.

如 $\begin{vmatrix} 1 & 2 \\ 3 & 4 \end{vmatrix} \xlongequal{c_1 \leftrightarrow c_2} -\begin{vmatrix} 2 & 1 \\ 4 & 3 \end{vmatrix}$.

推论　如果行列式有两行（列）完全相同，那么此行列式为零.

性质 3　行列式的某一行（列）中所有的元素都乘以同一数 k，等于用数 k 乘此行列式.即

$$\begin{vmatrix} a_{11} & a_{12} & \cdots & a_{1n} \\ \vdots & \vdots & & \vdots \\ ka_{i1} & ka_{i2} & \cdots & ka_{in} \\ \vdots & \vdots & & \vdots \\ a_{n1} & a_{n2} & \cdots & a_{nn} \end{vmatrix} = k\begin{vmatrix} a_{11} & a_{12} & \cdots & a_{1n} \\ \vdots & \vdots & & \vdots \\ a_{i1} & a_{i2} & \cdots & a_{in} \\ \vdots & \vdots & & \vdots \\ a_{n1} & a_{n2} & \cdots & a_{nn} \end{vmatrix}$$

第 i 行（列）乘以 k，记为 $\gamma_i \times k(c_i \times k)$.

推论　行列式中某一行（列）所有元素的公因子可以提到行列式符号的外面.

性质 4　行列式中如果有两行（列）元素成比例，则此行列式为零.

性质 5　若行列式某一行（列）的元素都是两数之和，即

$$D = \begin{vmatrix} a_{11} & \cdots & a_{1n} \\ \vdots & & \vdots \\ a_{i1}+a'_{i1} & \cdots & a_{in}+a'_{in} \\ \vdots & & \vdots \\ a_{n1} & \cdots & a_{nn} \end{vmatrix}$$

那么 D 等于下列两个行列式之和

$$D = \begin{vmatrix} a_{11} & \cdots & a_{1n} \\ \vdots & & \vdots \\ a_{i1} & \cdots & a_{in} \\ \vdots & & \vdots \\ a_{n1} & \cdots & a_{nn} \end{vmatrix} + \begin{vmatrix} a_{11} & \cdots & a_{1n} \\ \vdots & & \vdots \\ a'_{i1} & \cdots & a'_{in} \\ \vdots & & \vdots \\ a_{n1} & \cdots & a_{nn} \end{vmatrix}$$

若 n 阶行列式每个元素都表示成两数之和，则它可分解成 2^n 个行列式.如

$$\begin{vmatrix} a+x & b+y \\ c+z & d+w \end{vmatrix} = \begin{vmatrix} a & b+y \\ c & d+w \end{vmatrix} + \begin{vmatrix} x & b+y \\ z & d+w \end{vmatrix} = \begin{vmatrix} a & b \\ c & d \end{vmatrix} + \begin{vmatrix} a & y \\ c & w \end{vmatrix} + \begin{vmatrix} x & b \\ z & d \end{vmatrix} + \begin{vmatrix} x & y \\ z & w \end{vmatrix}$$

性质 6　把行列式的某一行（列）各元素乘以同一数后加到另一行（列）对应元素上去，行列式的值不变，即 $i \neq j$ 时，

$$\begin{vmatrix} a_{11} & \cdots & a_{1n} \\ \vdots & & \vdots \\ a_{i1}+ka_{j1} & \cdots & a_{in}+ka_{jn} \\ \vdots & & \vdots \\ a_{n1} & \cdots & a_{nn} \end{vmatrix} = \begin{vmatrix} a_{11} & \cdots & a_{1n} \\ \vdots & & \vdots \\ a_{i1} & \cdots & a_{in} \\ \vdots & & \vdots \\ a_{n1} & \cdots & a_{nn} \end{vmatrix}$$

性质 7　行列式任一行（列）各元素与另一行（列）对应元素的代数余子式乘积之和等于零，即

$$a_{i1}A_{j1}+a_{i2}A_{j2}+\cdots+a_{in}A_{jn}=0 \quad (i\neq j)$$

或

$$a_{1i}A_{1j}+a_{2i}A_{2j}+\cdots+a_{ni}A_{nj}=0 \quad (i\neq j)$$

1.5.2 利用性质计算行列式

例 1 利用行列式的性质计算 $D=\begin{vmatrix}3&8&6\\1&5&-1\\6&9&21\end{vmatrix}$.

解

$$D=\begin{vmatrix}3&8&6\\1&5&-1\\6&9&21\end{vmatrix}=\begin{vmatrix}3&8&6\\1&5&-1\\3\times2&3\times3&3\times7\end{vmatrix}=3\times\begin{vmatrix}3&8&6\\1&5&-1\\2&3&7\end{vmatrix}\xlongequal{r_2+r_3}3\times\begin{vmatrix}3&8&6\\3&8&6\\2&3&7\end{vmatrix}=0$$

例 2 计算 $D=\begin{vmatrix}3&1&-1&2\\-5&1&3&-4\\2&0&1&-1\\1&-5&3&-3\end{vmatrix}$.

解
$$D=\begin{vmatrix}3&1&-1&2\\-5&1&3&-4\\2&0&1&-1\\1&-5&3&-3\end{vmatrix}\xlongequal{c_1\leftrightarrow c_2}\begin{vmatrix}1&3&-1&2\\1&-5&3&-4\\0&2&1&-1\\-5&1&3&-3\end{vmatrix}\xlongequal[r_4+5r_1]{r_2-r_1}\begin{vmatrix}1&3&-1&2\\0&-8&4&-6\\0&2&1&-1\\0&16&-2&7\end{vmatrix}$$

$$\xlongequal{r_2\leftrightarrow r_3}\begin{vmatrix}1&3&-1&2\\0&2&1&-1\\0&-8&4&-6\\0&16&-2&7\end{vmatrix}\xlongequal[r_4-8r_2]{r_3+4r_2}\begin{vmatrix}1&3&-1&2\\0&2&1&-1\\0&0&8&-10\\0&0&-10&15\end{vmatrix}\xlongequal{r_4-\frac{5}{4}r_3}\begin{vmatrix}1&3&-1&2\\0&2&1&-1\\0&0&8&-10\\0&0&0&\frac{5}{2}\end{vmatrix}$$

$$=40$$

例 3 计算 $D=\begin{vmatrix}3&1&1&1\\1&3&1&1\\1&1&3&1\\1&1&1&3\end{vmatrix}$.

解
$$D=\begin{vmatrix}3&1&1&1\\1&3&1&1\\1&1&3&1\\1&1&1&3\end{vmatrix}\xlongequal{r_1+r_2+r_3+r_4}\begin{vmatrix}6&6&6&6\\1&3&1&1\\1&1&3&1\\1&1&1&3\end{vmatrix}\xlongequal{r_1\div 6}6\begin{vmatrix}1&1&1&1\\1&3&1&1\\1&1&3&1\\1&1&1&3\end{vmatrix}$$

$$\xlongequal[\substack{r_3-r_1\\r_4-r_1}]{r_2-r_1}6\begin{vmatrix}1&1&1&1\\0&2&0&0\\0&0&2&0\\0&0&0&2\end{vmatrix}=48$$

例 4　计算行列式 $D=\begin{vmatrix} a & b & c & d \\ a & a+b & a+b+c & a+b+c+d \\ a & 2a+b & 3a+2b+c & 4a+3b+2c+d \\ a & 3a+b & 6a+3b+c & 10a+6b+3c+d \end{vmatrix}$.

解　从第 4 行开始，每后一行减前一行

$$D=\begin{vmatrix} a & b & c & d \\ a & a+b & a+b+c & a+b+c+d \\ a & 2a+b & 3a+2b+c & 4a+3b+2c+d \\ a & 3a+b & 6a+3b+c & 10a+6b+3c+d \end{vmatrix} \xlongequal[r_2-r_1]{\substack{r_4-r_3 \\ r_3-r_2}} \begin{vmatrix} a & b & c & d \\ 0 & a & a+b & a+b+c \\ 0 & a & 2a+b & 3a+2b+c \\ 0 & a & 3a+b & 6a+3b+c \end{vmatrix}$$

$$\xlongequal[r_3-r_2]{r_4-r_3} \begin{vmatrix} a & b & c & d \\ 0 & a & a+b & a+b+c \\ 0 & 0 & a & 2a+b \\ 0 & 0 & a & 3a+b \end{vmatrix} \xlongequal{r_4-r_3} \begin{vmatrix} a & b & c & d \\ 0 & a & a+b & a+b+c \\ 0 & 0 & a & 2a+b \\ 0 & 0 & 0 & a \end{vmatrix} = a^4$$

练习题 1 - 5

1. 选择题：

(1) 如果 $D=\begin{vmatrix} a_{11} & a_{12} & a_{13} \\ a_{21} & a_{22} & a_{23} \\ a_{31} & a_{32} & a_{33} \end{vmatrix}=1, D_1=\begin{vmatrix} 4a_{11} & 2a_{11}-3a_{12} & 2a_{13} \\ 4a_{21} & 2a_{21}-3a_{22} & 2a_{23} \\ 4a_{31} & 2a_{31}-3a_{32} & 2a_{33} \end{vmatrix}$，则 $D_1=$（　　）.

A. 8　　B. －12　　C. －24　　D. 24

(2) 如果 $D=\begin{vmatrix} a_{11} & a_{12} & a_{13} \\ a_{21} & a_{22} & a_{23} \\ a_{31} & a_{32} & a_{33} \end{vmatrix}=3, D_1=\begin{vmatrix} a_{11} & 2a_{31}-5a_{21} & 3a_{21} \\ a_{12} & 2a_{32}-5a_{22} & 3a_{22} \\ a_{13} & 2a_{33}-5a_{23} & 3a_{23} \end{vmatrix}$，则 $D_1=$（　　）.

A. 18　　B. －18　　C. －9　　D. －27

(3) $\begin{vmatrix} a^2 & (a+1)^2 & (a+2)^2 & (a+3)^2 \\ b^2 & (b+1)^2 & (b+2)^2 & (b+3)^2 \\ c^2 & (c+1)^2 & (c+2)^2 & (c+3)^2 \\ d^2 & (d+1)^2 & (d+2)^2 & (d+3)^2 \end{vmatrix}=$（　　）.

A. 8　　B. 2　　C. 0　　D. －6

2. 填空题：

(1) 行列式 $\begin{vmatrix} 34\,215 & 36\,215 \\ 28\,092 & 30\,092 \end{vmatrix}=$ ________.

(2) 行列式 $\begin{vmatrix} 1 & 1 & 1 & 0 \\ 1 & 1 & 0 & 1 \\ 1 & 0 & 1 & 1 \\ 0 & 1 & 1 & 1 \end{vmatrix}=$ ________.

（3）多项式 $f(x)=\begin{vmatrix} 1 & a_1 & a_2 & a_3 \\ 1 & a_1+x & a_2 & a_3 \\ 1 & a_1 & a_2+x+1 & a_3 \\ 1 & a_1 & a_2 & a_3+x+2 \end{vmatrix}=0$ 的所有根是________.

（4）若方程 $\begin{vmatrix} 1 & 2 & 3 & 4 \\ 1 & 3-x^2 & 3 & 4 \\ 3 & 4 & 1 & 2 \\ 3 & 4 & 1 & 5-x^2 \end{vmatrix}=0$，则________.

（5）行列式 $D=\begin{vmatrix} 2 & 1 & 0 & 0 \\ 1 & 2 & 1 & 0 \\ 0 & 1 & 2 & 1 \\ 0 & 0 & 1 & 2 \end{vmatrix}=$ ________.

3. 计算下列行列式：

（1）$\begin{vmatrix} 2 & 1 & 4 & 1 \\ 3 & -1 & 2 & 1 \\ 1 & 2 & 3 & 2 \\ 5 & 0 & 6 & 2 \end{vmatrix}$；

（2）$\begin{vmatrix} x & a & \cdots & a \\ a & x & \cdots & a \\ \vdots & \vdots & & \vdots \\ a & a & \cdots & x \end{vmatrix}$.

1.6 行列式按行（列）展开

1.6.1 子式、余子式与代数余子式

1. k 阶子式：设 $D=|a_{ij}|_n$，在 D 中取定某 k 行 k 列，位于这些行列相交处的元素构成的 k 阶行列式，叫作 D 的一个 k 阶子式.

2. 余子式：设 $D=|a_{ij}|_n(n>1)$，将元素 a_{ij} 所在的行、所在的列的元素划掉后余下的 $n-1$ 阶子式，叫作元素 a_{ij} 的余子式，记为 M_{ij}.

$$M_{ij}=\begin{vmatrix} a_{11} & a_{12} & \cdots & a_{1,j-1} & a_{1,j+1} & \cdots & a_{1n} \\ a_{21} & a_{22} & \cdots & a_{2,j-1} & a_{2,j+1} & \cdots & a_{2n} \\ \vdots & \vdots & & \vdots & \vdots & & \vdots \\ a_{i-1,1} & a_{i-1,2} & \cdots & a_{i-1,j-1} & a_{i-1,j+1} & \cdots & a_{i+1,n} \\ a_{i+1,1} & a_{i+1,2} & \cdots & a_{i+1,j-1} & a_{i+1,j+1} & \cdots & a_{i+1,n} \\ \vdots & \vdots & & \vdots & \vdots & & \vdots \\ a_{n1} & a_{n2} & \cdots & a_{n,j-1} & a_{n,j+1} & \cdots & a_{nn} \end{vmatrix}$$

3. 代数余子式：设 $D=|a_{ij}|_n(n>1)$，元素 a_{ij} 的余子式 M_{ij} 附以符号 $(-1)^{i+j}$ 后，叫

作元素 a_{ij} 的代数余子式，记为 A_{ij} ，即 $A_{ij}=(-1)^{i+j}M_{ij}$.

例1　已知 $D=\begin{vmatrix}7&4&0\\1&5&2\\8&5&0\end{vmatrix}$,求 M_{23} , A_{23} .

解　由定义可知，$M_{23}=\begin{vmatrix}7&4\\8&5\end{vmatrix}$ ，$A_{23}=(-1)^{2+3}\begin{vmatrix}7&4\\8&5\end{vmatrix}=-\begin{vmatrix}7&4\\8&5\end{vmatrix}$.

1.6.2　行列式展开定理

定理1　设 $D=|a_{ij}|_n$ ，则 D 等于它的任意一行（列）的所有元素与各自对应的代数余子式的乘积的和 .

例2　已知 $|\boldsymbol{A}|=\begin{vmatrix}1&2&3&4&5\\5&5&5&3&3\\3&2&5&4&2\\2&2&2&1&1\\4&6&5&2&3\end{vmatrix}$ ，求：

（1）$A_{51}+2A_{52}+3A_{53}+4A_{54}+5A_{55}$ ；（2）$A_{31}+A_{32}+A_{33}$ 及 $A_{34}+A_{35}$.

解　由行列式的性质可知

(1) $A_{51}+2A_{52}+3A_{53}+4A_{54}+5A_{55}=0$

(2) $5A_{31}+5A_{32}+5A_{33}+3A_{34}+3A_{35}=0$

$2A_{31}+2A_{32}+2A_{33}+A_{34}+A_{35}=0$

解出 $A_{31}+A_{32}+A_{33}=0$ ，$A_{34}+A_{35}=0$.

引理1　一个 n 阶行列式，如果其中第 i 行所有元素除 a_{ij} 外都为0，那么这个行列式等于 a_{ij} 与它的代数余子式的乘积，即 $D=a_{ij}A_{ij}$.

利用行列式展开定理可以将一个 n 阶行列式按某一行（列）展开，转化为 $n-1$ 阶行列式来计算，从而简化行列式的计算 . 为了计算简单，可以先利用行列式的性质，将行列式的某一行（列）化成只有一个非零元素，然后按这行（列）展开 .

例3　计算行列式 $D=\begin{vmatrix}7&0&4&0\\1&0&5&2\\3&-1&-1&6\\8&0&5&0\end{vmatrix}$.

解

$$D=\begin{vmatrix}7&0&4&0\\1&0&5&2\\3&-1&-1&6\\8&0&5&0\end{vmatrix}=(-1)\times(-1)^{3+2}\begin{vmatrix}7&4&0\\1&5&2\\8&5&0\end{vmatrix}=2\times(-1)^{2+3}\begin{vmatrix}7&4\\8&5\end{vmatrix}$$

$$=-2\times(35-32)=-6$$

例 4 当 k 为何实数时，行列式 $D=\begin{vmatrix} k^2 & 2 & 1 & 1 \\ 4 & k & 2 & 3 \\ 0 & 0 & k & 2 \\ 0 & 0 & -2 & k \end{vmatrix}=0$.

解

$$D=\begin{vmatrix} k^2 & 2 & 1 & 1 \\ 4 & k & 2 & 3 \\ 0 & 0 & k & 2 \\ 0 & 0 & -2 & k \end{vmatrix}=k^2\times(-1)^{1+1}\begin{vmatrix} k & 2 & 3 \\ 0 & k & 2 \\ 0 & -2 & k \end{vmatrix}+4\times(-1)^{2+1}\begin{vmatrix} 2 & 1 & 1 \\ 0 & k & 2 \\ 0 & -2 & k \end{vmatrix}$$

$$=k^2\times k\begin{vmatrix} k & 2 \\ -2 & k \end{vmatrix}-4\times 2\begin{vmatrix} k & 2 \\ -2 & k \end{vmatrix}=k^3(k^2+4)-8(k^2+4)=(k^3-8)(k^2+4)$$

由于 $D=0$，即 $(k^3-8)(k^2+4)=0$，得实数 $k=2$.

利用行列式展开定理进行计算时，先利用行列式的性质将行列式的某一行或某一列尽可能多的化为零后，再利用行列式展开定理进行展开计算．

练习题 1－6

1. 选择题：

(1) 若 $|\boldsymbol{A}|=\begin{vmatrix} -1 & 0 & x & 1 \\ 1 & 1 & -1 & -1 \\ 1 & -1 & 1 & -1 \\ 1 & -1 & -1 & 1 \end{vmatrix}$，则 $|\boldsymbol{A}|$ 中 x 的一次项系数是（　　）.

A. 1　　B. -1　　C. 4　　D. -4

(2) 四阶行列式 $\begin{vmatrix} a_1 & 0 & 0 & b_1 \\ 0 & a_2 & b_2 & 0 \\ 0 & b_3 & a_3 & 0 \\ b_4 & 0 & 0 & a_4 \end{vmatrix}$ 的值等于（　　）.

A. $a_1a_2a_3a_4-b_1b_2b_3b_4$　　B. $(a_1a_2-b_1b_2)(a_3a_4-b_3b_4)$

C. $a_1a_2a_3a_4+b_1b_2b_3b_4$　　D. $(a_2a_3-b_2b_3)(a_1a_4-b_1b_4)$

(3) 如果 $\begin{vmatrix} a_{11} & a_{12} \\ a_{21} & a_{22} \end{vmatrix}=1$，则方程组 $\begin{cases} a_{11}x_1-a_{12}x_2+b_1=0 \\ a_{21}x_1-a_{22}x_2+b_2=0 \end{cases}$ 的解是（　　）.

A. $x_1=\begin{vmatrix} b_1 & a_{12} \\ b_2 & a_{22} \end{vmatrix},x_2=\begin{vmatrix} a_{11} & b_1 \\ a_{21} & b_2 \end{vmatrix}$

B. $x_1=-\begin{vmatrix} b_1 & a_{12} \\ b_2 & a_{22} \end{vmatrix},x_2=\begin{vmatrix} a_{11} & b_1 \\ a_{21} & b_2 \end{vmatrix}$

C. $x_1=\begin{vmatrix} -b_1 & -a_{12} \\ -b_2 & -a_{22} \end{vmatrix},x_2=\begin{vmatrix} -a_{11} & -b_1 \\ -a_{21} & -b_2 \end{vmatrix}$

D. $x_1 = \begin{vmatrix} -b_1 & -a_{12} \\ -b_2 & -a_{22} \end{vmatrix}, x_2 = -\begin{vmatrix} -a_{11} & -b_1 \\ -a_{21} & -b_2 \end{vmatrix}$

2. 填空题：

(1) 行列式 $\begin{vmatrix} -3 & 0 & 4 \\ 5 & 0 & 3 \\ 2 & -2 & 1 \end{vmatrix}$ 中元素 3 的代数余子式是________.

(2) 设行列式 $D = \begin{vmatrix} 1 & 5 & 7 & 8 \\ 1 & 1 & 1 & 1 \\ 2 & 0 & 3 & 6 \\ 1 & 2 & 3 & 4 \end{vmatrix}$，$M_{4j}, A_{4j}$ 分别是元素 a_{4j} 的余子式和代数余子式，则 $A_{41} + A_{42} + A_{43} + A_{44} =$ ________，$M_{41} + M_{42} + M_{43} + M_{44} =$ ________.

(3) 已知四阶行列式 D 中第三列元素依次为 -1，2，0，1，它们的余子式依次分别为 5，3，-7，4，则 $D =$ ________.

3. 计算行列式：

(1) $\begin{vmatrix} 1 & 2 & 3 & 4 \\ 2 & 3 & 4 & 1 \\ 3 & 4 & 1 & 2 \\ 4 & 1 & 2 & 3 \end{vmatrix}$；

(2) $\begin{vmatrix} 1+a_1 & 1 & \cdots & 1 \\ 1 & 1+a_2 & \cdots & 1 \\ \vdots & \vdots & & \vdots \\ 1 & 1 & \cdots & 1+a_n \end{vmatrix}$.

1.7　行列式的计算

1.7.1　直接利用行列式定义计算

例 1　证明行列式

$$D = \begin{vmatrix} a_{11} & a_{12} & a_{13} & a_{14} & a_{15} \\ a_{21} & a_{22} & a_{23} & a_{24} & a_{25} \\ 0 & 0 & 0 & a_{34} & a_{35} \\ 0 & 0 & 0 & a_{44} & a_{45} \\ 0 & 0 & 0 & a_{54} & a_{55} \end{vmatrix} = 0$$

证　按行列式定义，每一项都是取自不同行不同列的 5 个元素的乘积，在第 1 列中只有两个非零元素 a_{11} 和 a_{21}，当第 1 列取元素 a_{11} 时，第 2 列只能取 a_{22}，而第 3 列所能够取的元素只有零元素，故这一项为零．同理，当第 1 列取 a_{21} 时，这一项也为零．行列式其他项也都为零元素，所以 $D=0$.

注：(1) 用 n 阶行列式的定义直接计算行列式是相当麻烦的，因此仅当一个行列式的每一行（列）上 n 个元素中有少数元素不为零，才用定义计算．其关键是处理好每一项前的符号，求出逆序数．一般方法是按行序排好，计算列排列的逆序数．

(2) 结论：在一个 n 阶行列式中，等于零的元素如果比 (n^2-n) 还多，那么这个 n 阶行列式必为零．

1.7.2 利用行列式的性质化成三角形行列式计算

例 2 计算 $D=\begin{vmatrix}4&1&1&1\\1&4&1&1\\1&1&4&1\\1&1&1&4\end{vmatrix}$ 的值．

解 观察该行列式的特点，可将第 2，3，4 行都加到第 1 行上，再以第 1 行为基准，分别加到第 2，3，4 行，将其化为上三角形行列式．

$$D=\begin{vmatrix}4&1&1&1\\1&4&1&1\\1&1&4&1\\1&1&1&4\end{vmatrix}=\begin{vmatrix}7&7&7&7\\1&4&1&1\\1&1&4&1\\1&1&1&4\end{vmatrix}=7\times\begin{vmatrix}1&1&1&1\\1&4&1&1\\1&1&4&1\\1&1&1&4\end{vmatrix}$$

$$=7\times\begin{vmatrix}1&1&1&1\\0&3&0&0\\0&0&3&0\\0&0&0&3\end{vmatrix}=189$$

注：行列式每行（列）元素的和相等时，可将行列式的各行（列）加至第一行（列），利用行列式性质提取公因子后化简计算．

1.7.3 利用行列式按行（列）展开定理计算

例 3 计算 n 阶行列式 $D_n=\begin{vmatrix}1&2&3&\cdots&n-1&n\\1&-1&0&\cdots&0&0\\0&2&-2&\cdots&0&0\\\vdots&\vdots&\vdots&&\vdots&\vdots\\0&0&0&\cdots&-(n-2)&0\\0&0&0&\cdots&n-1&-(n-1)\end{vmatrix}$.

解 注意到第 2，3，…，n 行的元素之和都是零，将第 2，3，…，n 列都加到第 1 列上去，然后按第 1 列展开，得

$$D_n=\begin{vmatrix}\frac{n(n+1)}{2} & 2 & 3 & \cdots & n-1 & n\\ 0 & -1 & 0 & \cdots & 0 & 0\\ 0 & 2 & -2 & \cdots & 0 & 0\\ \vdots & \vdots & \vdots & & \vdots & \vdots\\ 0 & 0 & 0 & \cdots & -(n-2) & 0\\ 0 & 0 & 0 & \cdots & n-1 & -(n-1)\end{vmatrix}$$

$$=\frac{n(n+1)}{2}\begin{vmatrix}-1 & 0 & 0 & \cdots & 0 & 0\\ 2 & -2 & 0 & \cdots & 0 & 0\\ 0 & 3 & -3 & \cdots & 0 & 0\\ \vdots & \vdots & \vdots & & \vdots & \vdots\\ 0 & 0 & 0 & \cdots & -(n-2) & 0\\ 0 & 0 & 0 & \cdots & n-1 & -(n-1)\end{vmatrix}$$

$$=\frac{1}{2}(-1)^{n-1}(n+1)!$$

练习题 1-7

1. 选择题：

(1) 如果 $D=\begin{vmatrix}a_{11} & a_{12} & a_{13}\\ a_{21} & a_{22} & a_{23}\\ a_{31} & a_{32} & a_{33}\end{vmatrix}=M\neq 0$，则 $D_1=\begin{vmatrix}2a_{11} & 2a_{12} & 2a_{13}\\ 2a_{21} & 2a_{22} & 2a_{23}\\ 2a_{31} & 2a_{32} & 2a_{33}\end{vmatrix}=$（　　）.

A. $2M$　　B. $-2M$　　C. $8M$　　D. $-8M$

(2) 若 $f(x)=\begin{vmatrix}x & -x & -1 & x\\ 2 & 2 & 3 & x\\ -7 & 10 & 4 & 3\\ 1 & -7 & 1 & x\end{vmatrix}$，则 x^2 项的系数是（　　）.

A. 34　　B. 25　　C. 74　　D. 6

2. 填空题：

(1) 若 $a_{1i}a_{23}a_{35}a_{4j}a_{54}$ 为五阶行列式带正号的一项，则 $i=$________；$j=$________.

(2) 设行列式 $D=\begin{vmatrix}3 & 1 & 5\\ 0 & 2 & -6\\ 5 & -7 & 2\end{vmatrix}$，则第三行各元素余子式之和的值为________.

3. 计算行列式 $\begin{vmatrix}1 & -1 & 1 & x-1\\ 1 & -1 & x+1 & -1\\ 1 & x-1 & 1 & -1\\ x+1 & -1 & 1 & -1\end{vmatrix}$.

4. 计算 n 阶行列式 $D_n=\begin{vmatrix} x & y & 0 & \cdots & 0 & 0 \\ 0 & x & y & \cdots & 0 & 0 \\ 0 & 0 & x & \cdots & 0 & 0 \\ \vdots & \vdots & \vdots & & \vdots & \vdots \\ 0 & 0 & 0 & \cdots & x & y \\ y & 0 & 0 & \cdots & 0 & x \end{vmatrix}$.

1.8 克莱姆法则

n 个方程 n 个未知数的线性方程组

$$\begin{cases} a_{11}x_1+a_{12}x_2+\cdots+a_{1n}x_n=b_1 \\ a_{21}x_1+a_{22}x_2+\cdots+a_{2n}x_n=b_2 \\ \cdots \\ a_{n1}x_1+a_{n2}x_2+\cdots+a_{nn}x_n=b_n \end{cases} \tag{1}$$

由系数 a_{ij} 组成的 n 阶行列式

$$D=\begin{vmatrix} a_{11} & a_{12} & \cdots & a_{1n} \\ a_{21} & a_{22} & \cdots & a_{2n} \\ \vdots & \vdots & & \vdots \\ a_{n1} & a_{n2} & \cdots & a_{nn} \end{vmatrix}$$

称为线性方程组（1）的系数行列式 .

将二元一次线性方程组解的结果推广到 n 元线性方程组（1），即可得到以下利用行列式求解线性方程组（1）的方法 .

定理（克莱姆法则） 若线性方程组(1）的系数行列式 $D\neq0$，则线性方程组（1）有唯一的解，即

$$x_j=\frac{D_j}{D}(j=1,\ 2,\ \cdots,\ n) \tag{2}$$

其中，行列式 D_j 是把行列式 D 的第 j 列元素换成线性方程组（1）的常数项得到的行列式.

克莱姆法则中包含着三个结论：

（1）方程组有解；

（2）解是唯一的；

（3）解由式（2）给出 .

例 利用克莱姆法则求解线性方程组

$$\begin{cases} x_1-x_2+x_3-2x_4=2 \\ -x_1+2x_2-x_3+2x_4=-4 \\ 3x_1+2x_2+x_3=-1 \\ 2x_1-x_3+4x_4=4 \end{cases}$$

解 因为线性方程组的系数行列式

$$D=\begin{vmatrix}1&-1&1&-2\\-1&2&-1&2\\3&2&1&0\\2&0&-1&4\end{vmatrix}=2\neq 0$$

所以方程组有唯一的解，又因为

$$D_1=\begin{vmatrix}2&-1&1&-2\\-4&2&-1&2\\-1&2&1&0\\4&0&-1&4\end{vmatrix}=2\text{ , }D_2=\begin{vmatrix}1&2&1&-2\\-1&-4&-1&2\\3&-1&1&0\\2&4&-1&4\end{vmatrix}=-4$$

$$D_3=\begin{vmatrix}1&-1&2&-2\\-1&2&-4&2\\3&2&-1&0\\2&0&4&4\end{vmatrix}=0\text{ , }D_4=\begin{vmatrix}1&-1&1&2\\-1&2&-1&-4\\3&2&1&-1\\2&0&-1&4\end{vmatrix}=1$$

所以线性方程组的解为

$$x_1=\frac{D_1}{D}=1,x_2=\frac{D_2}{D}=-2,x_3=\frac{D_3}{D}=0,x_4=\frac{D_4}{D}=\frac{1}{2}$$

利用克莱姆法则解线性方程组时需要满足两个条件：

（1）方程组中未知数的个数与方程个数相等；

（2）方程组的系数行列式不等于零．

用克莱姆法则解 n 元线性方程组时，需要计算 $n+1$ 个 n 阶行列式，计算量大，所以实际解线性方程组时一般不用克莱姆法则，但是克莱姆法则在理论上是相当重要的．

练习题 1－8

1. 用克莱姆法则求解线性方程组：

$$\begin{cases}2x_1+3x_2+5x_3=2\\x_1+2x_2=5\\3x_2+5x_3=4\end{cases}$$

2. 用克莱姆法则求解线性方程组：

$$\begin{cases}2x_1+x_2-5x_3+x_4=8\\x_1-3x_2-6x_4=9\\2x_2-x_3+2x_4=5\\x_1+4x_2-7x_3+6x_4=0\end{cases}$$

3. 大学生在饮食方面存在很多问题，很多人不重视吃早饭，多数大学生日常饮食没有规律，为了身体健康就要制订营养改善行动计划，大学生一日食谱配餐：需要摄入一定的蛋白质、脂肪和碳水化合物，下面是三种食物，它们的质量用适当的单位计量．食品营养及食谱所需营养如表 1－1 所示.

表 1-1　食品营养及食谱所需营养

营养	单位食物所含的营养			所需营养量
	食物一	食物二	食物三	
蛋白质	10	20	20	105
脂肪	0	10	3	60
碳水化合物	50	40	10	525

试根据这个问题建立一个线性方程组，并通过求解方程组来确定每天需要摄入上述三种食物的量．

4. 一个土建师、一个电气师、一个机械师组成一个技术服务站．在一段时间内，每个人收入 1 元需要支付给其他两人的服务费用以及每个人的实际收入如表 1-2 所示．

表 1-2　服务费及收入

服务者	被服务者			
	土建师	电气师	机械师	实际收入
土建师	0	0.2	0.3	500
电气师	0.1	0.39	0.4	700
机械师	0.3	0.4	0	600

问：这段时间内，每人的总收入是多少（总收入＝实际收入＋支付服务费）？

5. λ 为何值时，齐次方程组 $\begin{cases}(1-\lambda)x_1-2x_2+4x_3=0\\2x_1+(3-\lambda)x_2+x_3=0\\x_1+x_2+(1-\lambda)x_3=0\end{cases}$ 有非零解？

6. 设方程组 $\begin{cases}x+y+z=a+b+c\\ax+by+cz=a^2+b^2+c^2\\bcx+cay+abz=3abc\end{cases}$，试问 a，b，c 满足什么条件时，方程组有唯一解，并求出唯一解．

1.9　软件应用

在 MATLAB 中借助函数 det 就可以求出行列式的值，命令为：det（A），其中 A 为 n 阶行列式.

例 1　计算行列式 $D=\begin{vmatrix}1&0&2&1\\-1&2&2&3\\2&3&3&1\\0&1&2&1\end{vmatrix}$.

MATLAB 命令如下：

```
>> clear
>> D= [1,0,2,1;- 1,2,2,3;2,3,3,1;0,1,2,1];
>> det(D)
```

运行结果：

```
Ans= 14
```

说明：

(1) clear 的作用是清除内存中的变量；

(2) D 是以矩阵的形式输入的，除上面的输入形式外，还可以按如下输入

```
D= [1 0 2 1;- 1 2 2 3;2 3 3 1;0 1 2 1].
```

例 2 计算行列式 $D=\begin{vmatrix} a & 1 & 0 & 0 \\ -1 & b & 1 & 0 \\ 0 & -1 & c & 1 \\ 0 & 0 & -1 & d \end{vmatrix}$.

MATLAB 命令如下：

```
>> clear
>> syms a b c d
>> D= [a 1 0 0;- 1 b 1 0;0 - 1 c 1;0 0 - 1 d];
>> D= det(D)
```

运行结果：

```
D= a* b* c* d+ a* b+ a* d+ c* d+ 1
```

说明：

(1) syms 的作用是声明变量 a，b，c，d 为符号变量；

(2) D 是以矩阵的形式输入的，是带有符号的矩阵.

练习题 1－9

1. 利用 MATLAB 求解下列行列式：

(1) $D=\begin{vmatrix} 1 & 2 & -1 & 2 \\ 3 & 0 & 1 & -1 \\ 1 & -2 & 0 & 4 \\ -2 & -4 & 1 & -1 \end{vmatrix}$；　　(2) $D=\begin{vmatrix} 1 & -1 & 2 & -3 & 1 \\ -3 & 3 & -7 & 9 & -5 \\ 2 & 0 & 4 & -2 & 1 \\ 3 & -5 & 7 & -14 & 6 \\ 4 & -4 & 10 & -10 & 2 \end{vmatrix}$.

2. 利用 MATLAB 求解下列行列式：

(1) $D=\begin{vmatrix} a+b & c & 1 \\ b+c & a & 1 \\ c+a & b & 1 \end{vmatrix}$；　　(2) $D=\begin{vmatrix} 1 & 1 & 1 & 1+x \\ 1 & 1 & 1-x & 1 \\ 1 & 1+y & 1 & 1 \\ 1-y & 1 & 1 & 1 \end{vmatrix}$.

克莱姆简介

G·克莱姆（Cramer，Gabriel，1704 年 7 月 31 日—1752 年 1 月 4 日）瑞士数学家，生于日内瓦，卒于法国巴尼奥勒．早年在日内瓦读书，1724 年起在日内瓦加尔文学院任教，1734 年成为几何学教授，1750 年任哲学教授．

克莱姆自 1727 年起进行为期两年的旅行访学．在巴塞尔与约翰·伯努利、欧拉等人学习交流，结为挚友．后又到英国、荷兰、法国等地拜见许多数学名家，回国后在与他们的长期通信中，加强了与数学家之间的联系．他一生未婚，专心治学，平易近人且德高望重，先后当选为伦敦皇家学会、柏林研究院和法国、意大利等学会的成员．

克莱姆为数学宝库留下大量有价值的文献，主要著作是 1750 年出版的《代数曲线的分析引论》．在该著作中他定义了正则、非正则、超越曲线和无理曲线等概念，第一次正式引入坐标系的纵轴（Y 轴），然后讨论曲线变换，并依据曲线方程的阶数将曲线进行分类．为了确定经过 5 个点的一般二次曲线的系数，应用了著名的“克莱姆法则”，即由线性方程组的系数确定方程组解的表达式．该法则于 1729 年由英国数学家麦克劳林得到，于 1748 年发表，但克莱姆的优越符号使之流传．

习　题

一、填空题：

1. $\tau(631254)=$__________.

2. 要使排列（$3729m14n5$）为偶排列，则 $m=$__________；$n=$__________.

3. 关于 x 的多项式 $\begin{vmatrix} -x & 1 & 1 \\ x & -x & x \\ 1 & 2 & -2x \end{vmatrix}$ 中含 x^3, x^2 项的系数分别是__________.

4. $\boldsymbol{A}$ 为 3 阶方阵，$|\boldsymbol{A}|=2$，则 $|3\boldsymbol{A}^*|=$__________.

5. 求行列式的值：(1) $\begin{vmatrix} 1\,234 & 234 \\ 2\,469 & 469 \end{vmatrix}=$__________；(2) $\begin{vmatrix} 1 & 2 & 1 \\ 2 & 4 & 2 \\ 10 & 14 & 13 \end{vmatrix}=$__________；

(3) $\begin{vmatrix} 1 & 2\,000 & 2\,001 & 2\,002 \\ 0 & -1 & 0 & 2\,003 \\ 0 & 0 & -1 & 2\,004 \\ 0 & 0 & 0 & 2\,005 \end{vmatrix}=$__________；

(4) 行列式 $\begin{vmatrix} 1 & 2 & -3 \\ 2 & -1 & 0 \\ 3 & 4 & -2 \end{vmatrix}$ 中元素 0 的代数余子式的值为__________.

6. $\begin{vmatrix} 1 & 5 & 25 \\ 1 & 7 & 49 \\ 1 & 8 & 64 \end{vmatrix}=$__________；$\begin{vmatrix} 1 & 1 & 1 & 1 \\ 4 & 2 & -3 & 5 \\ 16 & 4 & 9 & 25 \\ 64 & 8 & -27 & 125 \end{vmatrix}=$__________.

7. $\begin{vmatrix} 0 & 1 & 1 \\ 1 & 0 & 1 \\ 1 & 1 & 0 \end{vmatrix}=$__________；$\begin{vmatrix} 0 & 1 & 2 & 2 \\ 2 & 2 & 2 & 0 \\ 1 & 3 & 0 & 0 \\ 1 & 0 & 0 & 0 \end{vmatrix}=$__________.

8. 若方程组$\begin{cases} bx+ay=0 \\ cx+az=b \\ cy+bz=a \end{cases}$有唯一解，则 $abc\neq$__________.

9. 把行列式的某一列的元素乘以同一数后加到另一列的对应元素上，行列式__________.

10. 行列式$\begin{vmatrix} a_{11} & a_{12} & a_{13} & a_{14} \\ a_{21} & a_{22} & a_{23} & a_{24} \\ a_{31} & a_{32} & a_{33} & a_{34} \\ a_{41} & a_{42} & a_{43} & a_{44} \end{vmatrix}$的项共有_______项，在 $a_{11}a_{23}a_{14}a_{42}$，$a_{34}a_{12}a_{43}a_{21}$ 中，__________是该行列式的项，符号是__________.

11. 当 a 为__________时，方程组$\begin{cases} x_1+x_2+x_3=0 \\ x_1+2x_2+ax_3=0 \\ x_1+4x_2+a^2x_3=0 \end{cases}$有非零解.

12. 设 $D=\begin{vmatrix} 3 & -1 & 2 \\ -2 & -3 & 1 \\ 0 & 1 & -4 \end{vmatrix}$，则 $2A_{11}+A_{21}-4A_{31}=$__________.

二、选择题：

1. 设 $\boldsymbol{A}$ 为 3 阶方阵，$|\boldsymbol{A}|=3$，则其行列式 $|3\boldsymbol{A}|$ 是（　　）.

A. 3　　B. 3^2　　C. 3^3　　D. 3^4

2. 已知四阶行列式 A 的值为 2，将 A 的第三行元素乘以 -1 加到第四行的对应元素上去，则现行列式的值为（　　）.

A. 2　　B. 0　　C. -1　　D. -2

3. 设 $D=\begin{vmatrix} a_{11} & a_{12} & a_{13} \\ a_{21} & a_{22} & a_{23} \\ a_{31} & a_{32} & a_{33} \end{vmatrix}=1$，则 $D=\begin{vmatrix} 4a_{11} & 2a_{11}-3a_{12} & a_{13} \\ 4a_{21} & 2a_{21}-3a_{22} & a_{23} \\ 4a_{31} & 2a_{31}-3a_{32} & a_{33} \end{vmatrix}=$（　　）.

A. 0　　B. -12　　C. 12　　D. 1

4. 设 $D=\begin{vmatrix} 2 & 0 & 8 \\ -3 & 1 & 5 \\ 2 & 9 & 7 \end{vmatrix}$，则代数余子式 $A_{12}=$（　　）.

A. －31　　B. 31　　C. 0　　D. －11

5. 已知四阶行列式 D 中第三列元素依次为－1，2，0，1，它们的余子式依次分别为 5，3，－7，4，则 $D=$(　　).

A. －5　　B. 5　　C. 0　　D. 1

6. 行列式 $\begin{vmatrix} a & b & c \\ d & e & f \\ g & h & k \end{vmatrix}$ 中元素 f 的代数余子式是（　　）.

A. $\begin{vmatrix} d & e \\ g & h \end{vmatrix}$　　B. $-\begin{vmatrix} a & b \\ g & h \end{vmatrix}$　　C. $\begin{vmatrix} a & b \\ g & h \end{vmatrix}$　　D. $-\begin{vmatrix} d & e \\ g & h \end{vmatrix}$

三、计算行列式：

1. $\begin{vmatrix} -2 & 3 \\ -1 & 5 \end{vmatrix}$；

2. $\begin{vmatrix} \cos\alpha & -\sin\alpha \\ \sin\alpha & \cos\alpha \end{vmatrix}$；

3. $\begin{vmatrix} \log_a b & 1 \\ 1 & \log_b a \end{vmatrix}$；

4. $\begin{vmatrix} a+1 & 1 \\ a^3 & a^2-a+1 \end{vmatrix}$；

5. $\begin{vmatrix} 1 & -1 & 3 \\ 2 & -1 & 1 \\ 1 & 2 & 0 \end{vmatrix}$；

6. $\begin{vmatrix} 2 & 7 & -3 \\ -5 & -4 & 1 \\ 10 & 3 & 7 \end{vmatrix}$；

7. $\begin{vmatrix} 0 & -a & b \\ a & 0 & -c \\ -b & c & 0 \end{vmatrix}$；

8. $\begin{vmatrix} 1 & 2 & 2 & 4 \\ 1 & 0 & 0 & 2 \\ 3 & -1 & -4 & 0 \\ 1 & 2 & -1 & 5 \end{vmatrix}$；

9. $\begin{vmatrix} 2 & 1 & -5 & 8 \\ 1 & -3 & 0 & 9 \\ 0 & 2 & -1 & -5 \\ 1 & 4 & -7 & 0 \end{vmatrix}$；

10. $\begin{vmatrix} 1 & 2 & -1 & 1 \\ 3 & 0 & 1 & 2 \\ 1 & -1 & 2 & 1 \\ 1 & 0 & 3 & -2 \end{vmatrix}$；

11. $\begin{vmatrix} a+b & c & 1 \\ b+c & a & 1 \\ c+a & b & 1 \end{vmatrix}$；

12. $\begin{vmatrix} 1 & 2 & -1 & 2 \\ 3 & 0 & 1 & -1 \\ 1 & -2 & 0 & 4 \\ -2 & -4 & 1 & -1 \end{vmatrix}$；

13. $\begin{vmatrix} 1 & 1 & 1 & 1+x \\ 1 & 1 & 1-x & 1 \\ 1 & 1+y & 1 & 1 \\ 1-y & 1 & 1 & 1 \end{vmatrix}$；

14. $\begin{vmatrix} 1 & a_1 & a_2 & a_3 \\ 1 & a_1+b_1 & a_2 & a_3 \\ 1 & a_1 & a_2+b_2 & a_3 \\ 1 & a_1 & a_2 & a_3+b_3 \end{vmatrix}$；

15. $D_n=\begin{vmatrix} 3 & 2 & 2 & \cdots & 2 \\ 2 & 3 & 2 & \cdots & 2 \\ 2 & 2 & 3 & \cdots & 2 \\ \vdots & \vdots & \vdots & & \vdots \\ 2 & 2 & 2 & \cdots & 3 \end{vmatrix}$；

16. $D_{n+1}=\begin{vmatrix} -1 & 1 & 0 & \cdots & 0 & 0 \\ 0 & -2 & 2 & \cdots & 0 & 0 \\ \vdots & \vdots & \vdots & & \vdots & \vdots \\ 0 & 0 & 0 & \cdots & -n & n \\ 2 & 2 & 2 & \cdots & 2 & 2 \end{vmatrix}$.

四、设行列式：

$$D=\begin{vmatrix} 4 & 1 & 3 & -2 \\ 3 & 3 & 3 & -6 \\ -1 & 2 & 0 & 7 \\ 1 & 2 & 9 & -2 \end{vmatrix}$$，不计算 A_{ij} 而直接证明 $A_{41}+A_{42}+A_{43}=2A_{44}$.

五、用克莱姆法则解下列线性方程组：

1. $\begin{cases} x_2-3x_3+4x_4=-5 \\ x_1-2x_3+3x_4=-4 \\ 3x_1+2x_2-5x_4=12 \\ 4x_1+3x_2-5x_3=5 \end{cases}$；

2. $\begin{cases} bx-ay+2ab=0 \\ -2cy+3bz-bc=0 \\ cx+az=0 \end{cases}$ （其中 $abc\neq 0$）.

第 2 章

矩　阵

1850 年，西尔维斯特在研究方程的个数与未知量的个数不相同的线性方程时，由于无法使用行列式，因此引入了 Matrix—矩阵这一词语．现代的矩阵理论给出矩阵的定义就是：由 mn 个数排成的 m 行 n 列的数表．在此之后，西尔维斯特还分别引入了初等因子、不变因子的概念．虽然后来一些著名的数学家都对矩阵中的不同概念给出了定义，也在矩阵领域的研究中做了很多重要的工作，但是直到凯莱在研究线性变化的不变量时，才把矩阵作为一个独立的数学概念，矩阵才作为一个独立的理论被加以研究．矩阵在经济学、密码学、计算机方面均有应用，因此矩阵理论的学习是以后学习的基础．本章思维导图如图 2－1 所示．

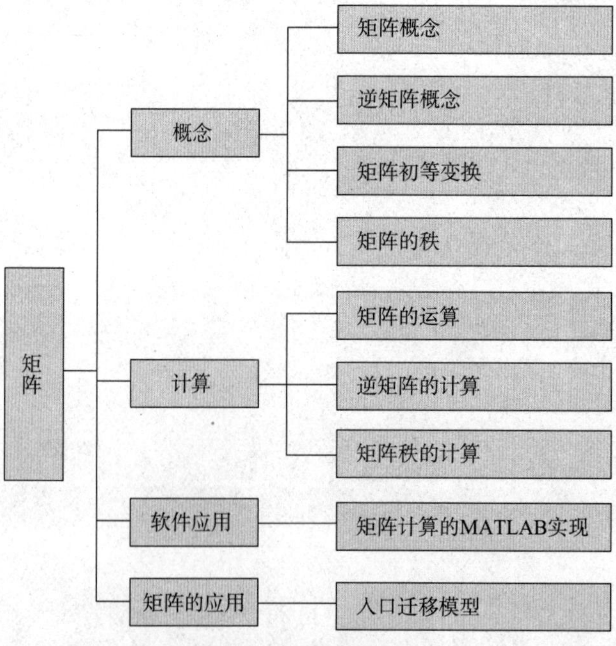

图 2－1　本章思维导图

2.1 矩阵的概念及介绍

2.1.1 矩阵的概念

在第1章中，我们学习了行列式的概念和计算．一个 n 阶行列式从形式上看就是 n^2 个元素排成 n 行与 n 列．在许多实际问题中，还会碰到由若干个数排成行与列的长方形数表．在科学研究中，长方形数表是非常常见的．研究问题时常常要把它当作一个整体来处理，下面我们通过几个例子来说明这一情况．

引例 1

若有甲、乙、丙三家公司，在一段时期内，这三家公司的成本明细如表 2-1 所示.

表 2-1 成本明细

成本 \ 公司	甲公司	乙公司	丙公司
人工成本	43 808	37 232	29 253
设备成本	28 645	24 527	20 000

将表 2-1 中的数据取出且不改变数据的相关位置，那么就得到一个两行三列的矩形数表：

$$\begin{bmatrix} 43\,808 & 37\,232 & 29\,253 \\ 28\,645 & 24\,527 & 20\,000 \end{bmatrix}$$

引例 2

考查线性方程组

$$\begin{cases} x_1 - x_2 + x_3 - 2x_4 = 2 \\ -x_1 + 2x_2 - x_3 = -4 \\ 3x_1 + 2x_2 + x_3 - 2x_4 = -1 \end{cases}$$

这是一个未知数个数大于方程个数的线性方程组．其解的情况取决于未知量系数与常数项，如果把这些系数和常数项按原来的行列次序排出一张数表

$$\begin{bmatrix} 1 & -1 & 1 & -2 & 2 \\ -1 & 2 & -1 & 0 & -4 \\ 3 & 2 & 1 & -2 & -1 \end{bmatrix}$$

那么线性方程组就完全由这张数表所确定了．

矩形数表是从实际中抽象出来的一个新的数学对象，为进一步研究起见，给出以下定义：

定义 由 $m\times n$ 个数 a_{ij}（$i=1, 2, \cdots, m$；$j=1, 2, \cdots, n$）组成一个 m 行 n 列的矩形数表，称其为 m 行 n 列矩阵，简称 $m\times n$ 矩阵．矩阵常用大写字母 A，B，C，…表示，记作

$$A=\begin{bmatrix} a_{11} & a_{12} & \cdots & a_{1n} \\ a_{21} & a_{22} & \cdots & a_{2n} \\ \vdots & \vdots & & \vdots \\ a_{m1} & a_{m2} & \cdots & a_{mn} \end{bmatrix}$$

其中，$a_{ij}(i=1,2,\cdots,m;j=1,2,\cdots,n)$ 称为矩阵 $\boldsymbol{A}$ 的元素．$m\times n$ 矩阵 $\boldsymbol{A}$ 也可记为 $\boldsymbol{A}=(a_{ij})_{m\times n}$ 或者 $\boldsymbol{A}_{m\times n}$.

2.1.2 几种特殊的矩阵

1. 零矩阵：所有的元素都是零的矩阵．记作 $\boldsymbol{O}$ 或者 $\boldsymbol{O}_{m\times n}$.

2. 行矩阵和列矩阵：只有一行元素的矩阵称为行矩阵（行向量）；只有一列元素的矩阵称为列矩阵（列向量）. 例如

$$\boldsymbol{A}_{1\times n}=(a_{11}\quad a_{12}\quad \cdots \quad a_{1n}),\boldsymbol{B}_{m\times 1}=\begin{bmatrix} b_1 \\ b_2 \\ b_3 \\ b_4 \end{bmatrix}$$

3. 负矩阵：矩阵 $\boldsymbol{A}$ 的负矩阵就是矩阵 $\boldsymbol{A}$ 的所有元素都取相反数，记为 $-\boldsymbol{A}$.

例如，矩阵 $\boldsymbol{A}=\begin{bmatrix} 3 & 6 & 0 \\ -2 & 4 & 1 \\ 5 & -7 & 8 \end{bmatrix}$ 的负矩阵为 $-\boldsymbol{A}=\begin{bmatrix} -3 & -6 & 0 \\ 2 & -4 & -1 \\ -5 & 7 & -8 \end{bmatrix}$.

4. n 阶方阵：行数 m 等于列数 n 的矩阵称为 n 阶方阵，即 $n\times n$ 矩阵或 $n\times n$ 方阵．

$\boldsymbol{A}_n=\begin{bmatrix} a_{11} & a_{12} & \cdots & a_{1n} \\ a_{21} & a_{22} & \cdots & a_{2n} \\ \vdots & \vdots & & \vdots \\ a_{n1} & a_{n2} & \cdots & a_{nn} \end{bmatrix}$ 就是一个 n 阶方阵，$a_{11},a_{22},\cdots,a_{nn}$ 称为主对角线上的元素．

5. 主对角线以下（上）元素全为零的矩阵称为上（下）三角形矩阵.

如 $\begin{bmatrix} 3 & 6 & 0 \\ 0 & 4 & 1 \\ 0 & 0 & 8 \end{bmatrix}$ 为三阶上三角形矩阵；$\begin{bmatrix} 3 & 0 & 0 \\ 0 & 4 & 0 \\ -4 & 0 & 8 \end{bmatrix}$ 为三阶下三角形矩阵．

6. 除了主对角线上的元素以外，其余元素全为零的矩阵称为对角矩阵.

如 $\begin{bmatrix} 3 & 0 & 0 \\ 0 & 4 & 0 \\ 0 & 0 & 8 \end{bmatrix}$ 为三阶对角矩阵．

7. 主对角线上的元素全相等的对角矩阵称为数量矩阵.

如 $\begin{bmatrix} a & 0 & 0 \\ 0 & a & 0 \\ 0 & 0 & a \end{bmatrix}(a\neq 0)$ 为三阶数量矩阵．

8. 主对角线上的元素全为 1 的数量矩阵称为单位矩阵，n 阶单位矩阵记作 $\boldsymbol{I}_n$ 或 $\boldsymbol{E}_n$.

如$\begin{bmatrix}1&0&0&0\\0&1&0&0\\0&0&1&0\\0&0&0&1\end{bmatrix}$为四阶单位矩阵.

练习题 2-1

1. 已知矩阵 $\boldsymbol{A}=\begin{bmatrix}1&2&3\\a&2&1\\b&c&1\end{bmatrix}$ 为上三角形矩阵，那么 $a=$________，$b=$________，$c=$________.

2. 已知矩阵 $\boldsymbol{B}$ 是矩阵 $\boldsymbol{A}$ 的负矩阵，矩阵 $\boldsymbol{A}=\begin{bmatrix}1&a&0\\8&6&-1\\5&3&a\end{bmatrix}$，则矩阵 $\boldsymbol{B}=$________.

3. 矩阵 $\boldsymbol{A}$ 为五阶单位矩阵，则矩阵 $\boldsymbol{A}=$________.

2.2 矩阵的运算

2.2.1 矩阵相等

设 $\boldsymbol{A}=(a_{ij})_{m\times n},\boldsymbol{B}=(b_{ij})_{m\times n}$，则

$$\boldsymbol{A}=\boldsymbol{B}\Leftrightarrow a_{ij}=b_{ij}(i=1,2,\cdots,m;j=1,2,\cdots,n)$$

由矩阵相等的定义可以看出，矩阵 $\boldsymbol{A}$ 与矩阵 $\boldsymbol{B}$ 相等当且仅当 $\boldsymbol{A}$ 与 $\boldsymbol{B}$ 的行、列对应元素都相等.

2.2.2 矩阵加法

定义 1 已知两个 $m\times n$ 矩阵 $\boldsymbol{A}=(a_{ij})_{m\times n},\boldsymbol{B}=(b_{ij})_{m\times n}$，将对应的元素相加（减）得到一个新的 $m\times n$ 矩阵称为矩阵 $\boldsymbol{A}$ 与 $\boldsymbol{B}$ 的和（差），记作 $\boldsymbol{A}+\boldsymbol{B}=(a_{ij}+b_{ij})_{m\times n}$.

例 1 设 $\boldsymbol{A}=\begin{bmatrix}1&3\\2&0\\-1&0\end{bmatrix},\boldsymbol{B}=\begin{bmatrix}-5&4\\3&-1\\1&8\end{bmatrix}$，求 $\boldsymbol{A}+\boldsymbol{B}$.

解

$$\boldsymbol{A}+\boldsymbol{B}=\begin{bmatrix}1&3\\2&0\\-1&0\end{bmatrix}+\begin{bmatrix}-5&4\\3&-1\\1&8\end{bmatrix}=\begin{bmatrix}-4&7\\5&-1\\0&8\end{bmatrix}$$

注：只有行数相同、列数相同的矩阵才能进行加减运算.

矩阵加法满足如下的运算规律：

(1) 交换律：$\boldsymbol{A}+\boldsymbol{B}=\boldsymbol{B}+\boldsymbol{A}$；

(2) 结合律：$(\boldsymbol{A}+\boldsymbol{B})+\boldsymbol{C}=\boldsymbol{A}+(\boldsymbol{B}+\boldsymbol{C})$；

(3) 存在零矩阵：对任何矩阵 $\boldsymbol{A}$，都有 $\boldsymbol{A}+\boldsymbol{O}=\boldsymbol{A}$.

2.2.3 数乘矩阵

定义 2 已知数 k 和一个 $m \times n$ 矩阵 $A = (a_{ij})_{m \times n}$，将数 k 乘以矩阵 A 中的每一个元素所得到的一个新的 $m \times n$ 矩阵称为数 k 与矩阵 A 的乘积，记作 $kA = (ka_{ij})_{m \times n}$.

例 2 已知矩阵 $A = \begin{bmatrix} 1 & 3 \\ 2 & 0 \\ -1 & 0 \end{bmatrix}, B = \begin{bmatrix} -5 & 4 \\ 3 & -1 \\ 1 & 8 \end{bmatrix}$，求 $3A - 2B$.

解

$$3A - 2B = 3\begin{bmatrix} 1 & 3 \\ 2 & 0 \\ -1 & 0 \end{bmatrix} - 2\begin{bmatrix} -5 & 4 \\ 3 & -1 \\ 1 & 8 \end{bmatrix} = \begin{bmatrix} 3 & 9 \\ 6 & 0 \\ -3 & 0 \end{bmatrix} - \begin{bmatrix} -10 & 8 \\ 6 & -2 \\ 2 & 16 \end{bmatrix} = \begin{bmatrix} 13 & 1 \\ 0 & 2 \\ -5 & -16 \end{bmatrix}$$

2.2.4 矩阵乘法

先看一个实际的例子.

某钢铁生产企业 7—9 月的生产原料：铁矿石、焦炭、无烟煤的用量（吨）用矩阵 A 表示，三种原料的费用（元）用矩阵 B 表示.

$$A = \begin{array}{c} \\ \\ \end{array}\begin{array}{ccc} \text{铁矿石} & \text{焦炭} & \text{无烟煤} \end{array}$$

$$A = \begin{bmatrix} 2\,000 & 1\,000 & 200 \\ 1\,800 & 800 & 300 \\ 2\,100 & 1\,200 & 400 \end{bmatrix} \begin{array}{l} 7\text{月} \\ 8\text{月}, \\ 9\text{月} \end{array} \qquad B = \begin{bmatrix} 100 \\ 1\,300 \\ 1\,100 \end{bmatrix} \begin{array}{l} \text{铁矿石} \\ \text{焦炭} \\ \text{无烟煤} \end{array}$$

求该企业 7—9 月每月的生产成本.

解 7 月的生产成本为：

$$2\,000 \times 100 + 1\,000 \times 1\,300 + 200 \times 1\,100 = 1\,700\,000 \text{（元）}$$

观察可知，结果是矩阵 A 的第一行元素与矩阵 B 的列的对应元素的乘积之和，类似地，可知

8 月的生产成本为

$$1\,800 \times 100 + 800 \times 1\,300 + 300 \times 1\,100 = 1\,520\,000 \text{（元）}$$

9 月的生产成本为

$$2\,100 \times 100 + 1\,200 \times 1\,300 + 400 \times 1\,100 = 2\,170\,000 \text{（元）}$$

用矩阵 C 表示该企业 7—9 月的开支为

$$C = \begin{bmatrix} 1\,700\,000 \\ 1\,520\,000 \\ 2\,170\,000 \end{bmatrix}$$

观察可知，c_{11}, c_{21}, c_{31} 分别是矩阵 A 的第 1、2、3 行元素与矩阵 B 的对应元素的乘积之和.

定义 3 已知矩阵 $A = (a_{ij})_{m \times s}$ 和矩阵 $B = (b_{ij})_{s \times n}$，称 $m \times n$ 矩阵 $C = (c_{ij})_{m \times n}$ 为矩阵 A 和矩阵 B 的乘积，记作 $C = AB$. 其中

$$c_{ij}=a_{i1}b_{1j}+a_{i2}b_{2j}+\cdots+a_{is}b_{sj}=\sum_{k=1}^{s}a_{ik}b_{kj}$$

注：(1) 不是任意两个矩阵都可以相乘，只有左阵的列数和右阵的行数相等时，$\boldsymbol{AB}$ 才有意义．

(2) 矩阵 $\boldsymbol{C}=\boldsymbol{AB}$ 的行数与矩阵 $\boldsymbol{A}$ 的行数 m 相等，而其列数与矩阵 $\boldsymbol{B}$ 的列数 n 相等，即 $\boldsymbol{C}_{m\times n}=(\boldsymbol{AB})_{m\times n}=\boldsymbol{A}_{m\times s}\boldsymbol{B}_{s\times n}$.

例 3 已知 $\boldsymbol{A}=\begin{bmatrix}1&-2\\2&1\\3&-3\end{bmatrix},\boldsymbol{B}=\begin{bmatrix}1&-4&2\\3&5&-1\end{bmatrix}$，求 $\boldsymbol{AB}$.

解

$$\begin{aligned}\boldsymbol{AB}&=\begin{bmatrix}1&-2\\2&1\\3&-3\end{bmatrix}\begin{bmatrix}1&-4&2\\3&5&-1\end{bmatrix}\\&=\begin{bmatrix}1\times1+(-2)\times3&1\times(-4)+(-2)\times5&1\times2+(-2)\times(-1)\\2\times1+1\times3&2\times(-4)+1\times5&2\times2+1\times(-1)\\3\times1+(-3)\times3&3\times(-4)+(-3)\times5&3\times2+(-3)\times(-1)\end{bmatrix}\\&=\begin{bmatrix}-5&-14&4\\5&-3&3\\-6&-27&9\end{bmatrix}\end{aligned}$$

例 4 已知 $\boldsymbol{A}=\begin{bmatrix}1&0&3\\2&1&5\end{bmatrix},\boldsymbol{B}=\begin{bmatrix}2&0\\1&3\\-1&0\end{bmatrix},\boldsymbol{C}=\begin{bmatrix}-4&0\\3&3\\1&0\end{bmatrix}$，求 $\boldsymbol{AB}$，$\boldsymbol{BA}$ 和 $\boldsymbol{AC}$.

解 $\boldsymbol{AB}=\begin{bmatrix}1&0&3\\2&1&5\end{bmatrix}\begin{bmatrix}2&0\\1&3\\-1&0\end{bmatrix}=\begin{bmatrix}-1&0\\0&3\end{bmatrix}$

$$\boldsymbol{BA}=\begin{bmatrix}2&0\\1&3\\-1&0\end{bmatrix}\begin{bmatrix}1&0&3\\2&1&5\end{bmatrix}=\begin{bmatrix}2&0&6\\7&3&18\\-1&0&-3\end{bmatrix}$$

$$\boldsymbol{AC}=\begin{bmatrix}1&0&3\\2&1&5\end{bmatrix}\begin{bmatrix}-4&0\\3&3\\1&0\end{bmatrix}=\begin{bmatrix}-1&0\\0&3\end{bmatrix}$$

从例 4 可看出，矩阵相乘不满足交换律，即 $\boldsymbol{AB}\neq\boldsymbol{BA}$；矩阵的乘法运算不满足乘法消去律，即 $\boldsymbol{A}\neq\boldsymbol{O}$，$\boldsymbol{AB}=\boldsymbol{AC}$，不能得到 $\boldsymbol{B}=\boldsymbol{C}$.

例 5 $\boldsymbol{A}=\begin{bmatrix}1&1\\-1&-1\end{bmatrix},\boldsymbol{B}=\begin{bmatrix}2&1\\4&1\end{bmatrix},\boldsymbol{C}=\begin{bmatrix}6&2\\0&0\end{bmatrix}$，求 $\boldsymbol{AB}$ 和 $\boldsymbol{AC}$.

解

$$AB=\begin{bmatrix}1&1\\-1&-1\end{bmatrix}\begin{bmatrix}2&1\\4&1\end{bmatrix}=\begin{bmatrix}6&2\\-6&-2\end{bmatrix}$$

$$AC=\begin{bmatrix}1&1\\-1&-1\end{bmatrix}\begin{bmatrix}6&2\\0&0\end{bmatrix}=\begin{bmatrix}6&2\\-6&-2\end{bmatrix}$$

例6 已知 $A=\begin{bmatrix}1&1&2\\2&2&4\end{bmatrix}$，$B=\begin{bmatrix}1&-3&2\\1&1&0\\-1&1&-1\end{bmatrix}$，求 AB、AI、IA.

解 $$AB=\begin{bmatrix}1&1&2\\2&2&4\end{bmatrix}\begin{bmatrix}1&-3&2\\1&1&0\\-1&1&-1\end{bmatrix}=\begin{bmatrix}0&0&0\\0&0&0\end{bmatrix}$$

$$AI=\begin{bmatrix}1&1&2\\2&2&4\end{bmatrix}\begin{bmatrix}1&0&0\\0&1&0\\0&0&1\end{bmatrix}=\begin{bmatrix}1&1&2\\2&2&4\end{bmatrix}$$

$$IA=\begin{bmatrix}1&0\\0&1\end{bmatrix}\begin{bmatrix}1&1&2\\2&2&4\end{bmatrix}=\begin{bmatrix}1&1&2\\2&2&4\end{bmatrix}$$

从例6可看出，一般地，$AB=O$ 不能得到 $A=O$ 或 $B=O$. 矩阵与单位矩阵相乘相当于数与1相乘．只是矩阵与单位矩阵相乘要注意单位矩阵的阶数．

$$I_m A_{m\times n}=A_{m\times n}I_n=A_{m\times n}$$

矩阵与矩阵的乘法运算还具有下列性质：

(1) 结合律：$(AB)C=A(BC)$；

(2) 分配律：$(A+B)C=AC+BC$，$A(B+C)=AB+AC$；

(3) $k(AB)=(kA)B=A(kB)$（k 为常数）；

(4) $I_m A_{m\times n}=A_{m\times n}I_n=A_{m\times n}$；

(5) $O_{s\times m}A_{m\times n}=O_{s\times n}$，$A_{m\times n}O_{n\times t}=O_{m\times t}$.

由于矩阵乘法不满足交换律，因而矩阵与矩阵相乘必须注意顺序．

AB 称为用矩阵 A 左乘矩阵 B，或称为用矩阵 B 右乘矩阵 A. 所以当 $AB\neq BA$ 时，

$$(A+B)^2=A^2+AB+BA+B^2$$

$$(A+B)(A-B)=A^2-AB+BA-B^2$$

2.2.5 矩阵转置

定义4 已知 $m\times n$ 矩阵 $A=\begin{bmatrix}a_{11}&a_{12}&\cdots&a_{1n}\\a_{21}&a_{22}&\cdots&a_{2n}\\\vdots&\vdots&&\vdots\\a_{m1}&a_{m2}&\cdots&a_{mn}\end{bmatrix}$，将矩阵 A 的行变成相应的列，得到新的 $n\times m$ 矩阵，称它为 A 的转置矩阵，记作

$$A^{\mathrm{T}}=\begin{bmatrix}a_{11} & a_{21} & \cdots & a_{m1}\\ a_{12} & a_{22} & \cdots & a_{m2}\\ \vdots & \vdots & & \vdots\\ a_{1n} & a_{2n} & \cdots & a_{mn}\end{bmatrix}$$

如果 $\boldsymbol{A}$ 是一个 n 阶方阵，且 $\boldsymbol{A}^{\mathrm{T}}=\boldsymbol{A}$，则称矩阵 $\boldsymbol{A}$ 为 n 阶对称矩阵．

可以证明，矩阵的转置有如下性质：

(1) $(\boldsymbol{A}+\boldsymbol{B})^{\mathrm{T}}=\boldsymbol{A}^{\mathrm{T}}+\boldsymbol{B}^{\mathrm{T}}$；

(2) $(\boldsymbol{A}^{\mathrm{T}})^{\mathrm{T}}=\boldsymbol{A}$；

(3) $(k\boldsymbol{A})^{\mathrm{T}}=k\boldsymbol{A}^{\mathrm{T}}$($k$ 为常数)；

(4) $(\boldsymbol{AB})^{\mathrm{T}}=\boldsymbol{B}^{\mathrm{T}}\boldsymbol{A}^{\mathrm{T}}$.

例 7 设 $\boldsymbol{A}=\begin{bmatrix}2 & 0 & -1\\ 1 & 3 & 2\end{bmatrix}$，$\boldsymbol{B}=\begin{bmatrix}1 & 7 & -1\\ 4 & 2 & 3\\ 2 & 0 & 1\end{bmatrix}$，求 $(\boldsymbol{AB})^{\mathrm{T}}$ 和 $\boldsymbol{B}^{\mathrm{T}}\boldsymbol{A}^{\mathrm{T}}$.

解 $\boldsymbol{AB}=\begin{bmatrix}2 & 0 & -1\\ 1 & 3 & 2\end{bmatrix}\begin{bmatrix}1 & 7 & -1\\ 4 & 2 & 3\\ 2 & 0 & 1\end{bmatrix}=\begin{bmatrix}0 & 14 & -3\\ 17 & 13 & 10\end{bmatrix}$，则

$$(\boldsymbol{AB})^{\mathrm{T}}=\begin{bmatrix}0 & 17\\ 14 & 13\\ -3 & 10\end{bmatrix}$$

又 $\boldsymbol{B}^{\mathrm{T}}=\begin{bmatrix}1 & 4 & 2\\ 7 & 2 & 0\\ -1 & 3 & 1\end{bmatrix}$，$\boldsymbol{A}^{\mathrm{T}}=\begin{bmatrix}2 & 1\\ 0 & 3\\ -1 & 2\end{bmatrix}$，则

$$\boldsymbol{B}^{\mathrm{T}}\boldsymbol{A}^{\mathrm{T}}=\begin{bmatrix}1 & 4 & 2\\ 7 & 2 & 0\\ -1 & 3 & 1\end{bmatrix}\begin{bmatrix}2 & 1\\ 0 & 3\\ -1 & 2\end{bmatrix}=\begin{bmatrix}0 & 17\\ 14 & 13\\ -3 & 10\end{bmatrix}$$

由此例可以看出 $(\boldsymbol{AB})^{\mathrm{T}}=\boldsymbol{B}^{\mathrm{T}}\boldsymbol{A}^{\mathrm{T}}$.

例 8 设 $\boldsymbol{A}=\begin{bmatrix}1 & 2\\ 3 & 4\end{bmatrix}$，$\boldsymbol{B}=\begin{bmatrix}-1 & 0\\ 2 & 3\end{bmatrix}$，求 $\boldsymbol{AB}^{\mathrm{T}}-2\boldsymbol{A}$.

解 $\boldsymbol{B}^{\mathrm{T}}=\begin{bmatrix}-1 & 2\\ 0 & 3\end{bmatrix}$，$\boldsymbol{AB}^{\mathrm{T}}=\begin{bmatrix}1 & 2\\ 3 & 4\end{bmatrix}\begin{bmatrix}-1 & 2\\ 0 & 3\end{bmatrix}=\begin{bmatrix}-1 & 8\\ -3 & 18\end{bmatrix}$

$$\begin{aligned}\boldsymbol{AB}^{\mathrm{T}}-2\boldsymbol{A}&=\begin{bmatrix}-1 & 8\\ -3 & 18\end{bmatrix}-2\times\begin{bmatrix}1 & 2\\ 3 & 4\end{bmatrix}\\ &=\begin{bmatrix}-1 & 8\\ -3 & 18\end{bmatrix}-\begin{bmatrix}2 & 4\\ 6 & 8\end{bmatrix}=\begin{bmatrix}-3 & 4\\ -9 & 10\end{bmatrix}\end{aligned}$$

2.2.6 方阵的行列式

定义5 已知n阶方阵$\boldsymbol{A}=\begin{bmatrix} a_{11} & a_{12} & \cdots & a_{1n} \\ a_{21} & a_{22} & \cdots & a_{2n} \\ \vdots & \vdots & & \vdots \\ a_{n1} & a_{n2} & \cdots & a_{nn} \end{bmatrix}$，将构成$n$阶方阵的$n^2$个元素按照原来的顺序作一个$n$阶行列式，这个$n$阶行列式称为$n$阶方阵$\boldsymbol{A}$的行列式，记作

$$|\boldsymbol{A}|=\begin{vmatrix} a_{11} & a_{12} & \cdots & a_{1n} \\ a_{21} & a_{22} & \cdots & a_{2n} \\ \vdots & \vdots & & \vdots \\ a_{n1} & a_{n2} & \cdots & a_{nn} \end{vmatrix}$$

可以证明，方阵的行列式具有下列性质：

(1) $|\boldsymbol{A}^{\mathrm{T}}|=|\boldsymbol{A}|$；

(2) $|k\boldsymbol{A}|=k^n|\boldsymbol{A}|$（$k$为常数）；

(3) $|\boldsymbol{AB}|=|\boldsymbol{A}||\boldsymbol{B}|=|\boldsymbol{B}||\boldsymbol{A}|=|\boldsymbol{BA}|$.

例9 设$\boldsymbol{A}=\begin{bmatrix} 1 & 2 \\ 3 & 4 \end{bmatrix}$,$\boldsymbol{B}=\begin{bmatrix} 1 & 0 \\ 0 & 2 \end{bmatrix}$，证明：

(1) $|\boldsymbol{A}^{\mathrm{T}}|=|\boldsymbol{A}|$；(2) $|2\boldsymbol{A}|=2^2|\boldsymbol{A}|$；(3) $|\boldsymbol{AB}|=|\boldsymbol{A}||\boldsymbol{B}|$.

证 (1)
$$|\boldsymbol{A}|=\begin{vmatrix} 1 & 2 \\ 3 & 4 \end{vmatrix}=-2$$
$$|\boldsymbol{A}^{\mathrm{T}}|=\begin{vmatrix} 1 & 3 \\ 2 & 4 \end{vmatrix}=-2$$

所以
$$|\boldsymbol{A}^{\mathrm{T}}|=|\boldsymbol{A}|$$

(2)
$$|2\boldsymbol{A}|=\begin{vmatrix} 2 & 4 \\ 6 & 8 \end{vmatrix}=-8$$
$$2^2|\boldsymbol{A}|=4\times(-2)=-8$$

所以
$$|2\boldsymbol{A}|=2^2|\boldsymbol{A}|$$

(3)
$$\boldsymbol{AB}=\begin{bmatrix} 1 & 2 \\ 3 & 4 \end{bmatrix}\begin{bmatrix} 1 & 0 \\ 0 & 2 \end{bmatrix}=\begin{bmatrix} 1 & 4 \\ 3 & 8 \end{bmatrix}$$
$$|\boldsymbol{AB}|=\begin{vmatrix} 1 & 4 \\ 3 & 8 \end{vmatrix}=-4$$
$$|\boldsymbol{A}||\boldsymbol{B}|=\begin{vmatrix} 1 & 2 \\ 3 & 4 \end{vmatrix}\begin{vmatrix} 1 & 0 \\ 0 & 2 \end{vmatrix}=(-2)\times 2=-4$$

所以，$|\boldsymbol{AB}|=|\boldsymbol{A}||\boldsymbol{B}|=|\boldsymbol{B}||\boldsymbol{A}|=|\boldsymbol{BA}|$.

2.2.7 伴随矩阵

定义 6 设有 n 阶方阵 $\boldsymbol{A}=\begin{bmatrix} a_{11} & a_{12} & \cdots & a_{1n} \\ a_{21} & a_{22} & \cdots & a_{2n} \\ \vdots & \vdots & & \vdots \\ a_{n1} & a_{n2} & \cdots & a_{nn} \end{bmatrix}$，由 $\boldsymbol{A}$ 的行列式 $|\boldsymbol{A}|$ 的全部代数余子式按照下面的方式组成的矩阵

$$\boldsymbol{A}^*=\begin{bmatrix} A_{11} & A_{21} & \cdots & A_{n1} \\ A_{12} & A_{22} & \cdots & A_{n2} \\ \vdots & \vdots & & \vdots \\ A_{1n} & A_{2n} & \cdots & A_{nn} \end{bmatrix}$$

称为伴随矩阵．

伴随矩阵 $\boldsymbol{A}^*$ 的第 i 行元素是 $|\boldsymbol{A}|$ 的第 i 列元素的代数余子式，因此在求伴随矩阵时既要注意代数余子式的符号，又要注意放置顺序．

性质 (1) $\boldsymbol{AA}^*=|\boldsymbol{A}|\boldsymbol{E}$；

(2) $|\boldsymbol{A}^*|=|\boldsymbol{A}|^{n-1}$.

例 10 判断下列命题是否正确，并说明理由：

(1) 如果 $\boldsymbol{A}^2=\boldsymbol{O}$，那么 $\boldsymbol{A}=\boldsymbol{O}$.

(2) $(\boldsymbol{A}+\boldsymbol{B})^2=\boldsymbol{A}^2+2\boldsymbol{AB}+\boldsymbol{B}^2$.

解 (1) 不正确．

例如：$\boldsymbol{A}=\begin{bmatrix} 0 & 1 \\ 0 & 0 \end{bmatrix}\neq\boldsymbol{O}$，但 $\boldsymbol{A}^2=\begin{bmatrix} 0 & 1 \\ 0 & 0 \end{bmatrix}\begin{bmatrix} 0 & 1 \\ 0 & 0 \end{bmatrix}=\begin{bmatrix} 0 & 0 \\ 0 & 0 \end{bmatrix}=\boldsymbol{O}$.

(2) 不正确．$(\boldsymbol{A}+\boldsymbol{B})^2=\boldsymbol{A}^2+2\boldsymbol{AB}+\boldsymbol{B}^2$ 成立的充要条件是 $\boldsymbol{A}$ 与 $\boldsymbol{B}$ 可交换，正确的写法：$(\boldsymbol{A}+\boldsymbol{B})^2=(\boldsymbol{A}+\boldsymbol{B})(\boldsymbol{A}+\boldsymbol{B})=\boldsymbol{A}^2+\boldsymbol{AB}+\boldsymbol{BA}+\boldsymbol{B}^2$.

类似地，下列各式成立的充要条件是 $\boldsymbol{A}$ 与 $\boldsymbol{B}$ 可交换：

$$\boldsymbol{A}^2-\boldsymbol{B}^2=(\boldsymbol{A}+\boldsymbol{B})(\boldsymbol{A}-\boldsymbol{B})$$
$$(\boldsymbol{A}-\boldsymbol{B})^2=\boldsymbol{A}^2-\boldsymbol{AB}-\boldsymbol{BA}+\boldsymbol{B}^2$$
$$\boldsymbol{A}^3\pm\boldsymbol{B}^3=(\boldsymbol{A}\pm\boldsymbol{B})(\boldsymbol{A}^2\mp\boldsymbol{AB}+\boldsymbol{B}^2)$$
$$(\boldsymbol{A}\pm\boldsymbol{B})^3=\boldsymbol{A}^3\pm 3\boldsymbol{A}^2\boldsymbol{B}+3\boldsymbol{AB}^2\pm\boldsymbol{B}^3$$
$$\cdots$$

例 11 设矩阵 $\boldsymbol{A}=\begin{bmatrix} 1 & 0 & 3 \\ 2 & -1 & 0 \\ 0 & 1 & 4 \end{bmatrix}$，求 $\big||\boldsymbol{A}^*|\boldsymbol{A}^*\big|$.

解 因为 $|\boldsymbol{A}|=\begin{vmatrix} 1 & 0 & 3 \\ 2 & -1 & 0 \\ 0 & 1 & 4 \end{vmatrix}=2$，

所以 $|\boldsymbol{A}^*|=2^2=4$，

所以 $\big||\boldsymbol{A}^*|\boldsymbol{A}^*\big|=|\boldsymbol{A}^*|^3|\boldsymbol{A}^*|=4^4=256$.

练习题 2 - 2

1. 计算：

(1) $\begin{bmatrix} 2 & 5 \\ -2 & -1 \\ 3 & 4 \end{bmatrix}\begin{bmatrix} a & b \\ c & d \end{bmatrix}=$ ________；　　(2) $\begin{bmatrix} 1 & -1 \\ 1 & 1 \end{bmatrix}\begin{bmatrix} 2 & -1 & 1 \\ 3 & 0 & 4 \end{bmatrix}=$ ________；

(3) $\begin{bmatrix} 0 & 1 & -1 & 3 \\ -1 & 2 & 1 & 0 \end{bmatrix}\begin{bmatrix} 1 & 1 \\ -1 & 4 \\ 3 & 0 \\ 1 & 2 \end{bmatrix}=$ ________.

2. 判断 $\boldsymbol{AB}$、$\boldsymbol{BA}$ 是否有意义，并计算：

$$\boldsymbol{A}=(1 \quad 3 \quad -1),\boldsymbol{B}=\begin{bmatrix} 3 \\ 2 \\ -4 \end{bmatrix}.$$

3. 用矩阵乘法求所要求的量：（无须计算）

（1）已知物理、化学、生物三科考试成绩分别占总成绩比例为 40%，35%，25%，各人单科成绩如表 2 - 2 所示，求个人总成绩 .

表 2 - 2　学生各科成绩

项目	物理	化学	生物
甲	71	80	76
乙	92	85	88
丙	60	76	70
丁	75	69	75

（2）已知某地区有四个工厂，生产甲、乙、丙三种产品（见表 2 - 3，单位：吨）. 已知三种产品每吨价格分别为 100，120，90（万元），每吨利润分别为 15，18，20（万元），求四个工厂的年总收入和年总利润 .

表 2 - 3　产品产量

项目	1 厂	2 厂	3 厂	4 厂
甲	10	12	6	11
乙	6	8	5	9
丙	15	9	12	8

4. 计算：

$(1 \quad 2 \quad 3)\begin{bmatrix} 1 \\ 2 \\ 3 \end{bmatrix}=$ ____________；$\begin{bmatrix} 1 \\ 2 \\ 3 \end{bmatrix}(1 \quad 2 \quad 3)=$ ____________；

$$(1\quad -1\quad 0\quad 1)\begin{bmatrix}1\\-1\\0\\1\end{bmatrix}=\underline{\qquad\qquad};$$

$$\begin{bmatrix}1\\-1\\0\\1\end{bmatrix}(1\quad -1\quad 0\quad 1)=\underline{\qquad\qquad}.$$

5. 某水果批发部向 A，B，C，D 四家水果店分别批发苹果、橘子和香蕉的数量如表 2－4 所示（单位：千克）. 已知苹果、橘子和香蕉的批发价分别为每千克 1.50 元、1.80 元和 2.20 元. 试用矩阵表示并计算 A，B，C，D 四家水果店应分别给水果批发部支付的金额为多少元.

表 2－4　四家水果店水果批发数量

项目	苹果	橘子	香蕉
水果店 A	100	40	60
水果店 B	60	35	50
水果店 C	60	30	60
水果店 D	50	45	30

2.3　逆　矩　阵

2.3.1　逆矩阵的概念及性质

一、逆矩阵的概念

定义 1　已知 n 阶方阵 $\boldsymbol{A}$，若存在 n 阶方阵 $\boldsymbol{B}$，使得 $\boldsymbol{AB}=\boldsymbol{BA}=\boldsymbol{I}$，则称 n 阶方阵 $\boldsymbol{A}$ 可逆，并称 n 阶方阵 $\boldsymbol{B}$ 是 $\boldsymbol{A}$ 的逆矩阵，记作 $\boldsymbol{A}^{-1}=\boldsymbol{B}$.

显然，单位矩阵 $\boldsymbol{I}$ 是可逆的，逆矩阵就是其本身. 由定义可知，$\boldsymbol{A}$ 和 $\boldsymbol{B}$ 都是可逆的，并且 $\boldsymbol{A}^{-1}=\boldsymbol{B}$，$\boldsymbol{B}^{-1}=\boldsymbol{A}$；可逆矩阵的逆是唯一的.

矩阵的逆有什么性质？方阵 $\boldsymbol{A}$ 在什么情况下是可逆的？如何求一个可逆矩阵的逆矩阵？

二、矩阵的逆的性质

（1）若 $\boldsymbol{A}$ 可逆，则 $\boldsymbol{A}^{-1}$ 也可逆，且 $(\boldsymbol{A}^{-1})^{-1}=\boldsymbol{A}$；

（2）若 $\boldsymbol{A}$ 可逆，则 $\boldsymbol{A}^{\mathrm{T}}$ 也可逆，且 $(\boldsymbol{A}^{\mathrm{T}})^{-1}=(\boldsymbol{A}^{-1})^{\mathrm{T}}$；

（3）若 $\boldsymbol{A}$ 可逆，$k\neq 0$，则 $k\boldsymbol{A}$ 也可逆，且 $(k\boldsymbol{A})^{-1}=\dfrac{1}{k}\boldsymbol{A}^{-1}$；

（4）若 n 阶方阵 $\boldsymbol{A}$ 与 $\boldsymbol{B}$ 都可逆，则 $\boldsymbol{AB}$ 也可逆. 且 $(\boldsymbol{AB})^{-1}=\boldsymbol{B}^{-1}\boldsymbol{A}^{-1}$；

（5）若 $\boldsymbol{A}$ 可逆，则 $|\boldsymbol{A}^{-1}|=|\boldsymbol{A}|^{-1}$.

2.3.2 可逆矩阵的判定及求法

一般来说，利用定义来判别一个矩阵是否可逆是不方便的，下面介绍矩阵可逆的充要条件．

一、可逆矩阵的判定

定理1 n阶方阵可逆的充分必要条件是$|\boldsymbol{A}|\neq 0$.

定义2 如果n阶矩阵$\boldsymbol{A}$的行列式$|\boldsymbol{A}|\neq 0$，则称其为**非奇异矩阵**；$|\boldsymbol{A}|=0$时，称其为**奇异矩阵**．

例1 判断矩阵$\boldsymbol{A}=\begin{bmatrix}3 & -1 & -4\\1 & 0 & -1\\1 & 2 & 1\end{bmatrix}$是否可逆．

解 因为

$$|\boldsymbol{A}|=\begin{vmatrix}3 & -1 & -4\\1 & 0 & -1\\1 & 2 & 1\end{vmatrix}=\begin{vmatrix}1 & 0 & 0\\3 & -1 & -1\\1 & 2 & 2\end{vmatrix}=0$$

所以矩阵$\boldsymbol{A}$不可逆．

二、求逆矩阵的方法

定理2 矩阵$\boldsymbol{A}$可逆的充分必要条件是$\boldsymbol{A}$为非奇异矩阵，且$\boldsymbol{A}^{-1}=\dfrac{1}{|\boldsymbol{A}|}\boldsymbol{A}^*$.

这里求可逆矩阵的逆的方法称为**伴随矩阵法**，过程如下：

(1) 先求出行列式的值$|\boldsymbol{A}|$；

(2) 若$|\boldsymbol{A}|\neq 0$，再求各个代数余子式；

(3) 最后写出逆矩阵：$\boldsymbol{A}^{-1}=\dfrac{1}{|\boldsymbol{A}|}\boldsymbol{A}^*$.

例2 求二阶矩阵$\boldsymbol{A}=\begin{bmatrix}a & b\\c & d\end{bmatrix}$的逆矩阵（其中：$ad-bc\neq 0$）.

解 根据伴随矩阵法求逆，先求行列式的值，$|\boldsymbol{A}|=\begin{vmatrix}a & b\\c & d\end{vmatrix}=ad-bc\neq 0$；

再求代数余子式的值：$A_{11}=d, A_{21}=-b, A_{12}=-c, A_{22}=a$.

所以逆矩阵为

$$\boldsymbol{A}^{-1}=\frac{1}{ad-bc}\begin{bmatrix}d & -b\\-c & a\end{bmatrix}$$

对于二阶矩阵的逆，可以总结一个口诀——两换一除：主对角线上的元素换位置，次对角线上的元素换符号，最后除以行列式的值．

例3 已知$\boldsymbol{A}=\begin{bmatrix}1 & 2 & 3\\2 & 2 & 1\\3 & 4 & 3\end{bmatrix}$，$\boldsymbol{B}=\begin{bmatrix}2 & 1\\5 & 3\end{bmatrix}$，$\boldsymbol{C}=\begin{bmatrix}1 & 3\\2 & 0\\3 & 1\end{bmatrix}$，求矩阵$\boldsymbol{X}$使其满足$\boldsymbol{AXB}=\boldsymbol{C}$.

解 因为

$$|\boldsymbol{A}|=\begin{vmatrix}1&2&3\\2&2&1\\3&4&3\end{vmatrix}=2\neq 0,|\boldsymbol{B}|=\begin{vmatrix}2&1\\5&3\end{vmatrix}=1\neq 0$$

所以 $\boldsymbol{A},\boldsymbol{B}$ 可逆.

因为

$$A_{11}=\begin{vmatrix}2&1\\4&3\end{vmatrix}=2,A_{21}=-\begin{vmatrix}2&3\\4&3\end{vmatrix}=6,A_{31}=\begin{vmatrix}2&3\\2&1\end{vmatrix}=-4$$

$$A_{12}=-\begin{vmatrix}2&1\\3&3\end{vmatrix}=-3,A_{22}=\begin{vmatrix}1&3\\3&3\end{vmatrix}=-6,A_{32}=-\begin{vmatrix}1&3\\2&1\end{vmatrix}=5$$

$$A_{13}=\begin{vmatrix}2&2\\3&4\end{vmatrix}=2,A_{23}=-\begin{vmatrix}1&2\\3&4\end{vmatrix}=2,A_{33}=\begin{vmatrix}1&2\\2&2\end{vmatrix}=-2$$

所以

$$\boldsymbol{A}^{-1}=\begin{bmatrix}1&3&-2\\-\frac{3}{2}&-3&\frac{5}{2}\\1&1&-1\end{bmatrix}$$

而

$$\boldsymbol{B}^{-1}=\begin{bmatrix}3&-1\\-5&2\end{bmatrix}$$

所以 $\boldsymbol{AXB}=\boldsymbol{C}\Rightarrow\boldsymbol{A}^{-1}\boldsymbol{AXBB}^{-1}=\boldsymbol{A}^{-1}\boldsymbol{CB}^{-1}$

$$\Rightarrow\boldsymbol{X}=\boldsymbol{A}^{-1}\boldsymbol{CB}^{-1}$$

$$=\begin{bmatrix}1&3&-2\\-\frac{3}{2}&-3&\frac{5}{2}\\1&1&-1\end{bmatrix}\begin{bmatrix}1&3\\2&0\\3&1\end{bmatrix}\begin{bmatrix}3&-1\\-5&2\end{bmatrix}=\begin{bmatrix}-2&1\\10&-4\\-10&4\end{bmatrix}$$

例 4 设 $\boldsymbol{A}$ 是三阶方阵，且 $|\boldsymbol{A}|=\frac{1}{3}$，求 $|(2\boldsymbol{A})^{-1}-3\boldsymbol{A}^*|$.

解 两个矩阵和的行列式不能拆分成两个行列式的和，故此利用矩阵 $\boldsymbol{A}^{-1}$ 与 $\boldsymbol{A}^*$ 的关系，先将 $|(2\boldsymbol{A})^{-1}-3\boldsymbol{A}^*|$ 中的矩阵 $\boldsymbol{A}^{-1}$ 与 $\boldsymbol{A}^*$ 化为统一形式 $\boldsymbol{A}^{-1}$ 或者 $\boldsymbol{A}^*$.

$$|(2\boldsymbol{A})^{-1}-3\boldsymbol{A}^*|=\left|\frac{1}{2}\boldsymbol{A}^{-1}-3|\boldsymbol{A}|\boldsymbol{A}^{-1}\right|=\left|-\frac{1}{2}\boldsymbol{A}^{-1}\right|$$

$$=\left(-\frac{1}{2}\right)^3|\boldsymbol{A}^{-1}|=-\frac{1}{8}\times 3=-\frac{3}{8}$$

练习题 2-3

1. 若方阵 $\boldsymbol{A}$，$\boldsymbol{B}$ 均可逆，证明 $(\boldsymbol{AB})^*=\boldsymbol{B}^*\boldsymbol{A}^*$.

2. 设 $\boldsymbol{A}=\begin{bmatrix} \frac{1}{2} & -\frac{\sqrt{3}}{2} \\ \frac{\sqrt{3}}{2} & \frac{1}{2} \end{bmatrix}$，计算 $\boldsymbol{A}^6,\boldsymbol{A}^{11}$.

3. 设 $\boldsymbol{A}=\begin{bmatrix} 1 & 0 & 0 & 0 \\ 1 & 1 & 0 & 0 \\ 0 & 0 & 1 & 0 \\ 0 & 0 & 0 & 1 \end{bmatrix},\boldsymbol{B}=\begin{bmatrix} 1 & 0 & 0 & 0 \\ 0 & 2 & 0 & 0 \\ 0 & 0 & 3 & 0 \\ 0 & 0 & 0 & 4 \end{bmatrix}$，计算 $(\boldsymbol{AB})^{-1}$.

4. 设方阵 $\boldsymbol{A}$，$\boldsymbol{B}$ 满足：$\boldsymbol{AB}=\boldsymbol{A}+2\boldsymbol{B},\boldsymbol{A}=\begin{bmatrix} 3 & 0 & 1 \\ 1 & 1 & 0 \\ 0 & 1 & 4 \end{bmatrix}$，求 $\boldsymbol{B}$.

5. $\boldsymbol{A}=\begin{bmatrix} 2 & 1 & 0 & 0 & 0 \\ 0 & 2 & 1 & 0 & 0 \\ 0 & 0 & 2 & 1 & 0 \\ 0 & 0 & 0 & 2 & 1 \\ 0 & 0 & 0 & 0 & 2 \end{bmatrix}$，求 $\boldsymbol{A}^{-1}$.

6. $\boldsymbol{A}=\begin{bmatrix} 0 & a_1 & 0 & \cdots & 0 & 0 \\ 0 & 0 & a_2 & \cdots & 0 & 0 \\ \vdots & \vdots & \vdots & & \vdots & \vdots \\ 0 & 0 & 0 & \cdots & 0 & a_{n-1} \\ a_n & 0 & 0 & \cdots & 0 & 0 \end{bmatrix}$，其中 $a_k\neq 0$，求 $\boldsymbol{A}^{-1}$.

2.4 矩阵分块法及其计算

2.4.1 矩阵的分块

为了计算方便，也更清楚地表示高阶矩阵，常常对矩阵进行分块．就是用若干条横线和若干条竖线，把高阶矩阵 $\boldsymbol{A}$ 分成若干小块，每个小块是一个低阶的矩阵，称为矩阵 $\boldsymbol{A}$ 的子块（或子矩阵），在分析矩阵和作矩阵的计算时先把子块看成元素．

定义 1 以子块为元素的矩阵称为分块矩阵．

例如对四阶矩阵 $\boldsymbol{A}$ 的几种分法

$$\boldsymbol{A}=\left[\begin{array}{cccc} 2 & 1 & 0 & 0 \\ \hdashline 0 & -1 & 0 & 0 \\ \hdashline 1 & 0 & 3 & 1 \\ \hdashline 0 & 1 & 1 & 4 \end{array}\right]=\begin{bmatrix} \boldsymbol{A}_1 \\ \boldsymbol{A}_2 \\ \boldsymbol{A}_3 \\ \boldsymbol{A}_4 \end{bmatrix}$$

$$\boldsymbol{A}=\left[\begin{array}{c:ccc}2 & 1 & 0 & 0 \\ \hdashline 0 & -1 & 0 & 0 \\ 1 & 0 & 3 & 1 \\ 0 & 1 & 1 & 4\end{array}\right]=\begin{bmatrix}\boldsymbol{A}_1 & \boldsymbol{\varepsilon}_1 \\ \boldsymbol{\varepsilon}_2 & \boldsymbol{A}_2\end{bmatrix}$$

$$\boldsymbol{A}=\left[\begin{array}{cc:cc}2 & 1 & 0 & 0 \\ 0 & -1 & 0 & 0 \\ \hdashline 1 & 0 & 3 & 1 \\ 0 & 1 & 1 & 4\end{array}\right]=\begin{bmatrix}\boldsymbol{A}_1 & \boldsymbol{O} \\ \boldsymbol{E} & \boldsymbol{A}_2\end{bmatrix}$$

2.4.2 分块矩阵的运算

一、加法

设 $\boldsymbol{A}$ 与 $\boldsymbol{B}$ 为同型矩阵，并且采用相同的分法，有

$$\boldsymbol{A}=\begin{bmatrix}\boldsymbol{A}_{11} & \boldsymbol{A}_{12} & \cdots & \boldsymbol{A}_{1s} \\ \boldsymbol{A}_{21} & \boldsymbol{A}_{22} & \cdots & \boldsymbol{A}_{2s} \\ \vdots & \vdots & & \vdots \\ \boldsymbol{A}_{t1} & \boldsymbol{A}_{t2} & \cdots & \boldsymbol{A}_{ts}\end{bmatrix},\boldsymbol{B}=\begin{bmatrix}\boldsymbol{B}_{11} & \boldsymbol{B}_{12} & \cdots & \boldsymbol{B}_{1s} \\ \boldsymbol{B}_{21} & \boldsymbol{B}_{22} & \cdots & \boldsymbol{B}_{2s} \\ \vdots & \vdots & & \vdots \\ \boldsymbol{B}_{t1} & \boldsymbol{B}_{t2} & \cdots & \boldsymbol{B}_{ts}\end{bmatrix}$$

那么 $\boldsymbol{A}+\boldsymbol{B}$ 是一个 $t\times s$ 的分块矩阵，即

$$\boldsymbol{A}+\boldsymbol{B}=\begin{bmatrix}\boldsymbol{A}_{11}+\boldsymbol{B}_{11} & \boldsymbol{A}_{12}+\boldsymbol{B}_{12} & \cdots & \boldsymbol{A}_{1s}+\boldsymbol{B}_{1s} \\ \boldsymbol{A}_{21}+\boldsymbol{B}_{21} & \boldsymbol{A}_{22}+\boldsymbol{B}_{22} & \cdots & \boldsymbol{A}_{2s}+\boldsymbol{B}_{2s} \\ \vdots & \vdots & & \vdots \\ \boldsymbol{A}_{t1}+\boldsymbol{B}_{t1} & \boldsymbol{A}_{t2}+\boldsymbol{B}_{t2} & \cdots & \boldsymbol{A}_{ts}+\boldsymbol{B}_{ts}\end{bmatrix}$$

二、数乘

设 k 是一个数，矩阵 $\boldsymbol{A}$ 分块为

$$\boldsymbol{A}=\begin{bmatrix}\boldsymbol{A}_{11} & \boldsymbol{A}_{12} & \cdots & \boldsymbol{A}_{1s} \\ \boldsymbol{A}_{21} & \boldsymbol{A}_{22} & \cdots & \boldsymbol{A}_{2s} \\ \vdots & \vdots & & \vdots \\ \boldsymbol{A}_{t1} & \boldsymbol{A}_{t2} & \cdots & \boldsymbol{A}_{ts}\end{bmatrix}$$

那么 $k\boldsymbol{A}$ 是一个 $t\times s$ 分块矩阵

$$k\boldsymbol{A}=\begin{bmatrix}k\boldsymbol{A}_{11} & k\boldsymbol{A}_{12} & \cdots & k\boldsymbol{A}_{1s} \\ k\boldsymbol{A}_{21} & k\boldsymbol{A}_{22} & \cdots & k\boldsymbol{A}_{2s} \\ \vdots & \vdots & & \vdots \\ k\boldsymbol{A}_{t1} & k\boldsymbol{A}_{t2} & \cdots & k\boldsymbol{A}_{ts}\end{bmatrix}$$

三、乘法

设矩阵 $\boldsymbol{A}$ 与 $\boldsymbol{B}$ 可乘，且 $\boldsymbol{A}$ 与 $\boldsymbol{B}$ 分块为

$$A=\begin{bmatrix}A_{11} & A_{12} & \cdots & A_{1r}\\ A_{21} & A_{22} & \cdots & A_{2r}\\ \vdots & \vdots & & \vdots\\ A_{t1} & A_{t2} & \cdots & A_{tr}\end{bmatrix},B=\begin{bmatrix}B_{11} & B_{12} & \cdots & B_{1s}\\ B_{21} & B_{22} & \cdots & B_{2s}\\ \vdots & \vdots & & \vdots\\ B_{r1} & B_{r2} & \cdots & B_{rs}\end{bmatrix}$$

那么 AB 是一个 $t\times s$ 分块矩阵，$AB=C_{t\times s}$，其中第 k 行第 l 列的子块为

$$C_{kl}=\sum_{i=1}^{r}A_{ki}B_{il}$$

四、转置

设矩阵 A 为 $s\times t$ 分块矩阵

$$A=\begin{bmatrix}A_{11} & A_{12} & \cdots & A_{1t}\\ A_{21} & A_{22} & \cdots & A_{2t}\\ \vdots & \vdots & & \vdots\\ A_{s1} & A_{s2} & \cdots & A_{st}\end{bmatrix}$$

那么 A 的转置矩阵 A^{T} 是一个 $t\times s$ 分块矩阵

$$A^{\mathrm{T}}=\begin{bmatrix}A_{11}^{\mathrm{T}} & A_{21}^{\mathrm{T}} & \cdots & A_{s1}^{\mathrm{T}}\\ A_{12}^{\mathrm{T}} & A_{22}^{\mathrm{T}} & \cdots & A_{s2}^{\mathrm{T}}\\ \vdots & \vdots & & \vdots\\ A_{1t}^{\mathrm{T}} & A_{2t}^{\mathrm{T}} & \cdots & A_{st}^{\mathrm{T}}\end{bmatrix}$$

分块矩阵是一种表示的形式，实际上最后还是回归到以数为元素的矩阵．分块矩阵的运算就是分两步走，先把子块当元素进行运算，然后子块仍然要按以数为元素的矩阵进行运算．

2.4.3 乘法运算中的两种分块方式

一般来说，分块在乘法运算中运用较多．两个相乘的矩阵的分块必须相适应，第一步运算中子块的个数和第二步运算中子块的元素个数都必须符合乘法的运算要求．下面是在推导和证明中常常用到的分法——按行分块或者按列分块．

（1）一个矩阵按行或列分块，另一个当成一个子块．

设 $A=\begin{bmatrix}a_{11} & a_{12} & \cdots & a_{1n}\\ a_{21} & a_{22} & \cdots & a_{2n}\\ \vdots & \vdots & & \vdots\\ a_{m1} & a_{m2} & \cdots & a_{mn}\end{bmatrix}$，$P=\begin{bmatrix}p_{11} & p_{12} & \cdots & p_{1s}\\ p_{21} & p_{22} & \cdots & p_{2s}\\ \vdots & \vdots & & \vdots\\ p_{n1} & p_{n2} & \cdots & p_{ns}\end{bmatrix}$，则 AP 可乘．

把 A 看作 1×1 的子块，而对矩阵 P 按列进行分块（每一列是一个子块），分为 $1\times s$ 块，记 $P=(P_1\quad P_2\quad \cdots\quad P_s)$，那么下面的运算符合分块矩阵的运算要求：

$$AP=A(P_1\quad P_2\quad \cdots\quad P_s)=(AP_1\quad AP_2\quad \cdots\quad AP_s)$$

如果有 $t\times m$ 阶矩阵 $Q=\begin{bmatrix}q_{11} & q_{12} & \cdots & q_{1m}\\ q_{21} & q_{22} & \cdots & q_{2m}\\ \vdots & \vdots & & \vdots\\ q_{t1} & q_{t2} & \cdots & q_{tm}\end{bmatrix}$，则 QA 可乘．我们对 Q 按行进行分块（每一

行是一个子块)，分为 $t\times1$ 块，记 $\boldsymbol{Q}=\begin{bmatrix}\boldsymbol{Q}_1\\\boldsymbol{Q}_2\\\vdots\\\boldsymbol{Q}_t\end{bmatrix}$，而 $\boldsymbol{A}$ 看作 1×1 的子块，那么下面的运算符合分块矩阵的运算要求：

$$\boldsymbol{QA}=\begin{bmatrix}\boldsymbol{Q}_1\\\boldsymbol{Q}_2\\\vdots\\\boldsymbol{Q}_m\end{bmatrix}\boldsymbol{A}=\begin{bmatrix}\boldsymbol{Q}_1\boldsymbol{A}\\\boldsymbol{Q}_2\boldsymbol{A}\\\vdots\\\boldsymbol{Q}_m\boldsymbol{A}\end{bmatrix}$$

特别是当 $\boldsymbol{A}$ 与 n 阶对角矩阵 $\boldsymbol{\Lambda}_n=\mathrm{diag}(\lambda_1\quad\lambda_2\quad\cdots\quad\lambda_n)$ 相乘，或者 m 阶对角矩阵 $\Delta_m=\mathrm{diag}(\delta_1\quad\delta_2\quad\cdots\quad\delta_m)$ 与 $\boldsymbol{A}$ 相乘时

$$\boldsymbol{A\Lambda}=(\boldsymbol{A\Lambda}_1\quad\boldsymbol{A\Lambda}_2\quad\cdots\quad\boldsymbol{A\Lambda}_n)=(\lambda_1\boldsymbol{A}_1\quad\lambda_2\boldsymbol{A}_2\quad\cdots\quad\lambda_n\boldsymbol{A}_n)$$

$$\Delta\boldsymbol{A}=\begin{bmatrix}\Delta_1\boldsymbol{A}\\\Delta_2\boldsymbol{A}\\\vdots\\\Delta_m\boldsymbol{A}\end{bmatrix}=\begin{bmatrix}\delta_1\boldsymbol{A}_1\\\delta_2\boldsymbol{A}_2\\\vdots\\\delta_m\boldsymbol{A}_m\end{bmatrix}$$

$\boldsymbol{A}$ 与 $\boldsymbol{\Lambda}$ 的第 i 个子块 $\boldsymbol{\Lambda}_i$ 相乘就是第 i 个数 λ_i 乘 $\boldsymbol{A}$ 的第 i 列，Δ 的第 i 个子块 Δ_i 与 $\boldsymbol{A}$ 相乘是第 i 个数 δ_i 乘 $\boldsymbol{A}$ 的第 i 行.

以上把右乘的矩阵按列分块，左乘的矩阵按行分块.

特别地，如果把单位矩阵按列分块，即 $\boldsymbol{EE}_n=(\varepsilon_1)\boldsymbol{E}_n=(\varepsilon_1\quad\varepsilon_2\quad\cdots\quad\varepsilon_n)$，那么

$$\boldsymbol{AE}_n=(\boldsymbol{A}\varepsilon_1\quad\boldsymbol{A}\varepsilon_2\quad\cdots\quad\boldsymbol{A}\varepsilon_n)=(\boldsymbol{A}_1\quad\boldsymbol{A}_2\quad\cdots\quad\boldsymbol{A}_n)$$

$\boldsymbol{AE}_n$ 相当于把 $\boldsymbol{A}$ 按列分块，$\boldsymbol{A}\varepsilon_j=\boldsymbol{A}_j$ 是 $\boldsymbol{A}$ 的第 j 列，$j=1,2,\cdots,n$.

如果把单位矩阵按行分块，即 $\boldsymbol{E}_m=(\varepsilon_1\quad\varepsilon_2\quad\cdots\quad\varepsilon_m)^{\mathrm{T}}$，那么

$$\boldsymbol{E}_m\boldsymbol{A}=\begin{bmatrix}\varepsilon_1^{\mathrm{T}}\boldsymbol{A}\\\varepsilon_2^{\mathrm{T}}\boldsymbol{A}\\\vdots\\\varepsilon_m^{\mathrm{T}}\boldsymbol{A}\end{bmatrix}=\begin{bmatrix}\boldsymbol{A}_1\\\boldsymbol{A}_2\\\vdots\\\boldsymbol{A}_m\end{bmatrix}$$

$\boldsymbol{E}_m\boldsymbol{A}$ 相当于把 $\boldsymbol{A}$ 按行分块，$\varepsilon_i^{\mathrm{T}}\boldsymbol{A}=\boldsymbol{A}_i$ 是 $\boldsymbol{A}$ 的第 i 行，$i=1,2,\cdots,m$.

(2) 一个矩阵按行或列分，另一个按元素个数分.

设 $\boldsymbol{C}_{m\times n}=\boldsymbol{A}_{m\times s}\boldsymbol{B}_{s\times n}$. 如果将矩阵 $\boldsymbol{C}$，$\boldsymbol{A}$ 按列分块，$\boldsymbol{C}$ 分为 $1\times n$ 块，$\boldsymbol{A}$ 分为 $1\times s$ 块，记 $\boldsymbol{C}=(\boldsymbol{C}_1\quad\boldsymbol{C}_2\quad\cdots\quad\boldsymbol{C}_n)$，$\boldsymbol{A}=(\boldsymbol{A}_1\quad\boldsymbol{A}_2\quad\cdots\quad\boldsymbol{A}_s)$，而 $\boldsymbol{B}=\begin{bmatrix}b_{11}&b_{12}&\cdots&b_{1n}\\b_{21}&b_{22}&\cdots&b_{2n}\\\vdots&\vdots&&\vdots\\b_{s1}&b_{s2}&\cdots&b_{sn}\end{bmatrix}$ 是 $s\times n$ 块，那么 $\boldsymbol{AB}$ 符合分块矩阵的乘法，得到 $1\times n$ 块，第 i 块 $\boldsymbol{C}_i=\boldsymbol{A}_1b_{1i}+\boldsymbol{A}_2b_{2i}+\cdots+\boldsymbol{A}_sb_{si}$ ($i=1$，2，$\cdots$，n)，是 $(\boldsymbol{A}_1\quad\boldsymbol{A}_2\quad\cdots\quad\boldsymbol{A}_s)$ 与 $\boldsymbol{B}$ 的第 i 列元素乘积的和.

如果将矩阵 $\boldsymbol{C}$，$\boldsymbol{B}$ 按行分块，$\boldsymbol{C}$ 分为 $m\times1$ 块，$\boldsymbol{B}$ 分为 $s\times1$ 块，记 $\boldsymbol{C}=\begin{bmatrix}\boldsymbol{C}_1\\\boldsymbol{C}_2\\\vdots\\\boldsymbol{C}_m\end{bmatrix}$，$\boldsymbol{B}=\begin{bmatrix}\boldsymbol{B}_1\\\boldsymbol{B}_2\\\vdots\\\boldsymbol{B}_s\end{bmatrix}$，

而 $\boldsymbol{A}=\begin{bmatrix}a_{11}&a_{12}&\cdots&a_{1s}\\a_{21}&a_{22}&\cdots&a_{2s}\\\vdots&\vdots&&\vdots\\a_{m1}&a_{m2}&\cdots&a_{ms}\end{bmatrix}$ 是 $m\times s$ 块，那么 $\boldsymbol{AB}$ 符合分块矩阵的乘法，得到 $m\times1$ 块，第

i 块 $\boldsymbol{C}_i=a_{i1}\boldsymbol{B}_1+a_{i2}\boldsymbol{B}_2+\cdots+a_{is}\boldsymbol{B}_s(i=1,2,\cdots,m)$，是 $\boldsymbol{A}$ 的第 i 行元素与 $\begin{bmatrix}\boldsymbol{B}_1\\\boldsymbol{B}_2\\\vdots\\\boldsymbol{B}_s\end{bmatrix}$ 的乘积的和．

这里把右乘的矩阵按行分块，左乘的矩阵按列分块.

2.4.4　分块对角矩阵

根据前面的研究，我们知道对角矩阵的运算比一般矩阵的运算要简单很多．如果是分块对角矩阵，运算也会简单得多．

定义 2　对 n 阶矩阵 $\boldsymbol{A}$ 进行分块，如果对角线以外的子块都是零矩阵，而且对角线上的子块都是方阵，则称矩阵 $\boldsymbol{A}$ 为**分块对角矩阵**．即

$$\boldsymbol{A}=\begin{bmatrix}\boldsymbol{A}_1&&&\\&\boldsymbol{A}_2&&\\&&\ddots&\\&&&\boldsymbol{A}_t\end{bmatrix}$$

其中，子块 $\boldsymbol{A}_i(i=1,2,\cdots,t)$ 都是方阵．

分块对角矩阵 $\boldsymbol{A}$ 的运算：

（1）行列式：$|\boldsymbol{A}|=|\boldsymbol{A}_1||\boldsymbol{A}_2|\cdots|\boldsymbol{A}_t|$；

（2）幂：$\boldsymbol{A}^k=\begin{bmatrix}\boldsymbol{A}_1^k&&&\\&\boldsymbol{A}_2^k&&\\&&\ddots&\\&&&\boldsymbol{A}_t^k\end{bmatrix}$；

（3）逆：$\boldsymbol{A}^{-1}=\begin{bmatrix}\boldsymbol{A}_1^{-1}&&&\\&\boldsymbol{A}_2^{-1}&&\\&&\ddots&\\&&&\boldsymbol{A}_t^{-1}\end{bmatrix}$；

（4）乘法：$\boldsymbol{AB}=\begin{bmatrix}\boldsymbol{A}_1&&&\\&\boldsymbol{A}_2&&\\&&\ddots&\\&&&\boldsymbol{A}_t\end{bmatrix}\begin{bmatrix}\boldsymbol{B}_1&&&\\&\boldsymbol{B}_2&&\\&&\ddots&\\&&&\boldsymbol{B}_t\end{bmatrix}\begin{bmatrix}\boldsymbol{A}_1\boldsymbol{B}_1&&&\\&\boldsymbol{A}_2\boldsymbol{B}_2&&\\&&\ddots&\\&&&\boldsymbol{A}_t\boldsymbol{B}_t\end{bmatrix}$.

通过这种方式可把某些高阶矩阵（分块对角矩阵）化为低阶矩阵（对角线上的子矩阵）来计算．

例1　已知矩阵 $\boldsymbol{A}=\begin{bmatrix}0&0&4&2\\0&0&3&1\\1&-2&0&0\\1&1&0&0\end{bmatrix}$ 和 $\boldsymbol{B}=\begin{bmatrix}1&1&0&0\\-1&2&0&0\\1&0&2&3\\0&1&1&2\end{bmatrix}$，求 (1) $\boldsymbol{AB}$；(2) $\boldsymbol{A}^{-1}$.

解　将已知矩阵分块

$$\boldsymbol{A}=\begin{bmatrix}\boldsymbol{O}&\boldsymbol{A}_1\\\boldsymbol{A}_2&\boldsymbol{O}\end{bmatrix},\boldsymbol{B}=\begin{bmatrix}\boldsymbol{B}_1&\boldsymbol{O}\\\boldsymbol{E}&\boldsymbol{B}_2\end{bmatrix}$$

其中

$$\boldsymbol{A}_1=\begin{bmatrix}4&2\\3&1\end{bmatrix},\boldsymbol{A}_2=\begin{bmatrix}1&-2\\1&1\end{bmatrix},\boldsymbol{B}_1=\begin{bmatrix}1&1\\-1&2\end{bmatrix},\boldsymbol{B}_2=\begin{bmatrix}2&3\\1&2\end{bmatrix}$$

(1)
$$\boldsymbol{AB}=\begin{bmatrix}\boldsymbol{O}&\boldsymbol{A}_1\\\boldsymbol{A}_2&\boldsymbol{O}\end{bmatrix}\begin{bmatrix}\boldsymbol{B}_1&\boldsymbol{O}\\\boldsymbol{E}&\boldsymbol{B}_2\end{bmatrix}=\begin{bmatrix}\boldsymbol{A}_1&\boldsymbol{A}_1\boldsymbol{B}_2\\\boldsymbol{A}_2\boldsymbol{B}_1&\boldsymbol{O}\end{bmatrix}$$

而
$$\boldsymbol{A}_1\boldsymbol{B}_2=\begin{bmatrix}4&2\\3&1\end{bmatrix}\begin{bmatrix}2&3\\1&2\end{bmatrix}=\begin{bmatrix}10&16\\7&11\end{bmatrix}$$

$$\boldsymbol{A}_2\boldsymbol{B}_1=\begin{bmatrix}1&-2\\1&1\end{bmatrix}\begin{bmatrix}1&1\\-1&2\end{bmatrix}=\begin{bmatrix}3&-3\\0&3\end{bmatrix}$$

所以

$$\boldsymbol{AB}=\begin{bmatrix}\boldsymbol{A}_1&\boldsymbol{A}_1\boldsymbol{B}_2\\\boldsymbol{A}_2\boldsymbol{B}_1&\boldsymbol{O}\end{bmatrix}=\begin{bmatrix}4&2&10&16\\3&1&7&11\\3&-3&0&0\\0&3&0&0\end{bmatrix}$$

(2) $|\boldsymbol{A}|=|\boldsymbol{A}_1||\boldsymbol{A}_2|=-2\times3=-6\neq0,\boldsymbol{A}_1,\boldsymbol{A}_2,\boldsymbol{A}$ 都可逆．设 $\boldsymbol{A}$ 逆为 $\boldsymbol{A}^{-1}=\begin{bmatrix}\boldsymbol{U}&\boldsymbol{V}\\\boldsymbol{X}&\boldsymbol{Y}\end{bmatrix}$

那么，$\boldsymbol{AA}^{-1}=\begin{bmatrix}\boldsymbol{O}&\boldsymbol{A}_1\\\boldsymbol{A}_2&\boldsymbol{O}\end{bmatrix}\begin{bmatrix}\boldsymbol{U}&\boldsymbol{V}\\\boldsymbol{X}&\boldsymbol{Y}\end{bmatrix}=\begin{bmatrix}\boldsymbol{A}_1\boldsymbol{X}&\boldsymbol{A}_1\boldsymbol{Y}\\\boldsymbol{A}_2\boldsymbol{U}&\boldsymbol{A}_2\boldsymbol{V}\end{bmatrix}=\begin{bmatrix}\boldsymbol{E}_2&\boldsymbol{O}\\\boldsymbol{O}&\boldsymbol{E}_2\end{bmatrix}$

即

$$\begin{cases}\boldsymbol{A}_1\boldsymbol{X}=\boldsymbol{E}_2\\\boldsymbol{A}_2\boldsymbol{V}=\boldsymbol{E}_2\\\boldsymbol{A}_1\boldsymbol{Y}=\boldsymbol{O}\\\boldsymbol{A}_2\boldsymbol{U}=\boldsymbol{O}\end{cases}\Rightarrow\begin{cases}\boldsymbol{X}=\boldsymbol{A}_1^{-1}\\\boldsymbol{V}=\boldsymbol{A}_2^{-1}\\\boldsymbol{Y}=\boldsymbol{O}\\\boldsymbol{U}=\boldsymbol{O}\end{cases}$$

而

$$\boldsymbol{A}_1^{-1}=-\frac{1}{2}\begin{bmatrix}1&-2\\-3&4\end{bmatrix}=\begin{bmatrix}-\dfrac{1}{2}&1\\\dfrac{3}{2}&-2\end{bmatrix},\boldsymbol{A}_2^{-1}=\frac{1}{3}\begin{bmatrix}1&2\\-1&1\end{bmatrix}=\begin{bmatrix}\dfrac{1}{3}&\dfrac{2}{3}\\-\dfrac{1}{3}&\dfrac{1}{3}\end{bmatrix}$$

所以
$$A^{-1}=\begin{bmatrix}O & A_2^{-1}\\ A_1^{-1} & O\end{bmatrix}=\begin{bmatrix}0 & 0 & \frac{1}{3} & \frac{2}{3}\\ 0 & 0 & -\frac{1}{3} & \frac{1}{3}\\ -\frac{1}{2} & 1 & 0 & 0\\ \frac{3}{2} & -2 & 0 & 0\end{bmatrix}$$

例 2 已知矩阵 $A=\begin{bmatrix}2 & 1 & 0 & 0 & 0\\ 0 & 1 & 0 & 0 & 0\\ 0 & 0 & -2 & 0 & 0\\ 0 & 0 & 0 & 3 & 2\\ 0 & 0 & 0 & 5 & 3\end{bmatrix}$，求（1）$A^2$，（2）$|A^3|$，（3）$A^{-1}$.

解 将矩阵 A 分块：$A=\begin{bmatrix}A_1 & & \\ & A_2 & \\ & & A_3\end{bmatrix}$.

其中，$A_1=\begin{bmatrix}2 & 1\\ 0 & 1\end{bmatrix}, A_2=(-2), A_3=\begin{bmatrix}3 & 2\\ 5 & 3\end{bmatrix}$.

那么，$A_1^2=\begin{bmatrix}2 & 1\\ 0 & 1\end{bmatrix}\begin{bmatrix}2 & 1\\ 0 & 1\end{bmatrix}=\begin{bmatrix}4 & 3\\ 0 & 1\end{bmatrix}, A_2^2=4, A_3^2=\begin{bmatrix}3 & 2\\ 5 & 3\end{bmatrix}\begin{bmatrix}3 & 2\\ 5 & 3\end{bmatrix}=\begin{bmatrix}19 & 12\\ 30 & 19\end{bmatrix}$,

$|A_1|=2, |A_2|=-2, |A_3|=-1$,
$$A_1^{-1}=\begin{bmatrix}\frac{1}{2} & -\frac{1}{2}\\ 0 & 1\end{bmatrix}, A_2^{-1}=-\frac{1}{2}, A_3^{-1}=\begin{bmatrix}-3 & 2\\ 5 & -3\end{bmatrix}$$

所以

(1)
$$A^2=\begin{bmatrix}A_1^2 & & \\ & A_2^2 & \\ & & A_3^2\end{bmatrix}=\begin{bmatrix}4 & 3 & 0 & 0 & 0\\ 0 & 1 & 0 & 0 & 0\\ 0 & 0 & 4 & 0 & 0\\ 0 & 0 & 0 & 19 & 12\\ 0 & 0 & 0 & 30 & 19\end{bmatrix}$$

(2) $|A|=|A_1||A_2||A_3|=2\times(-2)\times(-1)=4, |A^3|=|A|^3=64$

(3)
$$A^{-1}=\begin{bmatrix}A_1^{-1} & & \\ & A_2^{-1} & \\ & & A_3^{-1}\end{bmatrix}=\begin{bmatrix}\frac{1}{2} & -\frac{1}{2} & 0 & 0 & 0\\ 0 & 1 & 0 & 0 & 0\\ 0 & 0 & -\frac{1}{2} & 0 & 0\\ 0 & 0 & 0 & -3 & 2\\ 0 & 0 & 0 & 5 & -3\end{bmatrix}$$

练习题 2－4

1. 矩阵 $\boldsymbol{A}=\begin{bmatrix}1&0&1&3\\0&1&2&4\\0&0&-1&0\\0&0&0&-1\end{bmatrix}$，$\boldsymbol{B}=\begin{bmatrix}1&2&0&0\\2&0&0&0\\6&3&1&0\\0&-2&0&1\end{bmatrix}$，用分块矩阵计算 $k\boldsymbol{A}$，$\boldsymbol{A}+\boldsymbol{B}$ 及 $\boldsymbol{AB}$.

2. 用分块矩阵求 $\boldsymbol{AB}$，其中 $\boldsymbol{A}=\begin{bmatrix}1&0&0&0\\0&1&0&0\\-1&2&1&0\\1&1&0&1\end{bmatrix}$，$\boldsymbol{B}=\begin{bmatrix}1&0&1&0\\-1&2&0&1\\1&0&4&1\\-1&-1&2&0\end{bmatrix}$.

3. 设 $\boldsymbol{A}=\begin{bmatrix}5&0&0\\0&3&1\\0&2&1\end{bmatrix}$，利用矩阵分块求 $\boldsymbol{A}^{-1}$.

4. 利用矩阵分块求 $\boldsymbol{A}=\begin{bmatrix}-2&3&0&0\\1&-2&0&0\\0&0&1&2\\0&0&2&5\end{bmatrix}$ 的逆矩阵 $\boldsymbol{A}^{-1}$.

5. 设 $\boldsymbol{A}=\begin{bmatrix}\boldsymbol{B}&\boldsymbol{D}\\\boldsymbol{O}&\boldsymbol{C}\end{bmatrix}$，其中 $\boldsymbol{B}$ 和 $\boldsymbol{C}$ 都是可逆方阵，证明 $\boldsymbol{A}$ 可逆，并求 $\boldsymbol{A}^{-1}$.

2.5　矩阵的初等变换及其应用

2.5.1　矩阵的初等变换

矩阵的初等行变换是矩阵的一种最基本的运算，对于研究矩阵的性质和求解线性方程组等有着重要的作用.

定义 1　矩阵的初等行变换是指对矩阵施行如下三种变换：

(1) 对换变换：交换矩阵的两行 ($r_i\leftrightarrow r_j$)；

(2) 倍乘变换：用非零数 k 乘以矩阵的某一行 (kr_i)；

(3) 倍加变换：把矩阵的某一行乘以数 k 后加到另一行上去 (r_i+kr_j).

例如，$\boldsymbol{A}=\begin{bmatrix}0&1\\2&4\end{bmatrix}\xrightarrow{r_1\leftrightarrow r_2}\begin{bmatrix}2&4\\0&1\end{bmatrix}\xrightarrow{\frac{1}{2}r_1}\begin{bmatrix}1&2\\0&1\end{bmatrix}\xrightarrow{r_1+(-2)r_2}\begin{bmatrix}1&0\\0&1\end{bmatrix}=\boldsymbol{I}_2$

把定义中的“行”换成“列”，即得矩阵的初等列变换的定义（所用的记号是把“r”换成“c”）.

矩阵的初等行变换和初等列变换统称为初等变换.

如果矩阵 $\boldsymbol{A}$ 经有限次的初等变换变成矩阵 $\boldsymbol{B}$，则称矩阵 $\boldsymbol{A}$ 与 $\boldsymbol{B}$ 等价，记作 $\boldsymbol{A}\sim\boldsymbol{B}$.

矩阵之间的等价关系具有下面的性质：

（1）反身性：$\boldsymbol{A}\sim\boldsymbol{A}$；

（2）对称性：若 $\boldsymbol{A}\sim\boldsymbol{B}$，则 $\boldsymbol{B}\sim\boldsymbol{A}$；

（3）传递性：若 $\boldsymbol{A}\sim\boldsymbol{B}$，$\boldsymbol{B}\sim\boldsymbol{C}$，则 $\boldsymbol{A}\sim\boldsymbol{C}$.

2.5.2　阶梯形矩阵和简化梯形矩阵

定义 2　满足以下条件的矩阵称为阶梯形矩阵：

（1）各非零行的第一个非零元素（称为该行的首非零元）所在的列标随着行标的增大而严格增大，即矩阵中每一行首非零元素必在上一行首非零元的右下方；

（2）当有零行时，零行在非零行的下方．

例如，$\boldsymbol{A}=\begin{bmatrix}1&0&2&-5\\0&4&3&7\\0&0&0&8\end{bmatrix}$，$\boldsymbol{B}=\begin{bmatrix}1&0&2&5\\0&4&0&0\\0&0&0&0\end{bmatrix}$ 都是阶梯形矩阵．

定义 3　满足以下条件的阶梯形矩阵称为简化阶梯形矩阵：

（1）矩阵式阶梯阵；

（2）各非零行的首非零元素都是 1；

（3）各非零行首非零元素所在列的其他元素全为零．

例如，$\boldsymbol{A}=\begin{bmatrix}1&0&2&0\\0&1&3&0\\0&0&0&1\end{bmatrix}$，$\boldsymbol{B}=\begin{bmatrix}1&0&2&5\\0&1&0&3\\0&0&0&0\end{bmatrix}$ 都是简化阶梯形矩阵．

定理 1　任何非零矩阵 $\boldsymbol{A}$ 经过一系列初等行变换均可化成阶梯形矩阵，再经过一系列初等行变换可化成简化阶梯形矩阵．

$$(\boldsymbol{A}\xrightarrow{\text{初等行变换}}\text{阶梯形矩阵 }\boldsymbol{A}_1\xrightarrow{\text{初等行变换}}\text{简化阶梯形矩阵 }\boldsymbol{A}_2)$$

如何将矩阵化为阶梯形和简化阶梯形矩阵？常常按下面的步骤进行：

（1）让矩阵最左上角的元素，通常是（1，1）元变为 1（或便于计算的其他数）；

（2）把第 1 行的若干倍加到下面各行，让（1，1）元下方的元素都化为零；如果变换的过程中出现零行，就将它换到最下面；

（3）重复上面的做法，把（2，2）元下方的各元素都化为零，直到下面各行都是零行为止，得到阶梯形矩阵；

（4）然后从最下面的一个首元开始，依次将各首元上方的元素化为零．

简单地说，从左往右逐列进行化为阶梯形，再从右往左逐列进行化为简化阶梯形．

例 1　用矩阵的初等行变换将矩阵 $\boldsymbol{A}=\begin{bmatrix}1&2&3&4\\1&-2&4&5\\1&10&1&2\end{bmatrix}$ 化成阶梯形矩阵和简化阶梯形矩阵．

解

$$\begin{bmatrix}1&2&3&4\\1&-2&4&5\\1&10&1&2\end{bmatrix}\xrightarrow[r_3-r_1]{r_2-r_1}\begin{bmatrix}1&2&3&4\\0&-4&1&1\\0&8&-2&-2\end{bmatrix}\xrightarrow{r_3+2r_2}\begin{bmatrix}1&2&3&4\\0&-4&1&1\\0&0&0&0\end{bmatrix}\xrightarrow{-\frac{1}{4}r_2}$$

$$\begin{bmatrix}1&2&3&4\\0&1&-\dfrac{1}{4}&-\dfrac{1}{4}\\0&0&0&0\end{bmatrix}\xrightarrow{r_1-2r_2}\begin{bmatrix}1&0&\dfrac{7}{2}&\dfrac{9}{2}\\0&1&-\dfrac{1}{4}&-\dfrac{1}{4}\\0&0&0&0\end{bmatrix}=\boldsymbol{A}_2$$

注：阶梯形矩阵不是唯一的，而简化阶梯形矩阵是唯一的．一个矩阵的阶梯形矩阵中非零行的个数是唯一的．矩阵的这个性质在矩阵理论中占有很重要的地位．

2.5.3 初等矩阵

定义 4 单位矩阵经过一次初等变换所得到的矩阵称为初等矩阵．

三种初等变换得到如下三种初等矩阵：

（1）初等互换矩阵 $\boldsymbol{E}(i,j)$：交换单位矩阵 $\boldsymbol{E}$ 的第 i 行和第 j 行；

$$\boldsymbol{E}(i,j)=\begin{bmatrix}1&&&&&&&\\&\ddots&&&&&&\\&&1&&&&&\\&&&0&\cdots&1&&\\&&&\vdots&1&\vdots&&\\&&&1&\cdots&0&&\\&&&&&&1&\\&&&&&&&\ddots&\\&&&&&&&&1\end{bmatrix}\begin{matrix}\\\\\\i\text{ 行}\\\\j\text{ 行}\\\\\\\\\end{matrix}$$

（2）初等倍乘矩阵 $\boldsymbol{E}[i(k)]$：用非零数 k 乘以单位矩阵 $\boldsymbol{E}$ 的第 i 行；

$$\boldsymbol{E}[i(k)]=\begin{bmatrix}1&&&&&\\&\ddots&&&&\\&&1&&&\\&&&k&&\\&&&&1&\\&&&&&\ddots&\\&&&&&&1\end{bmatrix}i\text{ 行}$$

（3）初等倍加矩阵 $\boldsymbol{E}[ij(k)]$：把单位矩阵 $\boldsymbol{E}$ 的第 j 行的 k 倍加到第 i 行．

$$E[ij(k)] = \begin{bmatrix} 1 & & & & & & \\ & \ddots & & & & & \\ & & 1 & \cdots & k & & \\ & & & \ddots & \vdots & & \\ & & & & 1 & & \\ & & & & & \ddots & \\ & & & & & & 1 \end{bmatrix} \begin{matrix} \\ \\ i\text{行} \\ \\ j\text{行} \\ \\ \\ \end{matrix}$$

初等矩阵的行列式都不为零，因此都可逆：

$$|E(i,j)| = -1, |E[i(k)]| = k \neq 0, |E[ij(k)]| = 1$$

$$E^{-1}(i,j) = E(i,j), E^{-1}[i(k)] = E\left[i\left(\frac{1}{k}\right)\right], E^{-1}[ij(k)] = E[ij(-k)]$$

下面的定理是关于初等矩阵和初等变换的重要结论，是矩阵理论的基础定理.

定理 2 设 A 是一个 $m \times n$ 矩阵，对 A 施行一次初等行变换相当于用同种类型的初等矩阵左乘 A；对 A 施行一次初等列变换相当于用同种类型的初等矩阵右乘 A.

定理 3 设 A 是一个 $m \times n$ 矩阵，那么存在 m 阶初等矩阵 P_1，…，P_s 和 n 阶初等矩阵 Q_1，…，Q_t，使得

$$P_1 \cdots P_s A Q_1 \cdots Q_t = \begin{bmatrix} E_r & O \\ O & O \end{bmatrix}$$

推论 1 如果 A 和 B 都是 $m \times n$ 矩阵，那么 A 与 B 等价的充分必要条件是存在 m 阶可逆矩阵 P 和 n 阶可逆矩阵 Q，使得 $PAQ = B$.

推论 2 可逆矩阵与单位矩阵等价.

推论 3 可逆矩阵可以表示成若干个初等矩阵的乘积.

从这个结论中我们得到下面的求逆矩阵的方法.

2.5.4 初等变换求逆

设 A 是 n 阶可逆矩阵，那么其逆 A^{-1} 也是可逆矩阵. 根据推论 3，存在初等矩阵 P_1，…，P_s，使 $A^{-1} = P_1 P_2 \cdots P_s$，即

$$A^{-1} = P_1 P_2 \cdots P_s E \tag{1}$$

两边同时右乘 A 可变成

$$E = P_1 P_2 \cdots P_s A \tag{2}$$

根据定理 2，式 (2) 表示对 A 施行 s 次初等行变换，可以把 A 化为单位矩阵 E，式 (1) 表示经过同样的初等变换可以把 E 化为 A^{-1}. 那么我们作一个 $n \times 2n$ 的矩阵 $(A \quad E)$，对其仅作初等行变换（这时 A 和 E 作了相同的初等行变换），当 A 的部分化为 E 时，E 的部分就化成了 A^{-1}. 这种方法称为初等变换法求逆：$(A \quad E) \xrightarrow{r} (E \quad A^{-1})$.

还可以用同样的方法求 $A^{-1}B$：$(A \quad B) \xrightarrow{r} (E \quad A^{-1}B)$.

在以上求逆和 $A^{-1}B$ 的运算中，不可以作初等列变换！但是可以通过初等列变换求逆和求 BA^{-1}：

$$\begin{bmatrix} A \\ E \end{bmatrix} \xrightarrow{c} \begin{bmatrix} E \\ A^{-1} \end{bmatrix}$$

$$\begin{bmatrix} A \\ B \end{bmatrix} \xrightarrow{c} \begin{bmatrix} E \\ BA^{-1} \end{bmatrix}$$

例 2 设 $\boldsymbol{A}$ 是 n 阶可逆矩阵，交换 $\boldsymbol{A}$ 的第 i 行和第 j 行得到矩阵 $\boldsymbol{B}$.

(1) 证明 $\boldsymbol{B}$ 可逆；

(2) 求 $\boldsymbol{AB}^{-1}$.

解 (1) 因为 $\boldsymbol{A}$ 是 n 阶可逆矩阵，

所以
$$|\boldsymbol{A}| \neq 0$$

又因为 $\boldsymbol{B}$ 是交换 $\boldsymbol{A}$ 的第 i 行和第 j 行得到的矩阵，

所以
$$|\boldsymbol{B}| = -|\boldsymbol{A}| \neq 0$$

因此 $\boldsymbol{B}$ 可逆.

(2) 由于交换 $\boldsymbol{A}$ 的第 i 行和第 j 行得到矩阵 $\boldsymbol{B}$，因此 $\boldsymbol{B} = \boldsymbol{E}(i,j)\boldsymbol{A}$.

因此
$$\boldsymbol{AB}^{-1} = \boldsymbol{A}[\boldsymbol{E}(i,j)\boldsymbol{A}]^{-1} = \boldsymbol{AA}^{-1}\boldsymbol{E}^{-1}(i,j) = \boldsymbol{E}(i,j)$$

例 3 用初等变换求矩阵 $\boldsymbol{A} = \begin{bmatrix} 3 & 1 & 2 \\ 2 & -1 & 0 \\ 1 & 0 & 1 \end{bmatrix}$ 的逆.

$$(\boldsymbol{A} \quad \boldsymbol{E}) = \begin{bmatrix} 3 & 1 & 2 & 1 & 0 & 0 \\ 2 & -1 & 0 & 0 & 1 & 0 \\ 1 & 0 & 1 & 0 & 0 & 1 \end{bmatrix} \xrightarrow{r_1 \leftrightarrow r_3} \begin{bmatrix} 1 & 0 & 1 & 0 & 0 & 1 \\ 2 & -1 & 0 & 0 & 1 & 0 \\ 3 & 1 & 2 & 1 & 0 & 0 \end{bmatrix}$$

$$\xrightarrow[r_3 - 3r_1]{r_2 - 2r_1} \begin{bmatrix} 1 & 0 & 1 & 0 & 0 & 1 \\ 0 & -1 & -2 & 0 & 1 & -2 \\ 0 & 1 & -1 & 1 & 0 & -3 \end{bmatrix} \xrightarrow[\left(-\frac{1}{3}\right)r_3]{\substack{(-1)r_2 \\ r_3 + r_2}} \begin{bmatrix} 1 & 0 & 1 & 0 & 0 & 1 \\ 0 & 1 & 2 & 0 & -1 & 2 \\ 0 & 0 & 1 & -\frac{1}{3} & -\frac{1}{3} & \frac{5}{3} \end{bmatrix}$$

$$\xrightarrow[r_1 - r_3]{r_2 - 2r_3} \begin{bmatrix} 1 & 0 & 0 & \frac{1}{3} & \frac{1}{3} & -\frac{2}{3} \\ 0 & 1 & 0 & \frac{2}{3} & -\frac{1}{3} & -\frac{4}{3} \\ 0 & 0 & 1 & -\frac{1}{3} & -\frac{1}{3} & \frac{5}{3} \end{bmatrix}$$

$$\boldsymbol{A}^{-1} = \begin{bmatrix} \frac{1}{3} & \frac{1}{3} & -\frac{2}{3} \\ \frac{2}{3} & -\frac{1}{3} & -\frac{4}{3} \\ -\frac{1}{3} & -\frac{1}{3} & \frac{5}{3} \end{bmatrix}$$

或者

$$A^{-1}=\frac{1}{3}\begin{bmatrix}1 & 1 & -2\\ 2 & -1 & -4\\ -1 & -1 & 5\end{bmatrix}$$

例 4 已知 $\begin{bmatrix}-2 & 1 & 1\\ 0 & 2 & -1\\ 1 & -1 & 0\end{bmatrix}\boldsymbol{X}=\begin{bmatrix}0 & 1\\ 2 & -1\\ -1 & 0\end{bmatrix}$，用初等变换求矩阵 $\boldsymbol{X}$.

解 记 $\boldsymbol{A}=\begin{bmatrix}-2 & 1 & 1\\ 0 & 2 & -1\\ 1 & -1 & 0\end{bmatrix}$，$\boldsymbol{B}=\begin{bmatrix}0 & 1\\ 2 & -1\\ -1 & 0\end{bmatrix}$.

由于 $\boldsymbol{AX}=\boldsymbol{B}\Rightarrow\boldsymbol{X}=\boldsymbol{A}^{-1}\boldsymbol{B}$，因此先构造矩阵（$\boldsymbol{A}\quad\boldsymbol{B}$），然后对它作初等行变换，把 $\boldsymbol{A}$ 的部分变成 $\boldsymbol{E}$，$\boldsymbol{B}$ 的部分即为所求 .

$$(\boldsymbol{A}\quad\boldsymbol{B})=\begin{bmatrix}-2 & 1 & 1 & 0 & 1\\ 0 & 2 & -1 & 2 & -1\\ 1 & -1 & 0 & -1 & 0\end{bmatrix}\xrightarrow{r_1\leftrightarrow r_3}\begin{bmatrix}1 & -1 & 0 & -1 & 0\\ 0 & 2 & -1 & 2 & -1\\ -2 & 1 & 1 & 0 & 1\end{bmatrix}$$

$$\xrightarrow{r_3+2r_1}\begin{bmatrix}1 & -1 & 0 & -1 & 0\\ 0 & 2 & -1 & 2 & -1\\ 0 & -1 & 1 & -2 & 1\end{bmatrix}\xrightarrow{r_2+r_3}\begin{bmatrix}1 & -1 & 0 & -1 & 0\\ 0 & 1 & 0 & 0 & 0\\ 0 & -1 & 1 & -2 & 1\end{bmatrix}$$

$$\xrightarrow[r_3+r_2]{r_1+r_2}\begin{bmatrix}1 & 0 & 0 & -1 & 0\\ 0 & 1 & 0 & 0 & 0\\ 0 & 0 & 1 & -2 & 1\end{bmatrix}$$

因此 $\boldsymbol{X}=\boldsymbol{A}^{-1}\boldsymbol{B}=\begin{bmatrix}-1 & 0\\ 0 & 0\\ -2 & 1\end{bmatrix}$.

如果 $\boldsymbol{AX}=\boldsymbol{B}$ 中的 $\boldsymbol{B}$ 是一个列矩阵，那么 $\boldsymbol{AX}=\boldsymbol{B}$ 是一个线性方程组 . 也就是 $\boldsymbol{A}$ 可逆时，可以用这种方法求解线性方程组 .

练习题 2-5

1. 设 $\boldsymbol{A}=\begin{bmatrix}1 & 2 & 3\\ 2 & 2 & 1\\ 3 & 4 & 3\end{bmatrix}$，求 $\boldsymbol{A}^{-1}$.

2. 已知矩阵 $\boldsymbol{A}=\begin{bmatrix}1 & 0 & 1\\ 2 & 1 & 0\\ -3 & 2 & -5\end{bmatrix}$，求（$\boldsymbol{E}-\boldsymbol{A}$）$^{-1}$.

3. 求下列 n 阶方阵的逆阵：

$$\boldsymbol{A}=\begin{bmatrix} & & & a_1\\ & & a_2 & \\ & \iddots & & \\ a_n & & & \end{bmatrix},a_i\neq 0(i=1,2,\cdots,n)$$

$\boldsymbol{A}$ 中空白处表示零.

4. 求矩阵 $\boldsymbol{X}$，使 $\boldsymbol{AX}=\boldsymbol{B}$，其中 $\boldsymbol{A}=\begin{bmatrix}1&2&3\\2&2&1\\3&4&3\end{bmatrix}$，$\boldsymbol{B}=\begin{bmatrix}2&5\\3&1\\4&3\end{bmatrix}$.

5. 求解矩阵方程 $\boldsymbol{AX}=\boldsymbol{A}+\boldsymbol{X}$，其中 $\boldsymbol{A}=\begin{bmatrix}2&2&0\\2&1&3\\0&1&0\end{bmatrix}$.

6. 求解矩阵方程 $\boldsymbol{XA}=\boldsymbol{A}+2\boldsymbol{X}$，其中 $\boldsymbol{A}=\begin{bmatrix}4&2&3\\1&1&0\\-1&2&3\end{bmatrix}$.

2.6 矩阵的秩

2.6.1 矩阵秩的定义及性质

一、矩阵秩的定义

定义 1 从矩阵 $\boldsymbol{A}_{m\times n}$ 中任取 k 行和 k 列，用交叉位置上的元素并且保持相对位置不变，组成的 k 阶行列式称为矩阵的一个 k **阶子式**.

注：(1) 子式不是矩阵而是行列式，每个子式都有一个值；

(2) k 阶子式有 $C_m^k C_n^k$ 个；

(3) 当所有 k 阶子式都等于零时，$k+1$ 及以上阶数的子式都等于零；

(4) $\boldsymbol{A}_{m\times n}$ 的子式的最高阶数为 $\min\{m,n\}$.

定义 2 矩阵 $\boldsymbol{A}$ 的不为零子式的最高阶数 r 称为**矩阵 $\boldsymbol{A}$ 的秩**. 也就是说，$\boldsymbol{A}$ 至少有一个 r 阶的子式不为零而所有的 $r+1$ 阶子式都是零. 记作 $R(\boldsymbol{A})=r$. 规定，零矩阵的秩等于零.

显然：(1) 秩是唯一的；

(2) $R(\boldsymbol{A}_{m\times n})\leqslant\min\{m,n\}$；

(3) $R(\boldsymbol{A})=R(\boldsymbol{A}^{\mathrm{T}}),R(k\boldsymbol{A})=R(\boldsymbol{A})(k\neq 0)$.

定义 3 如果 $R(\boldsymbol{A}_{m\times n})=m$(或($R(\boldsymbol{A}_{m\times n})=n$))，则称矩阵为**行（列）满秩矩阵**. 如果 n 阶方阵的秩等于它的阶数，则称其为**满秩矩阵**，小于 n 的称为**降秩矩阵**.

可逆矩阵是满秩矩阵，即 n 阶可逆矩阵 $\boldsymbol{A}$ 的秩 $R(\boldsymbol{A})=n$，因为它的唯一 n 阶子式 $|\boldsymbol{A}|\neq 0$.

如何根据定义来求矩阵 $\boldsymbol{A}_{m\times n}$ 的秩呢?

(1) 从小到大：如果有一个 1 阶子式不等于零，就考查 2 阶子式；如果找到一个 2 阶子式不等于零，就考查 3 阶子式；……，直到发现所有 r 阶子式都等于零为止，得到 $R(\boldsymbol{A})=r-1$.

(2) 从大到小：如果有一个 $N=\min\{m,n\}$ 阶子式不等于零，那么 $R(\boldsymbol{A})=N$；如果所有的 N 阶子式都等于零，就考查 $N-1$ 阶子式；如果所有的 $N-1$ 阶子式都等于零，就考查

$N-2$ 阶子式；……，直到找到一个不为零的子式为止，这个子式的阶数 r 就是矩阵的秩，即 $R(\boldsymbol{A})=r$.

一般来说，用定义求秩比较难，因为要计算许多行列式的值．但阶梯形矩阵的秩就是它的非零行的行数．

二、矩阵秩的性质

(1) 若 $\boldsymbol{P}$、$\boldsymbol{Q}$ 可逆，则 $R(\boldsymbol{PA})=R(\boldsymbol{PQ})=R(\boldsymbol{PAQ})=R(\boldsymbol{A})$；

(2) $R(\boldsymbol{A}+\boldsymbol{B})\leqslant R(\boldsymbol{A})+R(\boldsymbol{B})$；

(3) $\max\{R(\boldsymbol{A}),R(\boldsymbol{B})\}\leqslant R(\boldsymbol{A},\boldsymbol{B})\leqslant R(\boldsymbol{A})+R(\boldsymbol{B})$；

(4) $R(\boldsymbol{AB})\leqslant \min\{R(\boldsymbol{A}),R(\boldsymbol{B})\}$；

(5) 若 $\boldsymbol{A}_{m\times n}\boldsymbol{B}_{n\times 1}=\boldsymbol{O}$,则 $R(\boldsymbol{A})+R(\boldsymbol{B})\leqslant n$.

2.6.2 初等变换求矩阵的秩

定理 如果 $\boldsymbol{A}\sim\boldsymbol{B}$，那么 $R(\boldsymbol{A})=R(\boldsymbol{B})$，即初等变换不改变矩阵的秩．

定理表明用初等变换可以求矩阵的秩：对矩阵 $\boldsymbol{A}$ 作初等行变换将其化为阶梯形矩阵，阶梯形矩阵的非零行行数就是矩阵 $\boldsymbol{A}$ 的秩；也可以类似地对 $\boldsymbol{A}$ 作初等列变换来求它的秩．

例 1 求下面矩阵的秩并求它的一个最高阶子式：

$$\boldsymbol{A}=\begin{bmatrix}4&1&-1\\0&2&2\\1&3&5\end{bmatrix};\boldsymbol{B}=\begin{bmatrix}3&2&0&5&0\\3&-2&3&6&-1\\2&0&1&5&-3\\1&6&-4&-1&4\end{bmatrix}.$$

解 由于 $\boldsymbol{A}$ 的阶数不高，又是方阵，因此直接计算最高阶子式即 $\boldsymbol{A}$ 的行列式的值．

因为
$$|\boldsymbol{A}|=\begin{vmatrix}4&1&-1\\0&2&2\\1&3&5\end{vmatrix}=20\neq 0$$

所以
$$R(\boldsymbol{A})=3$$

对于矩阵 $\boldsymbol{B}$，我们用初等变换求其秩序．

因为
$$\boldsymbol{B}=\begin{bmatrix}3&2&0&5&0\\3&-2&3&6&-1\\2&0&1&5&-3\\1&6&-4&-1&4\end{bmatrix}\xrightarrow{r_1\leftrightarrow r_4}\begin{bmatrix}1&6&-4&-1&4\\3&-2&3&6&-1\\2&0&1&5&-3\\3&2&0&5&0\end{bmatrix}\xrightarrow[r_4-3r_1]{\substack{r_2-r_4\\r_3-2r_1}}$$

$$\begin{bmatrix}1&6&-4&-1&4\\0&-4&3&1&-1\\0&-12&9&7&-11\\0&-16&12&8&-12\end{bmatrix}\xrightarrow[r_4-4r_2]{r_3-3r_2}\begin{bmatrix}1&6&-4&-1&4\\0&-4&3&1&-1\\0&0&0&4&-8\\0&0&0&4&-8\end{bmatrix}\xrightarrow{r_4-r_3}$$

$$\begin{bmatrix}1&6&-4&-1&4\\0&-4&3&1&-1\\0&0&0&4&-8\\0&0&0&0&0\end{bmatrix}=\boldsymbol{B}_1$$

所以 $$R(\boldsymbol{B})=3$$

因此，矩阵 $\boldsymbol{B}$ 中不等于零的子式最高阶数是 3 阶，而 $\boldsymbol{B}$ 的 3 阶子式有 $C_4^3C_5^3=40$（个），哪一个不为零呢？由于 $\boldsymbol{B}_1$ 中的 3 个首元位于 1，2，3 行和 1，2，4 列，因此考查矩阵 $\boldsymbol{B}$ 中位于同样位置的元素组成一个 3 阶子式，这个子式即为所求：

$$\begin{vmatrix}3 & 2 & 5\\3 & -2 & 6\\2 & 0 & 5\end{vmatrix}=-16\neq 0$$

例 2 λ 为何值时，矩阵 $\boldsymbol{A}=\begin{bmatrix}\lambda & 1 & 1\\1 & \lambda & 1\\1 & 1 & \lambda\end{bmatrix}$ 与 $\boldsymbol{B}=\begin{bmatrix}\lambda & 1 & 1 & 1\\1 & \lambda & 1 & \lambda\\1 & 1 & \lambda & \lambda^2\end{bmatrix}$ 的秩相同？

解 矩阵 $\boldsymbol{A}$ 是 $\boldsymbol{B}$ 的前 3 列，对 $\boldsymbol{B}$ 作初等行变换将其化为阶梯形矩阵，意味着对 $\boldsymbol{A}$ 也作了初等行变换且将其化为阶梯形矩阵：

$$\boldsymbol{B}=\begin{bmatrix}\lambda & 1 & 1 & 1\\1 & \lambda & 1 & \lambda\\1 & 1 & \lambda & \lambda^2\end{bmatrix}\xrightarrow{r_1\leftrightarrow r_3}\begin{bmatrix}1 & 1 & \lambda & \lambda^2\\1 & \lambda & 1 & \lambda\\\lambda & 1 & 1 & 1\end{bmatrix}\xrightarrow[r_3-\lambda r_1]{r_2-r_1}$$

$$\begin{bmatrix}1 & 1 & \lambda & \lambda^2\\0 & \lambda-1 & 1-\lambda & \lambda-\lambda^2\\0 & 1-\lambda & 1-\lambda^2 & 1-\lambda^3\end{bmatrix}\xrightarrow{r_3+r_2}$$

$$\begin{bmatrix}1 & 1 & \lambda & \lambda^2\\0 & \lambda-1 & 1-\lambda & \lambda(1-\lambda)\\0 & 0 & (2+\lambda)(1-\lambda) & (1-\lambda)(1+\lambda)^2\end{bmatrix}=\boldsymbol{B}_1$$

观察矩阵 $\boldsymbol{B}_1$：

当 $\lambda=1$ 时，$R(\boldsymbol{A})=R(\boldsymbol{B})=1$；

当 $\lambda=2$ 时，$R(\boldsymbol{A})=2, R(\boldsymbol{B})=3$；

当 $\lambda\neq 2$ 且 $\lambda\neq 1$ 时，$R(\boldsymbol{A})=R(\boldsymbol{B})=3$.

综上所述，当 $\lambda\neq -2$ 时，$R(\boldsymbol{A})=R(\boldsymbol{B})$.

练习题 2-6

1. 在秩是 r 的矩阵中，有没有等于 0 的 $r-1$ 阶子式？有没有等于 0 的 r 阶子式？举例说明．

2. 作一个秩是 4 的方阵，它的两个行是 (1，0，1，0，0)，(1，−1，0，0，0).

3. 利用初等行变换求下列矩阵的秩，并求一个最高阶非零子式：

(1) $\begin{bmatrix}3 & 1 & 0 & 2\\1 & -1 & 2 & -1\\1 & 3 & -4 & 4\end{bmatrix}$；　(2) $\begin{bmatrix}3 & 2 & -1 & -3 & -2\\2 & -1 & 3 & 1 & -3\\7 & 0 & 5 & -1 & -8\end{bmatrix}$.

4. 设 $\boldsymbol{A}=\begin{bmatrix}1 & -2 & 3\lambda\\-1 & 2\lambda & -3\\\lambda & -2 & 3\end{bmatrix}$，问 λ 为何值时，可使 (1) $R(\boldsymbol{A})=1$；(2) $R(\boldsymbol{A})=2$；

(3) $R(\boldsymbol{A})=3$.

5. 设 $\boldsymbol{A}$ 是 4×3 矩阵，且 $\boldsymbol{A}$ 的秩等于 2，$\boldsymbol{B}=\begin{bmatrix}1&0&2\\0&2&0\\-1&0&3\end{bmatrix}$，求 $\boldsymbol{AB}$ 的秩．

2.7 软件应用

2.7.1 矩阵及其元素的赋值

赋值就是把数赋予代表常量或变量的标示符．MATLAB 中的变量或常量都代表矩阵，标量应看作 1×1 阶的矩阵．赋值语句的一般形式为：

变量=表达式(或数)

例如输入语句

```
A1=[1 2;3 4]
```

则结果显示为

```
A1=1        2
   3        4
```

元素也可以用表达式代替，如输入 `X=[-1.3  sqrt(4)  (1+2)/5]`

结果为 `X=-1.3000  2.000  0.6000`

矩阵的值放在方括号中，同一行中各元素之间以逗号或空格分开，不同的行以分号隔开，语句的结尾可用回车或逗号，此时会显示运算结果．如果不希望显示结果，就以分号结尾．此时计算仍执行，只是不显示．

2.7.2 矩阵的初等运算

矩阵算术的书写格式与普通算术相同，包括加、减、乘，也可以用括号规定优先次序．但它的乘法定义与普通数不同．

两矩阵相加（减）就是对应元素相加（减），因此，要求相加的两矩阵的阶数必须相同，如果阶数不同，则显示出错．检查矩阵阶数的 MATLAB 语句是 size，例如：

输入 `[n  m]= size(A1)`

得 `n=2  m=2`（2 行 2 列）

下面的例子用来说明矩阵加法、减法的操作．

输入
```
A=[1  2;3  4];
B=[4  3;2  1];
C=A+B
D=A-B
```

得
```
C=5        5
  5        5
D=-3  -1
```

```
    1    3
```

现在来看矩阵的乘法．矩阵 $\boldsymbol{A}$ 乘以矩阵 $\boldsymbol{B}$，$\boldsymbol{A}$ 矩阵的列数应该等于 $\boldsymbol{B}$ 矩阵的行数．如果不相等，则会显示错误．下面的例子表明了矩阵的乘法操作．

输入　`E=A* B`

得　`E=8    5`

```
    20  13
```

实际上，MATLAB 已经将矩阵的加、减、乘的程序编程为内部函数，只要用＋、－、* 做运算符就包含了检查阶数和执行运算的全过程．MATLAB 中关于矩阵的运算符如表 2－5 所示.

表 2－5　MATLAB 中关于矩阵的运算符

运算	符号
转置	A′
加与减	A＋B 与 A－B
数乘矩阵	k＊A 或 A＊k
矩阵乘方	A^k
矩阵乘法	A＊B
方阵的行列式	det(A)
求方阵的逆	inv(A)

练习题 2－7

1. 用 MATLAB 计算下列各题：

（1）已知 $\boldsymbol{A}=\begin{bmatrix}1&3&2\\0&2&0\\0&0&3\end{bmatrix}$，$\boldsymbol{B}=\begin{bmatrix}2&1\\1&2\\1&2\end{bmatrix}$，求 $\boldsymbol{AB}$.

（2）已知 $\boldsymbol{A}=\begin{bmatrix}1&2&1\\2&0&1\end{bmatrix}$，$\boldsymbol{B}=\begin{bmatrix}2&1&2\\3&0&1\end{bmatrix}$，$\boldsymbol{C}=\begin{bmatrix}1&1&2\\2&0&1\\1&0&2\end{bmatrix}$，求 $\boldsymbol{AC}+\boldsymbol{BC}$.

（3）求 $\begin{bmatrix}1&0&1\\1&1&0\\0&1&-1\end{bmatrix}^3$.

2. 用 MATLAB 求下列矩阵的逆矩阵：

（1）$\begin{bmatrix}2&2&3\\1&-1&0\\-1&2&0\end{bmatrix}$；　　（2）$\begin{bmatrix}1&2&3&4\\0&1&2&3\\0&0&1&2\\0&0&0&1\end{bmatrix}$.

2.8 矩阵的应用

假设在一个大城市中的总人口是固定的，那么人口的分布则因居民在市区和郊区之间迁徙而变化．每年有 6％的市区居民搬到郊区，而有 2％的郊区居民搬到市区．假如开始时有 30％的居民住在市区，70％的居民住在郊区，请问：10 年后市区和郊区的居民人口比例是多少？经过 30 年，50 年后又是如何？当经过足够长时间后，市区和郊区的人口比例会收敛吗？如果收敛，其极限值又是多少？

在处理这个问题时，我们不考虑人口迁入和迁出问题，且暂不考虑出生和死亡．我们将人口变量用市区和郊区两个分量表示，即

$$x_i = \begin{bmatrix} x_{ei} \\ x_{si} \end{bmatrix}$$

其中，x_e 表示市区人口所占比例；x_s 为郊区人口所占比例；i 表示年份的次序．在 $i=0$ 的初始状态

$$x_0 = \begin{bmatrix} x_{e0} \\ x_{s0} \end{bmatrix} = \begin{bmatrix} 0.3 \\ 0.7 \end{bmatrix}$$

1 年以后，市区人口为

$$x_{e1} = (1-0.06)x_{e0} + 0.02x_{s0}$$

郊区人口为

$$x_{s1} = 0.06x_{e0} + (1-0.02)x_{s0}$$

用矩阵乘法来描述，可得

$$x_1 = \begin{bmatrix} x_{e1} \\ x_{s1} \end{bmatrix} = \begin{bmatrix} 0.94 & 0.02 \\ 0.06 & 0.98 \end{bmatrix} \begin{bmatrix} 0.3 \\ 0.7 \end{bmatrix} = \boldsymbol{A}x_0 = \begin{bmatrix} 0.296\,0 \\ 0.704\,0 \end{bmatrix}$$

其中 $\boldsymbol{A} = \begin{bmatrix} 0.94 & 0.02 \\ 0.06 & 0.98 \end{bmatrix}$.

从初始时间到第 i 年，都保持相同的移居率，因此可得到

$$x_i = \boldsymbol{A}x_{i-1} = \boldsymbol{A}^2 x_{i-2} = \cdots = \boldsymbol{A}^i x_0$$

根据矩阵的乘法可知

$$\boldsymbol{A}^i = \underbrace{\begin{bmatrix} 0.94 & 0.02 \\ 0.06 & 0.98 \end{bmatrix} \cdot \cdots \cdot \begin{bmatrix} 0.94 & 0.02 \\ 0.06 & 0.98 \end{bmatrix}}_{i\text{ 个}\boldsymbol{A}}$$

随着年份的不断增加，市区居民和郊区居民的比例趋于 0.25∶0.75.

练习题 2-8

1. 某厂生产甲、乙、丙、丁四种产品供应给 A、B、C、D 四个供应商．2015 年全年的供应数量如表 2-6 所示（单位：箱）.

表 2-6　四个供应商的供货量

2015 年	甲	乙	丙	丁
A	30	20	25	10
B	20	25	10	20
C	15	10	15	30
D	10	15	10	40

四种产品的单价（单位：元/箱）及单位重量（单位：千克/箱）如表 2-7 所示.

表 2-7　产品单价及单位重量

2015 年	单价	单位重量
甲	50	10
乙	100	8
丙	60	5
丁	40	15

（1）试用矩阵 $\boldsymbol{E}$ 表示 2015 年四种产品对四个供应商的供应量，用矩阵 $\boldsymbol{F}$ 表示四种产品单价及单位重量.

（2）用矩阵 $\boldsymbol{G}$ 表示工厂向四个供应商供应的货物总值及总重量.

2. 通过线性变换对传输信息进行加密处理，如 $\boldsymbol{x}_1=(1,3,20)$，经过加密后 $\boldsymbol{y}_1=\boldsymbol{x}_1\boldsymbol{A}=(1,3,20)\begin{bmatrix}1&1&0\\2&1&1\\3&2&2\end{bmatrix}=(67,44,43)$. 当 $\boldsymbol{y}_1=(81,52,43)$ 时，求 $\boldsymbol{x}_1$.

习　题

一、选择题：

1. 均为 n 阶方阵，则下面结论中正确的是（　　）.

A. 若 $\boldsymbol{A}$ 或 $\boldsymbol{B}$ 可逆，则 $\boldsymbol{AB}$ 必可逆　　B. 若 $\boldsymbol{A}$ 或 $\boldsymbol{B}$ 不可逆，则 $\boldsymbol{AB}$ 必不可逆

C. 若 $\boldsymbol{A}$、$\boldsymbol{B}$ 均可逆，则 $\boldsymbol{A}+\boldsymbol{B}$ 必可逆　　D. 若 $\boldsymbol{A}$、$\boldsymbol{B}$ 均不可逆，则 $\boldsymbol{A}+\boldsymbol{B}$ 必不可逆

2. 若 n 阶方阵 $\boldsymbol{A}$、$\boldsymbol{B}$ 都可逆，且 $\boldsymbol{AB}=\boldsymbol{BA}$，则下列（　　）结论错误.

A. $\boldsymbol{A}^{-1}\boldsymbol{B}=\boldsymbol{B}\boldsymbol{A}^{-1}$　　B. $\boldsymbol{A}\boldsymbol{B}^{-1}=\boldsymbol{B}^{-1}\boldsymbol{A}$

C. $\boldsymbol{A}^{-1}\boldsymbol{B}^{-1}=\boldsymbol{B}^{-1}\boldsymbol{A}^{-1}$　　D. $\boldsymbol{B}\boldsymbol{A}^{-1}=\boldsymbol{A}\boldsymbol{B}^{-1}$

3. 设 $\boldsymbol{A}$、$\boldsymbol{B}$、$\boldsymbol{C}$ 为同阶方阵，且 $\boldsymbol{ABC}=\boldsymbol{E}$，则下列各式中不成立的是（　　）.

A. $\boldsymbol{CAB}=\boldsymbol{E}$　　B. $\boldsymbol{B}^{-1}\boldsymbol{A}^{-1}\boldsymbol{C}^{-1}=\boldsymbol{E}$

C. $\boldsymbol{BCA}=\boldsymbol{E}$　　D. $\boldsymbol{C}^{-1}\boldsymbol{A}^{-1}\boldsymbol{B}^{-1}=\boldsymbol{E}$

4. 设 $\boldsymbol{A}$、$\boldsymbol{B}$ 为同阶可逆矩阵，则有（　　）.

A. $\boldsymbol{AB}=\boldsymbol{BA}$　　B. 存在可逆矩阵 $\boldsymbol{P}$，使 $\boldsymbol{P}^{-1}\boldsymbol{AP}=\boldsymbol{B}$

C. 存在可逆矩阵 $\boldsymbol{C}$，使 $\boldsymbol{C}^{\mathrm{T}}\boldsymbol{AC}=\boldsymbol{B}$　　D. 存在可逆矩阵 $\boldsymbol{P}$ 和 $\boldsymbol{Q}$，使 $\boldsymbol{PAQ}=\boldsymbol{B}$

二、填空题：

1. 设 $\boldsymbol{A}=\begin{bmatrix}4&2&3\\1&1&0\\-1&2&3\end{bmatrix}$，且 $\boldsymbol{AB}=\boldsymbol{A}+2\boldsymbol{B}$，则 $\boldsymbol{B}=$____________.

2. 已知 $\boldsymbol{A}$ 为 n 阶可逆阵，则 $[\boldsymbol{I}+(\boldsymbol{I}-\boldsymbol{A})(\boldsymbol{I}+\boldsymbol{A})^{-1}](\boldsymbol{I}+\boldsymbol{A})=$____________.

3. 若对任意的 $n\times1$ 矩阵 x 均有 $\boldsymbol{Ax}=\boldsymbol{0}$，则 $\boldsymbol{A}=$____________.

4. 设 $\boldsymbol{A}=\begin{bmatrix}5&2&0&0\\2&1&0&0\\0&0&1&-2\\0&0&1&1\end{bmatrix}$，则 $\boldsymbol{A}^{-1}=$____________.

三、计算题：

1. 设矩阵 $\boldsymbol{A}=\begin{bmatrix}1&1&-1\\0&1&1\\0&0&1\end{bmatrix}$，$\boldsymbol{B}=\begin{bmatrix}2&0&1\\0&2&0\\0&0&2\end{bmatrix}$，已知 $\boldsymbol{AXB}=\boldsymbol{AX}+\boldsymbol{A}^2\boldsymbol{B}-\boldsymbol{A}^2+\boldsymbol{B}$，求矩阵 $\boldsymbol{X}$.

2. 设矩阵 $\boldsymbol{A}=\begin{bmatrix}1&0&2\\1&-2&0\end{bmatrix}$，$\boldsymbol{B}=\begin{bmatrix}2&1&2\\0&1&0\\0&0&2\end{bmatrix}$，$\boldsymbol{C}=\begin{bmatrix}-6&1\\2&2\\-4&2\end{bmatrix}$，计算 $\boldsymbol{BA}^{\mathrm{T}}-\boldsymbol{C}$.

3. 设矩阵 $\boldsymbol{A}=\begin{bmatrix}1&1&2\\1&2&2\\1&2&3\end{bmatrix}$，求 $\boldsymbol{A}^{-1}$.

4. 设矩阵 $\boldsymbol{A}=\begin{bmatrix}0&1&0\\2&0&-1\\3&4&1\end{bmatrix}$，$\boldsymbol{I}=\begin{bmatrix}1&0&0\\0&1&0\\0&0&1\end{bmatrix}$，求 $(\boldsymbol{I}+\boldsymbol{A})^{-1}$.

考研真题

1. 设 $\boldsymbol{A}=\begin{bmatrix}1&a&0&0\\0&1&a&0\\0&0&1&a\\0&0&0&1\end{bmatrix}$，计算 $|\boldsymbol{A}|$.

2. 设三阶方阵 $\boldsymbol{A}$，$\boldsymbol{B}$ 满足 $\boldsymbol{AB}=\boldsymbol{E}$，其中 $\boldsymbol{E}$ 为三阶单位矩阵，若 $\boldsymbol{A}=\begin{bmatrix}1&0&1\\0&2&0\\-2&0&1\end{bmatrix}$，则 $|\boldsymbol{B}|=$____________.

3. 设 $\boldsymbol{\alpha}$ 为 3 维列向量，$\boldsymbol{\alpha}^{\mathrm{T}}$ 是 $\boldsymbol{\alpha}$ 的转置．若 $\boldsymbol{\alpha\alpha}^{\mathrm{T}}=\begin{bmatrix}1&-1&1\\-1&1&-1\\1&-1&1\end{bmatrix}$，则 $\boldsymbol{\alpha}^{\mathrm{T}}-\boldsymbol{\alpha}=$____________.

第 3 章

n 维向量与线性方程组

在平面解析几何中我们使用过向量，例如：金钱豹与小狗的追逐问题，方向不同效果不同．抽象出向量的概念，向量是数学中的重要概念之一，向量和数一样也能进行运算，而且用向量的有关知识还能有效地解决数学、物理等学科中的很多问题．若抛开向量的几何背景，而把向量抽象为一个数组，且数组中的数的个数不限于 2 个，那么向量可表示的对象会很广泛，由此向量理论在数学和经济管理科学以及其他应用科学中都有着广泛的应用．

本章思维导图如图 3 - 1 所示.

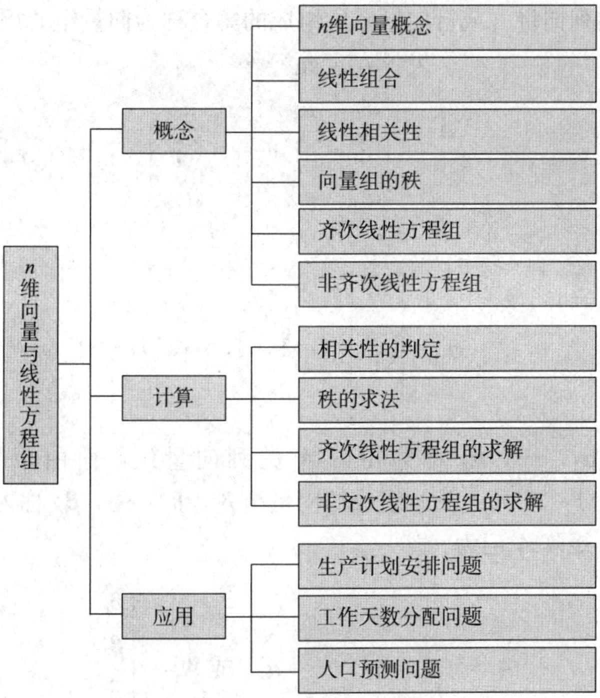

图 3 - 1　本章思维导图

3.1 向量组及其线性组合

3.1.1 n 维向量的概念

向量这一概念是由物理学和工程技术抽象出来的，反过来，向量的理论和方法，又成为解决物理学和工程技术的重要工具，向量之所以有用，关键是它具有一套良好的运算性质，通过向量可把空间图形的性质转化为向量的运算，这样通过向量就能较容易地研究空间的直线和平面的各种有关问题．

定义 1 由 n 个数 $a_1,a_2,\cdots,a_n$ 组成的有序数组（$a_1 \quad a_2 \quad \cdots \quad a_n$）称为一个 n 维向量，数 a_i 称为向量的第 i 个分量（$i=1,2,\cdots,n$）.

注：在解析几何中，我们把既有大小又有方向的量称为向量，并把可随意平行移动的有向线段作为向量的几何形象．引入坐标系后，又定义了向量的坐标表示式（三个有次序实数），此即上面定义的 3 维向量．因此，当 $n\leqslant 3$ 时，n 维向量可以把有向线段作为其几何形象．当 $n>3$ 时，n 维向量没有直观的几何形象．

向量可以写成一行：（$a_1 \quad a_2 \quad \cdots \quad a_n$）；也可以写成一列：$\begin{bmatrix} a_1 \\ a_2 \\ \vdots \\ a_n \end{bmatrix}$．前者称为行向量，后者称为列向量．列向量常用字母 $\boldsymbol{\alpha}$，$\boldsymbol{\beta}$，$\boldsymbol{\gamma}$ 表示，行向量常用字母 $\boldsymbol{\alpha}^{\mathrm{T}}$，$\boldsymbol{\beta}^{\mathrm{T}}$，$\boldsymbol{\gamma}^{\mathrm{T}}$ 表示．

若干个同维数的列向量（或行向量）所组成的集合称为向量组．例如，一个 $m\times n$ 矩阵

$$\boldsymbol{A}=\begin{bmatrix} a_{11} & a_{12} & \cdots & a_{1n} \\ a_{21} & a_{22} & \cdots & a_{2n} \\ \vdots & \vdots & & \vdots \\ a_{m1} & a_{m2} & \cdots & a_{mn} \end{bmatrix}$$

每一列

$$\boldsymbol{\alpha}_j=\begin{bmatrix} a_{1j} \\ a_{2j} \\ \vdots \\ a_{mj} \end{bmatrix}(j=1,\ 2,\ \cdots,\ n)$$

组成的向量组 $\boldsymbol{\alpha}_1$，$\boldsymbol{\alpha}_2$，…，$\boldsymbol{\alpha}_n$ 称为矩阵 $\boldsymbol{A}$ 的列向量组，而由矩阵 $\boldsymbol{A}$ 的每一行 $\boldsymbol{\beta}_i=$（$a_{i1} \ a_{i2} \ \cdots \ a_{in}$）（$i=1,\ 2,\ \cdots,\ m$）组成的向量组 $\boldsymbol{\beta}_1$，$\boldsymbol{\beta}_2$，…，$\boldsymbol{\beta}_m$ 称为矩阵 $\boldsymbol{A}$ 的行向量组．

根据上述讨论，矩阵 $\boldsymbol{A}$ 记为

$$\boldsymbol{A}=(\boldsymbol{\alpha}_1 \quad \boldsymbol{\alpha}_2 \quad \cdots \quad \boldsymbol{\alpha}_n)\text{ 或 }\boldsymbol{A}=\begin{bmatrix} \boldsymbol{\beta}_1 \\ \boldsymbol{\beta}_2 \\ \vdots \\ \boldsymbol{\beta}_n \end{bmatrix}$$

这样，矩阵 $\boldsymbol{A}$ 就与其列向量组或行向量组之间建立了一一对应关系．

矩阵的列向量组和行向量组都是只含有限个向量的向量组．而线性方程组

$$\boldsymbol{A}_{m\times n}\boldsymbol{X}=\boldsymbol{0}$$

的全体解，当 $r(\boldsymbol{A})<n$ 时是一个含有无限多个 n 维列向量的向量组．

我们规定：

(1) 分量全为零的向量，称为零向量，记作 $\boldsymbol{0}$，即 $\boldsymbol{0}=(0\quad 0\quad \cdots\quad 0)$．

(2) 向量 $\boldsymbol{\alpha}=(a_1\quad a_2\quad \cdots\quad a_n)$ 各分量的相反数组成的向量称为 $\boldsymbol{\alpha}$ 的负向量，记作 $-\boldsymbol{\alpha}$，即

$$-\boldsymbol{\alpha}=(-a_1\quad -a_2\quad \cdots\quad -a_n)$$

(3) 如果 $\boldsymbol{\alpha}=(a_1\quad a_2\quad \cdots\quad a_n),\boldsymbol{\beta}=(b_1\quad b_2\quad \cdots\quad b_n)$，当 $a_i=b_i(i=1,2,\cdots,n)$ 时，则称这两个向量相等，记作 $\boldsymbol{\alpha}=\boldsymbol{\beta}$.

定义 2　设两个 n 维向量 $\boldsymbol{\alpha}=(a_1\quad a_2\quad \cdots\quad a_n),\boldsymbol{\beta}=(b_1\quad b_2\quad \cdots\quad b_n)$，定义向量 $\boldsymbol{\alpha},\boldsymbol{\beta}$ 的和

$$\boldsymbol{\alpha}+\boldsymbol{\beta}=(a_1+b_1\quad a_2+b_2\quad \cdots\quad a_n+b_n)$$

$\boldsymbol{\alpha},\boldsymbol{\beta}$ 的差

$$\boldsymbol{\alpha}-\boldsymbol{\beta}=(a_1-b_1\quad a_2-b_2\quad \cdots\quad a_n-b_n)$$

若存在常数 k，则常数与向量 $\boldsymbol{\alpha}$ 的数乘

$$k\boldsymbol{\alpha}=(ka_1\quad ka_2\quad \cdots\quad ka_n)$$

向量的加法及数与向量的乘法统称为向量的线性运算．

注：向量的线性运算与行（列）矩阵的运算规律相同，从而也满足下列运算规律：

(1) $\boldsymbol{\alpha}+\boldsymbol{\beta}=\boldsymbol{\beta}+\boldsymbol{\alpha}$；

(2) $(\boldsymbol{\alpha}+\boldsymbol{\beta})+\boldsymbol{\gamma}=\boldsymbol{\alpha}+(\boldsymbol{\beta}+\boldsymbol{\gamma})$；

(3) $\boldsymbol{\alpha}+\boldsymbol{0}=\boldsymbol{\alpha}$；

(4) $\boldsymbol{\alpha}+(-\boldsymbol{\alpha})=\boldsymbol{0}$；

(5) $l\boldsymbol{\alpha}=\boldsymbol{\alpha}$；

(6) $k(l\boldsymbol{\alpha})=(kl)\boldsymbol{\alpha}$；

(7) $k(\boldsymbol{\alpha}+\boldsymbol{\beta})=k\boldsymbol{\alpha}+k\boldsymbol{\beta}$；

(8) $(k+l)\boldsymbol{\alpha}=k\boldsymbol{\alpha}+l\boldsymbol{\alpha}$.

例 1　设 $\boldsymbol{\alpha}_1=(2\quad -4\quad 1\quad -1)^{\mathrm{T}},\boldsymbol{\alpha}_2=(-3\quad -1\quad 2\quad -5/2)^{\mathrm{T}}$，如果向量满足 $3\boldsymbol{\alpha}_1-2(\boldsymbol{\beta}+\boldsymbol{\alpha}_2)=\boldsymbol{0}$，求 $\boldsymbol{\beta}$.

解　由题设条件，有 $3\boldsymbol{\alpha}_1-2\boldsymbol{\beta}-2\boldsymbol{\alpha}_2=\boldsymbol{0}$.

$$\boldsymbol{\beta}=-\frac{1}{2}(2\boldsymbol{\alpha}_2-3\boldsymbol{\alpha}_1)=-\boldsymbol{\alpha}_2+\frac{3}{2}\boldsymbol{\alpha}_1=-\left(-3\quad -1\quad 2\quad -\frac{5}{2}\right)^{\mathrm{T}}+\frac{3}{2}(2\quad -4\quad 1\quad -1)^{\mathrm{T}}=(6\quad -5\quad -1/2\quad 1)^{\mathrm{T}}$$

例 2　设 $\boldsymbol{\alpha}=(2\quad 0\quad -1\quad 3)^{\mathrm{T}},\boldsymbol{\beta}=(1\quad 7\quad 4\quad -2)^{\mathrm{T}},\boldsymbol{\gamma}=(0\quad 1\quad 0\quad 1)^{\mathrm{T}}$.

(1) 求 $2\boldsymbol{\alpha}+\boldsymbol{\beta}-3\boldsymbol{\gamma}$；(2) 若有 $\boldsymbol{x}$，满足 $3\boldsymbol{\alpha}-\boldsymbol{\beta}+5\boldsymbol{\gamma}+2\boldsymbol{x}=\boldsymbol{0}$，求 $\boldsymbol{x}$.

解　(1) $2\boldsymbol{\alpha}+\boldsymbol{\beta}-3\boldsymbol{\gamma}=2(2\quad 0\quad -1\quad 3)^{\mathrm{T}}+(1\quad 7\quad 4\quad -2)^{\mathrm{T}}-3(0\quad 1\quad 0\quad 1)^{\mathrm{T}}=(5\quad 4\quad 2\quad 1)^{\mathrm{T}}$

（2）由 $3\boldsymbol{\alpha}-\boldsymbol{\beta}+5\boldsymbol{\gamma}+2\boldsymbol{x}=\boldsymbol{0}$，得

$$\boldsymbol{x}=\frac{1}{2}(-3\boldsymbol{\alpha}+\boldsymbol{\beta}-5\boldsymbol{\gamma})=\frac{1}{2}[-3(2\quad 0\quad -1\quad 3)^{\mathrm{T}}+(1\quad 7\quad 4\quad -2)^{\mathrm{T}}-5(0\quad 1\quad 0\quad 1)^{\mathrm{T}}]=$$

$$\left(-\frac{5}{2}\quad 1\quad 7/2\quad -8\right)^{\mathrm{T}}$$

3.1.2 向量组的线性组合

定义 3 设有 n 维向量组 $\boldsymbol{\alpha}_1$，$\boldsymbol{\alpha}_2$，…，$\boldsymbol{\alpha}_m$，$\boldsymbol{\beta}$，如果存在一组数 k_1，k_2，…，k_m，使得

$$\boldsymbol{\beta}=k_1\boldsymbol{\alpha}_1+k_2\boldsymbol{\alpha}_2+\cdots+k_m\boldsymbol{\alpha}_m$$

则称 $\boldsymbol{\beta}$ 是 $\boldsymbol{\alpha}_1$，$\boldsymbol{\alpha}_2$，…，$\boldsymbol{\alpha}_m$ 的线性组合，也称 $\boldsymbol{\beta}$ 可由 $\boldsymbol{\alpha}_1$，$\boldsymbol{\alpha}_2$，…，$\boldsymbol{\alpha}_m$ 线性表示，k_1，k_2，…，k_m 称为这个线性组合的系数．

例 3 设 $\boldsymbol{\beta}=\begin{bmatrix}1\\1\\1\end{bmatrix},\boldsymbol{\alpha}_1=\begin{bmatrix}0\\1\\-1\end{bmatrix},\boldsymbol{\alpha}_2=\begin{bmatrix}1\\1\\0\end{bmatrix},\boldsymbol{\alpha}_3=\begin{bmatrix}1\\0\\2\end{bmatrix}$，问：$\boldsymbol{\beta}$ 能否由 $\boldsymbol{\alpha}_1$，$\boldsymbol{\alpha}_2$，$\boldsymbol{\alpha}_3$ 线性表示？若能，写出表达式．

解 设 $\boldsymbol{\beta}=k_1\boldsymbol{\alpha}_1+k_2\boldsymbol{\alpha}_2+k_3\boldsymbol{\alpha}_3$，即

$$\begin{bmatrix}1\\1\\1\end{bmatrix}=k_1\begin{bmatrix}0\\1\\-1\end{bmatrix}+k_2\begin{bmatrix}1\\1\\0\end{bmatrix}+k_3\begin{bmatrix}1\\0\\2\end{bmatrix}$$

写出方程组的形式，为

$$\begin{cases}k_2+k_3=-1\\k_1+k_2=1\\-k_1+2k_3=1\end{cases}$$

由克莱姆法则求得 $k_1=1,k_2=0,k_3=1$，因此 $\boldsymbol{\beta}$ 能由 $\boldsymbol{\alpha}_1$，$\boldsymbol{\alpha}_2$，$\boldsymbol{\alpha}_3$ 线性表示，表达式为

$$\boldsymbol{\beta}=\boldsymbol{\alpha}_1+\boldsymbol{\alpha}_3$$

我们除了用定义来判断外，还可以通过以下定理来判断：

定理 1 向量 $\boldsymbol{\beta}$ 可由向量组 $\boldsymbol{A}$：$\boldsymbol{\alpha}_1$，$\boldsymbol{\alpha}_2$，…，$\boldsymbol{\alpha}_m$ 线性表示的充分必要条件是：矩阵 $\boldsymbol{A}=(\boldsymbol{\alpha}_1\quad\boldsymbol{\alpha}_2\quad\cdots\quad\boldsymbol{\alpha}_m)$ 与矩阵 $\boldsymbol{B}=(\boldsymbol{\alpha}_1\quad\boldsymbol{\alpha}_2\quad\cdots\quad\boldsymbol{\alpha}_m\quad\boldsymbol{\beta})$ 的秩相等．

3.1.3 向量组间的线性表示

定义 4 设有两向量组

$$\boldsymbol{A}:\boldsymbol{\alpha}_1,\boldsymbol{\alpha}_2,\cdots,\boldsymbol{\alpha}_s;\qquad \boldsymbol{B}:\boldsymbol{\beta}_1,\boldsymbol{\beta}_2,\cdots,\boldsymbol{\beta}_t$$

若向量组 $\boldsymbol{B}$ 中的每一个向量都能由向量组 $\boldsymbol{A}$ 线性表示，则称向量组 $\boldsymbol{B}$ 能由向量组 $\boldsymbol{A}$ 线性表示．若向量组 $\boldsymbol{A}$ 与向量组 $\boldsymbol{B}$ 能相互线性表示，则称这两个向量组等价．

按定义，若向量组 $\boldsymbol{B}$ 能由向量组 $\boldsymbol{A}$ 线性表示，则存在

$$k_{1j},k_{2j},\cdots,k_{sj}\,(j=1,2,\cdots,t)$$

使

$$\boldsymbol{\beta}_j = k_{1j}\boldsymbol{\alpha}_1 + k_{2j}\boldsymbol{\alpha}_2 + \cdots + k_{sj}\boldsymbol{\alpha}_s = (\boldsymbol{\alpha}_1 \quad \boldsymbol{\alpha}_2 \quad \cdots \quad \boldsymbol{\alpha}_s)\begin{bmatrix} k_{1j} \\ k_{2j} \\ \vdots \\ k_{sj} \end{bmatrix}$$

所以

$$(\boldsymbol{\beta}_1 \quad \boldsymbol{\beta}_2 \quad \cdots \quad \boldsymbol{\beta}_t) = (\boldsymbol{\alpha}_1 \quad \boldsymbol{\alpha}_2 \quad \cdots \quad \boldsymbol{\alpha}_s)\begin{bmatrix} k_{11} & k_{12} & \cdots & k_{1t} \\ k_{21} & k_{22} & \cdots & k_{2t} \\ \vdots & \vdots & & \vdots \\ k_{s1} & k_{s2} & \cdots & k_{st} \end{bmatrix}$$

其中，矩阵 $\boldsymbol{K}_{s\times t} = (k_{ij})_{s\times t}$ 称为这一线性表示的系数矩阵．

引理 1　若 $\boldsymbol{C}_{s\times n} = \boldsymbol{A}_{s\times t}\boldsymbol{B}_{t\times n}$，则矩阵 $\boldsymbol{C}$ 的列向量组能由矩阵 $\boldsymbol{A}$ 的列向量组线性表示，$\boldsymbol{B}$ 为这一表示的系数矩阵．而矩阵 $\boldsymbol{C}$ 的行向量组能由 $\boldsymbol{B}$ 的行向量组线性表示，$\boldsymbol{A}$ 为这一表示的系数矩阵．

定理 2　若向量组 $\boldsymbol{A}$ 可由向量组 $\boldsymbol{B}$ 线性表示，向量组 $\boldsymbol{B}$ 可由向量组 $\boldsymbol{C}$ 线性表示，则向量组 $\boldsymbol{A}$ 可由向量组 $\boldsymbol{C}$ 线性表示．

例 4　证明：向量 $\boldsymbol{\beta} = (-1 \quad 1 \quad 5)$ 是向量 $\boldsymbol{\alpha}_1 = (1 \quad 2 \quad 3)$，$\boldsymbol{\alpha}_2 = (0 \quad 1 \quad 4)$，$\boldsymbol{\alpha}_3 = (2 \quad 3 \quad 6)$ 的线性组合并具体将 $\boldsymbol{\beta}$ 用 $\boldsymbol{\alpha}_1$，$\boldsymbol{\alpha}_2$，$\boldsymbol{\alpha}_3$ 表示出来．

证　先假定 $\boldsymbol{\beta} = \lambda_1\boldsymbol{\alpha}_1 + \lambda_2\boldsymbol{\alpha}_2 + \lambda_3\boldsymbol{\alpha}_3$，其中 $\lambda_1, \lambda_2, \lambda_3$ 为待定常数，则

$(-1 \quad 1 \quad 5) = \lambda_1(1 \quad 2 \quad 3) + \lambda_2(0 \quad 1 \quad 4) + \lambda_3(2 \quad 3 \quad 6) = (\lambda_1 \quad 2\lambda_1 \quad 3\lambda_1) + (0 \quad \lambda_2 \quad 4\lambda_2) + (2\lambda_3 \quad 3\lambda_3 \quad 6\lambda_3) = (\lambda_1 + 2\lambda_3 \quad 2\lambda_1 + \lambda_2 + 3\lambda_3 \quad 3\lambda_1 + 4\lambda_2 + 6\lambda_3)$

由于两个向量相等的充要条件是它们的分量分别对应相等，因此可得方程组：

$$\begin{cases} \lambda_1 \qquad\quad + 2\lambda_3 = -1 \\ 2\lambda_1 + \lambda_2 + 3\lambda_3 = 1 \\ 3\lambda_1 + 4\lambda_2 + 6\lambda_3 = 5 \end{cases}$$

解得

$$\begin{cases} \lambda_1 = 1 \\ \lambda_2 = 2 \\ \lambda_3 = -1 \end{cases}$$

于是 $\boldsymbol{\beta}$ 可以表示为 $\boldsymbol{\alpha}_1$，$\boldsymbol{\alpha}_2$，$\boldsymbol{\alpha}_3$ 的线性组合，它的表示式为 $\boldsymbol{\beta} = \boldsymbol{\alpha}_1 + 2\boldsymbol{\alpha}_2 - \boldsymbol{\alpha}_3$．

例 5　判断向量 $\boldsymbol{\beta} = (4 \quad 3 \quad -1 \quad 11)^{\mathrm{T}}$ 是否为向量组 $\boldsymbol{\alpha}_1 = (1 \quad 2 \quad -1 \quad 5)^{\mathrm{T}}$，$\boldsymbol{\alpha}_2 = (2 \quad -1 \quad 1 \quad 1)^{\mathrm{T}}$ 的线性组合．若是，写出表示式．

解　设 $k_1\boldsymbol{\alpha}_1 + k_2\boldsymbol{\alpha}_2 = \boldsymbol{\beta}$，对矩阵 $(\boldsymbol{\alpha}_1 \quad \boldsymbol{\alpha}_2 \quad \boldsymbol{\beta})$ 施以初等行变换：

$$\begin{bmatrix} 1 & 2 & 4 \\ 2 & -1 & 3 \\ -1 & 1 & -1 \\ 5 & 1 & 11 \end{bmatrix} \to \begin{bmatrix} 1 & 2 & 4 \\ 2 & -1 & 3 \\ -1 & 1 & -1 \\ 5 & 1 & 11 \end{bmatrix} \to \begin{bmatrix} 1 & 2 & 4 \\ 2 & -1 & 3 \\ -1 & 1 & -1 \\ 5 & 1 & 11 \end{bmatrix} \to \begin{bmatrix} 1 & 2 & 4 \\ 2 & -1 & 3 \\ -1 & 1 & -1 \\ 5 & 1 & 11 \end{bmatrix}$$

易见，$R(\boldsymbol{\alpha}_1 \quad \boldsymbol{\alpha}_2 \quad \boldsymbol{\beta}) = R(\boldsymbol{\alpha}_1 \quad \boldsymbol{\alpha}_2) = 2$. 故 $\boldsymbol{\beta}$ 可由 $\boldsymbol{\alpha}_1$，$\boldsymbol{\alpha}_2$ 线性表示，且由上面的初等变换可取 $k_1 = 2$，$k_2 = 1$，使 $\boldsymbol{\beta} = 2\boldsymbol{\alpha}_1 + \boldsymbol{\alpha}_2$.

练习题 3－1

1. 设 $\boldsymbol{v}_1=(1\ \ 1\ \ 0)^{\mathrm{T}}$，$\boldsymbol{v}_2=(0\ \ 1\ \ 1)^{\mathrm{T}}$，$\boldsymbol{v}_3=(3\ \ 4\ \ 0)^{\mathrm{T}}$，求 $\boldsymbol{v}_1-\boldsymbol{v}_2$ 及 $3\boldsymbol{v}_1+2\boldsymbol{v}_2-\boldsymbol{v}_3$.

2. 设 $3(\boldsymbol{\alpha}_1-\boldsymbol{\alpha})+2(\boldsymbol{\alpha}_2+\boldsymbol{\alpha})=5(\boldsymbol{\alpha}_3+\boldsymbol{\alpha})$，其中，$\boldsymbol{\alpha}_1=(2\ \ 5\ \ 1\ \ 3)^{\mathrm{T}}$，$\boldsymbol{\alpha}_2=(10\ \ 1\ \ 5\ \ 10)^{\mathrm{T}}$，$\boldsymbol{\alpha}_3=(4\ \ 1\ \ -1\ \ 1)^{\mathrm{T}}$，求 $\boldsymbol{\alpha}$.

3. 已知向量组 $\boldsymbol{A}$：$\boldsymbol{\alpha}_1=\begin{bmatrix}0\\1\\2\\3\end{bmatrix}$，$\boldsymbol{\alpha}_2=\begin{bmatrix}3\\0\\1\\2\end{bmatrix}$，$\boldsymbol{\alpha}_3=\begin{bmatrix}2\\3\\0\\1\end{bmatrix}$；$\boldsymbol{B}$：$\boldsymbol{\beta}_1=\begin{bmatrix}2\\1\\1\\2\end{bmatrix}$，$\boldsymbol{\beta}_2=\begin{bmatrix}0\\-2\\1\\1\end{bmatrix}$，$\boldsymbol{\beta}_3=\begin{bmatrix}4\\4\\1\\3\end{bmatrix}$，证明：$\boldsymbol{B}$ 向量组能由 $\boldsymbol{A}$ 向量组线性表示，但 $\boldsymbol{A}$ 向量组不能由 $\boldsymbol{B}$ 向量组线性表示.

4. 试问下列向量 $\boldsymbol{\beta}$ 能否由其余向量线性表示？若能，写出其线性表示式：

(1) $\boldsymbol{\alpha}_1=(1\ \ 2)^{\mathrm{T}}$，$\boldsymbol{\alpha}_2=(-1\ \ 0)^{\mathrm{T}}$，$\boldsymbol{\beta}=(3\ \ 4)^{\mathrm{T}}$；

(2) $\boldsymbol{\alpha}_1^{\mathrm{T}}=(1\ \ 0\ \ 2)^{\mathrm{T}}$，$\boldsymbol{\alpha}_2^{\mathrm{T}}=(2\ \ -8\ \ 0)$，$\boldsymbol{\beta}^{\mathrm{T}}=(1\ \ 2\ \ -1)$.

5. 设有向量 $\boldsymbol{\alpha}_1=\begin{bmatrix}1+\lambda\\1\\1\end{bmatrix}$，$\boldsymbol{\alpha}_2=\begin{bmatrix}1\\1+\lambda\\1\end{bmatrix}$，$\boldsymbol{\alpha}_3=\begin{bmatrix}1\\1\\1+\lambda\end{bmatrix}$，$\boldsymbol{\beta}=\begin{bmatrix}0\\\lambda\\\lambda^2\end{bmatrix}$. 试问：当 λ 取何值时，

(1) $\boldsymbol{\beta}$ 可由 $\boldsymbol{\alpha}_1$，$\boldsymbol{\alpha}_2$，$\boldsymbol{\alpha}_3$ 线性表示，且表达式唯一？

(2) $\boldsymbol{\beta}$ 可由 $\boldsymbol{\alpha}_1$，$\boldsymbol{\alpha}_2$，$\boldsymbol{\alpha}_3$ 线性表示，但表达式不唯一？

(3) $\boldsymbol{\beta}$ 不能由 $\boldsymbol{\alpha}_1$，$\boldsymbol{\alpha}_2$，$\boldsymbol{\alpha}_3$ 线性表示？

6. 设有向量 $\boldsymbol{\alpha}_1=\begin{bmatrix}1\\1\\0\end{bmatrix}$，$\boldsymbol{\alpha}_2=\begin{bmatrix}5\\3\\2\end{bmatrix}$，$\boldsymbol{\alpha}_3=\begin{bmatrix}1\\3\\-1\end{bmatrix}$，$\boldsymbol{\alpha}_4=\begin{bmatrix}-2\\2\\-3\end{bmatrix}$，$\boldsymbol{A}$ 是三阶矩阵且有 $\boldsymbol{A\alpha}_1=\boldsymbol{\alpha}_2$，$\boldsymbol{A\alpha}_2=\boldsymbol{\alpha}_3$，$\boldsymbol{A\alpha}_3=\boldsymbol{\alpha}_4$，试求 $\boldsymbol{A\alpha}_4$.

3.2　向量组的线性相关性

3.2.1　线性相关性概念

定义 1　线性相关：对 n 维向量组 $\boldsymbol{\alpha}_1$，…，$\boldsymbol{\alpha}_m$，若有数组 $k_1,\cdots,k_m$ 不全为 0，使得

$$k_1\boldsymbol{\alpha}_1+\cdots+k_m\boldsymbol{\alpha}_m=\boldsymbol{0}$$

则称向量组 $\boldsymbol{\alpha}_1$，…，$\boldsymbol{\alpha}_m$ 线性相关，否则称为线性无关.

线性无关：对 n 维向量组 $\boldsymbol{\alpha}_1$，…，$\boldsymbol{\alpha}_m$，仅当数组 $k_1,\cdots,k_m$ 全为 0 时，才有

$$k_1\boldsymbol{\alpha}_1+\cdots+k_m\boldsymbol{\alpha}_m=\boldsymbol{0}$$

则称向量组 $\boldsymbol{\alpha}_1$，…，$\boldsymbol{\alpha}_m$ 线性无关，否则称为线性相关.

注：(1) 对于单个向量 $\boldsymbol{\alpha}$：若 $\boldsymbol{\alpha}=\boldsymbol{0}$，则 $\boldsymbol{\alpha}$ 线性相关；

若 $\boldsymbol{\alpha}\neq\boldsymbol{0}$，则 $\boldsymbol{\alpha}$ 线性无关.

(2) 含有一个向量的向量组线性相关的充要条件是此向量为零向量；

含有一个向量的向量组线性无关的充要条件是此向量为非零向量.

(3) 两个向量构成的向量组线性相关的充要条件是这两个向量对应分量成比例.

两个向量构成的向量组线性无关的充要条件是这两个向量对应分量不成比例.

例 1　已知

$$\boldsymbol{\beta}_1=\begin{bmatrix}1\\0\\-1\end{bmatrix},\boldsymbol{\beta}_2=\begin{bmatrix}1\\1\\1\end{bmatrix},\boldsymbol{\beta}_3=\begin{bmatrix}3\\1\\-1\end{bmatrix},\boldsymbol{\beta}_4\begin{bmatrix}5\\3\\1\end{bmatrix}$$

判断向量组 $\boldsymbol{\beta}_1$，$\boldsymbol{\beta}_2$，$\boldsymbol{\beta}_3$，$\boldsymbol{\beta}_4$ 的线性相关性.

解　设 $k_1\boldsymbol{\beta}_1+k_2\boldsymbol{\beta}_2+k_3\boldsymbol{\beta}_3+k_4\boldsymbol{\beta}_4=\boldsymbol{0}$，比较两端的对应分量可得

$$\begin{bmatrix}1&1&3&5\\0&1&1&3\\-1&1&-1&1\end{bmatrix}\begin{bmatrix}k_1\\k_2\\k_3\\k_4\end{bmatrix}=\begin{bmatrix}0\\0\\0\end{bmatrix}$$

即 $\boldsymbol{Ax}=\boldsymbol{0}$. 因为未知量的个数是 4，而 $R(\boldsymbol{A})<4$，所以 $\boldsymbol{A}x=\boldsymbol{0}$ 有非零解，由定义知 $\boldsymbol{\beta}_1$，$\boldsymbol{\beta}_2$，$\boldsymbol{\beta}_3$，$\boldsymbol{\beta}_4$ 线性相关.

例 2　已知向量组 $\boldsymbol{\alpha}_1$，$\boldsymbol{\alpha}_2$，$\boldsymbol{\alpha}_3$ 线性无关，证明向量组 $\boldsymbol{\beta}_1=\boldsymbol{a}_1+\boldsymbol{a}_2$，$\boldsymbol{\beta}_2=\boldsymbol{a}_2+\boldsymbol{a}_3$，$\boldsymbol{\beta}_3=\boldsymbol{a}_3+\boldsymbol{a}_1$ 线性无关.

证　设 $k_1\boldsymbol{\beta}_1+k_2\boldsymbol{\beta}_2+k_3\boldsymbol{\beta}_3=\boldsymbol{0}$，则有

$$(k_1+k_3)\boldsymbol{\alpha}_1+(k_1+k_2)\boldsymbol{\alpha}_2+(k_2+k_3)\boldsymbol{\alpha}_3=\boldsymbol{0}$$

因为 $\boldsymbol{\alpha}_1$，$\boldsymbol{\alpha}_2$，$\boldsymbol{\alpha}_3$ 线性无关，所以

$$\begin{cases}k_1+k_3=0\\k_1+k_2=0\\k_2+k_3=0\end{cases}，\text{即}\begin{bmatrix}1&0&1\\1&1&0\\0&1&1\end{bmatrix}\begin{bmatrix}k_1\\k_2\\k_3\end{bmatrix}=\begin{bmatrix}0\\0\\0\end{bmatrix}$$

系数行列式 $\begin{vmatrix}1&0&1\\1&1&0\\0&1&1\end{vmatrix}=2\neq0$，该齐次方程组只有零解.

故 $\boldsymbol{\beta}_1$，$\boldsymbol{\beta}_2$，$\boldsymbol{\beta}_3$ 线性无关.

例 3　判断向量组

$\boldsymbol{e}_1=(1\quad0\quad0\quad\cdots\quad0),\boldsymbol{e}_2=(0\quad1\quad0\quad\cdots\quad0),\cdots,\boldsymbol{e}_n=(0\quad0\quad\cdots\quad0\quad1)$ 的线性相关性.

解　设 $k_1\boldsymbol{e}_1+k_2\boldsymbol{e}_2+\cdots+k_n\boldsymbol{e}_n=\boldsymbol{0}$，则有

$$(k_1\quad k_2\quad\cdots\quad k_n)=\boldsymbol{0}\Rightarrow\text{只有 }k_1=0,k_2=0,\cdots,k_n=0$$

故 $\boldsymbol{e}_1$，$\boldsymbol{e}_2$，…，$\boldsymbol{e}_n$ 线性无关.

3.2.2　线性相关性的判定

定理 1　向量组 $\boldsymbol{\alpha}_1$，$\boldsymbol{\alpha}_2$，…，$\boldsymbol{\alpha}_m(m\geqslant2)$ 线性相关的充要条件是向量组中至少有一个向量可由其余 $m-1$ 个向量线性表示.

证　必要性　设 $\boldsymbol{\alpha}_1$，$\boldsymbol{\alpha}_2$，…，$\boldsymbol{\alpha}_m(m\geqslant2)$ 线性相关，则存在 m 个不全为零的数 k_1，

$k_2,\cdots,k_m$，使得

$$k_1\boldsymbol{\alpha}_1+k_2\boldsymbol{\alpha}_2+\cdots+k_m\boldsymbol{\alpha}_m=\mathbf{0}$$

不妨设 $k_m\neq 0$，于是

$$\boldsymbol{\alpha}_m=-\frac{k_1}{k_m}\boldsymbol{\alpha}_1-\frac{k_2}{k_m}\boldsymbol{\alpha}_2-\cdots-\frac{k_{m-1}}{k_m}\boldsymbol{\alpha}_{m-1}$$

即 $\boldsymbol{\alpha}_m$ 能由其余向量线性表示．

充分性　设 $\boldsymbol{\alpha}_1,\boldsymbol{\alpha}_2,\cdots,\boldsymbol{\alpha}_m(m\geqslant 2)$ 中至少有一个向量能由其余向量线性表示，不妨设

$$\boldsymbol{\alpha}_m=k_1\boldsymbol{\alpha}_1+k_2\boldsymbol{\alpha}_2+\cdots+k_{m-1}\boldsymbol{\alpha}_{m-1}$$

则有 $k_1\boldsymbol{\alpha}_1+k_2\boldsymbol{\alpha}_2+\cdots+k_{m-1}\boldsymbol{\alpha}_{m-1}-\boldsymbol{\alpha}_m=\mathbf{0}.$

因为 $k_1,k_2,\cdots,k_{m-1},-1$ 不全为零，所以 $\boldsymbol{\alpha}_1,\boldsymbol{\alpha}_2,\cdots,\boldsymbol{\alpha}_m$ 线性相关．

定理2　若向量组 $\boldsymbol{\alpha}_1$，$\boldsymbol{\alpha}_2$，…，$\boldsymbol{\alpha}_m$ 线性无关，$\boldsymbol{\alpha}_1$，$\boldsymbol{\alpha}_2$，…，$\boldsymbol{\alpha}_m$，$\boldsymbol{\beta}$ 线性相关，则 $\boldsymbol{\beta}$ 可由 $\boldsymbol{\alpha}_1$，$\boldsymbol{\alpha}_2$，…，$\boldsymbol{\alpha}_m$ 线性表示，且表示式唯一．

证　因为 $\boldsymbol{\alpha}_1$，…，$\boldsymbol{\alpha}_m$，$\boldsymbol{\beta}$ 线性相关，所以存在数组 k_1，…，k_m，k 不全为零，使得

$$k_1\boldsymbol{\alpha}_1+\cdots+k_m\boldsymbol{\alpha}_m+k\boldsymbol{\beta}=\mathbf{0}$$

若 $k=0$，则有 $k_1\boldsymbol{\alpha}_1+\cdots+k_m\boldsymbol{\alpha}_m=\mathbf{0}\Rightarrow k_1=0$，…，$k_m=0$. 矛盾！

故 $k\neq 0$，从而有 $\boldsymbol{\beta}=\left(-\frac{k_1}{k}\right)\boldsymbol{\alpha}_1+\cdots+\left(-\frac{k_m}{k}\right)\boldsymbol{\alpha}_m$.

下面证明表示式唯一：

若 $\boldsymbol{\beta}=k_1\boldsymbol{\alpha}_1+\cdots+k_m\boldsymbol{\alpha}_m$，$\boldsymbol{\beta}=l_1\boldsymbol{\alpha}_1+\cdots+l_m\boldsymbol{\alpha}_m$，则有

$$(k_1-l_1)\boldsymbol{\alpha}_1+\cdots+(k_m-l_m)\boldsymbol{\alpha}_m=\mathbf{0}$$

因为 $\boldsymbol{\alpha}_1$，$\boldsymbol{\alpha}_2$，…，$\boldsymbol{\alpha}_m$ 线性无关，所以

$$k_1-l_1=0，\cdots，k_m-l_m=0\Rightarrow k_1=l_1，\cdots，k_m=l_m$$

即 $\boldsymbol{\beta}$ 的表示式唯一．

定理3　$\boldsymbol{\alpha}_1$，…，$\boldsymbol{\alpha}_r$ 线性相关 $\Rightarrow\boldsymbol{\alpha}_1$，…，$\boldsymbol{\alpha}_r$，$\boldsymbol{\alpha}_{r+1}$，…，$\boldsymbol{\alpha}_m(m>r)$ 线性相关．

证　因为 $\boldsymbol{\alpha}_1$，…，$\boldsymbol{\alpha}_r$ 线性相关，所以存在数组 k_1，…，k_r 不全为零，使得

$$k_1\boldsymbol{\alpha}_1+\cdots+k_r\boldsymbol{\alpha}_r=\mathbf{0}\Rightarrow k_1\boldsymbol{\alpha}_1+\cdots+k_r\boldsymbol{\alpha}_r+0\boldsymbol{\alpha}_{r+1}+\cdots+0\boldsymbol{\alpha}_m=\mathbf{0}$$

数组 k_1，…，k_r，0，…，0 不全为零，故 $\boldsymbol{\alpha}_1$，…，$\boldsymbol{\alpha}_r$，$\boldsymbol{\alpha}_{r+1}$，…，$\boldsymbol{\alpha}_m$ 线性相关．

推论1　向量组线性无关 $\Rightarrow$ 任意的部分组线性无关．

定理4　向量组 $\boldsymbol{\alpha}_1$，$\boldsymbol{\alpha}_2$，…，$\boldsymbol{\alpha}_m$ 线性相关的充要条件是向量组构成的矩阵 $\boldsymbol{A}=(\boldsymbol{\alpha}_1\ \ \boldsymbol{\alpha}_2\ \ \cdots\ \ \boldsymbol{\alpha}_m)$ 的秩小于 m，即 $R(\boldsymbol{A})<m$；线性无关的充要条件是 $R(\boldsymbol{A})=m$.

由此定理可得出下面的推论：

推论2　n 个 n 维向量线性无关的充要条件是它们所构成的方阵 $\boldsymbol{A}$ 的行列式 $|\boldsymbol{A}|\neq 0$，线性相关的充要条件是方阵 $\boldsymbol{A}$ 的行列式 $|\boldsymbol{A}|=0$.

推论3　设向量组 $\boldsymbol{\alpha}_1$，$\boldsymbol{\alpha}_2$，…，$\boldsymbol{\alpha}_m$ 为 n 维向量组，若 $m>n$，则 $\boldsymbol{\alpha}_1$，$\boldsymbol{\alpha}_2$，…，$\boldsymbol{\alpha}_m$ 线性相关，即多于 n 个的 n 维向量组必线性相关．

例4　判断下列向量组的线性相关性：

(1) $\boldsymbol{\alpha}_1=(1\ \ 2),\boldsymbol{\alpha}_2=(3\ \ -5),\boldsymbol{\alpha}_3=(4\ \ 1)$；

(2) $\boldsymbol{\alpha}_1=(1\ \ -1\ \ 0\ \ 4),\boldsymbol{\alpha}_2=(2\ \ 0\ \ 3\ \ 1),\boldsymbol{\alpha}_3=(1\ \ 1\ \ 3\ \ -3)$；

(3) $\boldsymbol{\alpha}_1=(1\quad 2\quad 3)$，$\boldsymbol{\alpha}_2=(2\quad 2\quad 1)$，$\boldsymbol{\alpha}_3=(3\quad 4\quad 3)$.

解　(1) 向量组中含有 3 个 2 维向量，所以 $\boldsymbol{\alpha}_1$，$\boldsymbol{\alpha}_2$，$\boldsymbol{\alpha}_3$ 必线性相关.

(2) 向量构成矩阵 $\boldsymbol{A}$，即 $\boldsymbol{A}=\begin{bmatrix}\boldsymbol{\alpha}_1\\ \boldsymbol{\alpha}_2\\ \boldsymbol{\alpha}_3\end{bmatrix}=\begin{bmatrix}1&-1&0&4\\2&0&3&1\\1&1&3&-3\end{bmatrix}\to\begin{bmatrix}1&-1&0&4\\0&2&3&-7\\0&2&3&-7\end{bmatrix}\to$

$\begin{bmatrix}1&-1&0&4\\0&2&3&-7\\0&0&0&0\end{bmatrix}$.

而 $r(\boldsymbol{A})=2<3$，所以 $\boldsymbol{\alpha}_1$，$\boldsymbol{\alpha}_2$，$\boldsymbol{\alpha}_3$ 线性无关.

(3) 向量构成矩阵 $\boldsymbol{A}$

$\boldsymbol{A}=\begin{bmatrix}\boldsymbol{\alpha}_1\\ \boldsymbol{\alpha}_2\\ \boldsymbol{\alpha}_3\end{bmatrix}=\begin{bmatrix}1&2&3\\2&2&1\\3&4&3\end{bmatrix}$，由 $|\boldsymbol{A}|=2$，知 $r(\boldsymbol{A})=3$，所以 $\boldsymbol{\alpha}_1$，$\boldsymbol{\alpha}_2$，$\boldsymbol{\alpha}_3$ 线性无关.

练习题 3-2

1. a 取何值时向量组 $\boldsymbol{\alpha}_1=\begin{bmatrix}a\\1\\1\end{bmatrix}$，$\boldsymbol{\alpha}_2=\begin{bmatrix}1\\a\\-1\end{bmatrix}$，$\boldsymbol{\alpha}_3=\begin{bmatrix}1\\-1\\a\end{bmatrix}$ 线性相关?

2. 设向量组 $\boldsymbol{\alpha}_1=(6\quad k+1\quad 3)^{\mathrm{T}}$，$\boldsymbol{\alpha}_2=(k\quad 2\quad -2)^{\mathrm{T}}$，$\boldsymbol{\alpha}_3=(k\quad 1\quad 0)^{\mathrm{T}}$.

(1) k 为何值时，$\boldsymbol{\alpha}_1$，$\boldsymbol{\alpha}_2$ 线性相关? 线性无关?

(2) k 为何值时，$\boldsymbol{\alpha}_1$，$\boldsymbol{\alpha}_2$，$\boldsymbol{\alpha}_3$ 线性相关? 线性无关?

(3) 当 $\boldsymbol{\alpha}_1$，$\boldsymbol{\alpha}_2$，$\boldsymbol{\alpha}_3$ 线性相关时，将 $\boldsymbol{\alpha}_3$ 由 $\boldsymbol{\alpha}_1$，$\boldsymbol{\alpha}_2$ 线性表示.

3. 设 $\boldsymbol{\beta}_1=\boldsymbol{\alpha}_1+\boldsymbol{\alpha}_2$，$\boldsymbol{\beta}_2=\boldsymbol{\alpha}_2+\boldsymbol{\alpha}_3$，$\boldsymbol{\beta}_3=\boldsymbol{\alpha}_3+\boldsymbol{\alpha}_4$，$\boldsymbol{\beta}_4=\boldsymbol{\alpha}_4+\boldsymbol{\alpha}_1$，证明向量组 $\boldsymbol{\beta}_1$，$\boldsymbol{\beta}_2$，$\boldsymbol{\beta}_3$，$\boldsymbol{\beta}_4$ 线性相关.

4. 设 $\boldsymbol{\alpha}_1=(1\quad 1\quad 1)$，$\boldsymbol{\alpha}_2=(1\quad 2\quad 3)$，$\boldsymbol{\alpha}_3=(1\quad 3\quad t)$.

问：(1) 当 t 为何值时，向量组 $\boldsymbol{\alpha}_1$，$\boldsymbol{\alpha}_2$，$\boldsymbol{\alpha}_3$ 线性无关?

(2) 当 t 为何值时，向量组 $\boldsymbol{\alpha}_1$，$\boldsymbol{\alpha}_2$，$\boldsymbol{\alpha}_3$ 线性相关?

(3) 当向量组 $\boldsymbol{\alpha}_1$，$\boldsymbol{\alpha}_2$，$\boldsymbol{\alpha}_3$ 线性相关时，将 $\boldsymbol{\alpha}_3$ 表示为 $\boldsymbol{\alpha}_1$ 和 $\boldsymbol{\alpha}_2$ 的线性组合.

5. 已知向量组

$\boldsymbol{\beta}_1=\begin{bmatrix}0\\1\\-1\end{bmatrix}$，$\boldsymbol{\beta}_2=\begin{bmatrix}a\\2\\1\end{bmatrix}$，$\boldsymbol{\beta}_3=\begin{bmatrix}b\\1\\0\end{bmatrix}$ 与向量组 $\boldsymbol{\alpha}_1=\begin{bmatrix}1\\2\\-3\end{bmatrix}$，$\boldsymbol{\alpha}_2=\begin{bmatrix}3\\0\\1\end{bmatrix}$，$\boldsymbol{\alpha}_3=\begin{bmatrix}9\\6\\-7\end{bmatrix}$ 具有相同的秩，且 $\boldsymbol{\beta}_3$ 可由 $\boldsymbol{\alpha}_1$，$\boldsymbol{\alpha}_2$，$\boldsymbol{\alpha}_3$ 线性表示，求 a，b 的值.

3.3　向量组的秩

定义 1　向量组的秩：设向量组为 $\boldsymbol{A}$，若

(1) 在 $\boldsymbol{A}$ 中有 r 个向量 $\boldsymbol{\alpha}_1$，$\boldsymbol{\alpha}_2$，…，$\boldsymbol{\alpha}_r$ 线性无关；

(2) 在 $\boldsymbol{A}$ 中任意 $r+1$ 个向量线性相关（当有 $r+1$ 个向量时）.

则称 $\boldsymbol{\alpha}_1$，$\boldsymbol{\alpha}_2$，…，$\boldsymbol{\alpha}_r$ 为向量组 $\boldsymbol{A}$ 的一个最大线性无关组，称 r 为向量组 $\boldsymbol{A}$ 的秩，记作

$$R(\boldsymbol{A})=r$$

注：(1) 向量组中的向量都是零向量时，其秩为0.

(2) $R(\boldsymbol{A})=r$ 时，$\boldsymbol{A}$ 中任意 r 个线性无关的向量都是 $\boldsymbol{A}$ 的一个最大无关组.

例如，$\boldsymbol{\alpha}_1=\begin{bmatrix}1\\0\end{bmatrix}$，$\boldsymbol{\alpha}_2=\begin{bmatrix}0\\1\end{bmatrix}$，$\boldsymbol{\alpha}_3=\begin{bmatrix}1\\1\end{bmatrix}$，$\boldsymbol{\alpha}_4=\begin{bmatrix}2\\2\end{bmatrix}$的秩为2.

$\boldsymbol{\alpha}_1$，$\boldsymbol{\alpha}_2$ 线性无关$\Rightarrow\boldsymbol{\alpha}_1$，$\boldsymbol{\alpha}_2$ 是一个最大无关组

$\boldsymbol{\alpha}_1$，$\boldsymbol{\alpha}_3$ 线性无关$\Rightarrow\boldsymbol{\alpha}_1$，$\boldsymbol{\alpha}_3$ 是一个最大无关组

注：一个向量组的最大无关组一般不是唯一的.

定理1 设 $R(\boldsymbol{A}_{m\times n})=r\geqslant 1$，则

(1) $\boldsymbol{A}$ 的行向量组（列向量组）的秩为 r；

(2) $\boldsymbol{A}$ 中某个 $D_r\neq 0\Rightarrow\boldsymbol{A}$ 中 D_r 所在的 r 个行向量（列向量）是 $\boldsymbol{A}$ 的行向量组（列向量组）的最大无关组.

证 只证“行的情形”：

$R(\boldsymbol{A})=r\Rightarrow\boldsymbol{A}$ 中某个 $D_r\neq 0$，而 $\boldsymbol{A}$ 中所有 $D_{r+1}=0$

由定理6$\Rightarrow\boldsymbol{A}$ 中 D_r 所在的 r 个行向量线性无关

$\boldsymbol{A}$ 中任意的 $r+1$ 个行向量线性相关.

由定义：$\boldsymbol{A}$ 的行向量组的秩为 r，且 $\boldsymbol{A}$ 中 D_r 所在的 r 个行向量是 $\boldsymbol{A}$ 的向量组的最大无关组.

例1 向量组 $\boldsymbol{A}$：$\boldsymbol{\beta}_1=\begin{bmatrix}1\\0\\-2\end{bmatrix}$，$\boldsymbol{\beta}_2=\begin{bmatrix}3\\2\\0\end{bmatrix}$，$\boldsymbol{\beta}_3=\begin{bmatrix}-2\\-1\\1\end{bmatrix}$，$\boldsymbol{\beta}_4=\begin{bmatrix}2\\3\\5\end{bmatrix}$. 求 $\boldsymbol{A}$ 的一个最大无关组.

解 构造矩阵 $\boldsymbol{A}=[\boldsymbol{\beta}_1\quad\boldsymbol{\beta}_2\quad\boldsymbol{\beta}_3\quad\boldsymbol{\beta}_4]=\begin{bmatrix}1&3&-2&2\\0&2&-1&3\\-2&0&1&5\end{bmatrix}$.

求得 $R(\boldsymbol{A})=2$.

矩阵 $\boldsymbol{A}$ 中位于1、2行，1、2列的二阶子式 $\begin{vmatrix}1&3\\0&2\end{vmatrix}=2\neq 0$，故 $\boldsymbol{\beta}_1$，$\boldsymbol{\beta}_2$ 是 $\boldsymbol{A}$ 的一个最大无关组.

注：$\boldsymbol{A}$ 为行向量组时，可以按行构造矩阵.

定理2 $\boldsymbol{A}_{m\times n}$，$\boldsymbol{B}_{m\times n}$，

(1) 若 $\boldsymbol{A}\xrightarrow{\text{行}}\boldsymbol{B}$，则“$\boldsymbol{A}$ 的 c_1，…，c_k 列”线性相关（线性无关）$\Leftrightarrow$“$\boldsymbol{B}$ 的 c_1，…，c_k 列”线性相关（线性无关）；

(2) 若 $\boldsymbol{A}\xrightarrow{\text{列}}\boldsymbol{B}$，则“$\boldsymbol{A}$ 的 r_1，…，r_k 行”线性相关（线性无关）$\Leftrightarrow$“$\boldsymbol{B}$ 的 r_1，…，r_k

行”线性相关（线性无关）.

证　(1) 划分 $\boldsymbol{A}_{m\times n}=[\boldsymbol{\alpha}_1\quad \boldsymbol{\alpha}_2\quad \cdots\quad \boldsymbol{\alpha}_n],\boldsymbol{B}_{m\times n}=[\boldsymbol{\beta}_1\quad \boldsymbol{\beta}_2\quad \cdots\quad \boldsymbol{\beta}_n]$

由 $\boldsymbol{A}\xrightarrow{\text{行}}\boldsymbol{B}$ 可得 $[\boldsymbol{\alpha}_{c1}\quad \cdots\quad \boldsymbol{\alpha}_{ck}]\xrightarrow{\text{行}}[\boldsymbol{\beta}_{c1}\quad \cdots\quad \boldsymbol{\beta}_{ck}]$

故方程组
$$[\boldsymbol{\alpha}_{c1}\quad \cdots\quad \boldsymbol{\alpha}_{ck}]\begin{bmatrix}x_1\\ \vdots\\ x_k\end{bmatrix}=\begin{bmatrix}0\\ \vdots\\ 0\end{bmatrix}$$

与方程组
$$[\boldsymbol{\beta}_{c1}\quad \cdots\quad \boldsymbol{\beta}_{ck}]\begin{bmatrix}x_1\\ \vdots\\ x_k\end{bmatrix}=\begin{bmatrix}0\\ \vdots\\ 0\end{bmatrix}$$

同解．于是有

$\boldsymbol{\alpha}_{c1}$，…，$\boldsymbol{\alpha}_{ck}$ 线性相关

$\Leftrightarrow$存在 $x_1,\cdots,x_k$ 不全为 0，使得 $x_1\boldsymbol{\alpha}_{c_1}+\cdots+x_k\boldsymbol{\alpha}_{c_k}=\boldsymbol{0}$

$\Leftrightarrow$ 存在 $c_1,\cdots,c_k$ 不全为 0，使得 $x_1\boldsymbol{0}_{c_1}+\cdots+x_k\boldsymbol{0}_{c_k}=\boldsymbol{0}$

$\Leftrightarrow\boldsymbol{\beta}_{c1},\cdots,\boldsymbol{\beta}_{ck}$ 线性相关

同理可证 (2)．

注：通常习惯于用初等行变换将矩阵 $\boldsymbol{A}$ 化为阶梯形矩阵 $\boldsymbol{B}$，当阶梯形矩阵 $\boldsymbol{B}$ 的秩为 r 时，$\boldsymbol{B}$ 的非零行中第一个非零元素所在的 r 个列向量是线性无关的．

定义 2　等价向量组：设向量组 $\boldsymbol{T}_1:\boldsymbol{\alpha}_1,\boldsymbol{\alpha}_2,\cdots,\boldsymbol{\alpha}_r,\boldsymbol{T}_2:\boldsymbol{\beta}_1,\boldsymbol{\beta}_2,\cdots,\boldsymbol{\beta}_s$.

若 $\boldsymbol{\alpha}_i(i=1,2,\cdots,r)$ 可由 $\boldsymbol{\beta}_1$，$\boldsymbol{\beta}_2$，…，$\boldsymbol{\beta}_s$ 线性表示，则称 $\boldsymbol{T}_1$ 可由 $\boldsymbol{T}_2$ 线性表示；

若 $\boldsymbol{T}_1$ 与 $\boldsymbol{T}_2$ 可以互相线性表示，则称 $\boldsymbol{T}_1$ 与 $\boldsymbol{T}_2$ 等价．

(1) 自反性：$\boldsymbol{T}_1$ 与 $\boldsymbol{T}_1$ 等价；

(2) 对称性：$\boldsymbol{T}_1$ 与 $\boldsymbol{T}_1$ 等价$\Rightarrow\boldsymbol{T}_2$ 与 $\boldsymbol{T}_1$ 等价；

(3) 传递性：$\boldsymbol{T}_1$ 与 $\boldsymbol{T}_2$ 等价，$\boldsymbol{T}_2$ 与 $\boldsymbol{T}_3$ 等价$\Rightarrow\boldsymbol{T}_1$ 与 $\boldsymbol{T}_3$ 等价.

定理 3　向量组与它的最大无关组等价．

证　设向量组 $\boldsymbol{T}$ 的秩为 r，$\boldsymbol{T}$ 的一个最大无关组为 $\boldsymbol{T}_1:\boldsymbol{\alpha}_1,\boldsymbol{\alpha}_2,\cdots,\boldsymbol{\alpha}_r$.

(1) $\boldsymbol{T}_1$ 中的向量都是 $\boldsymbol{T}$ 中的向量$\Rightarrow\boldsymbol{T}_1$ 可由 $\boldsymbol{T}$ 线性表示；

(2) 任意 $\boldsymbol{\alpha}\in\boldsymbol{T}$，当 $\boldsymbol{\alpha}\in\boldsymbol{T}_1$ 时，$\boldsymbol{\alpha}$ 可由 $\boldsymbol{T}_1$ 线性表示；

当 $\boldsymbol{\alpha}\notin T_1$ 时，$\boldsymbol{\alpha}_1$，$\boldsymbol{\alpha}_2$，…，$\boldsymbol{\alpha}_r$，$\boldsymbol{\alpha}$ 线性相关，而 $\boldsymbol{\alpha}_1$，$\boldsymbol{\alpha}_2$，…，$\boldsymbol{\alpha}_r$ 线性无关．则 $\boldsymbol{\alpha}$ 可由 $\boldsymbol{T}_1$ 线性表示．故 $\boldsymbol{T}$ 可由 $\boldsymbol{T}_1$ 线性表示．

因此，$\boldsymbol{T}$ 与 $\boldsymbol{T}_1$ 等价．

推论 1　向量组的任意两个最大无关组等价．

定理 4　向量组 $\boldsymbol{T}_1:\boldsymbol{\alpha}_1,\boldsymbol{\alpha}_2,\cdots,\boldsymbol{\alpha}_r$，向量组 $\boldsymbol{T}_2:\boldsymbol{\beta}_1,\boldsymbol{\beta}_2,\cdots,\boldsymbol{\beta}_s$. 若 $\boldsymbol{T}_1$ 线性无关，且 $\boldsymbol{T}_1$ 可由 $\boldsymbol{T}_2$ 线性表示，则 $r\leqslant s$.

证　不妨设 $\boldsymbol{\alpha}_i$ 与 $\boldsymbol{\beta}_j$ 都是列向量，考虑向量组

$$\boldsymbol{T}:\boldsymbol{\alpha}_1,\boldsymbol{\alpha}_2,\cdots,\boldsymbol{\alpha}_r,\boldsymbol{\beta}_1,\boldsymbol{\beta}_2,\cdots,\boldsymbol{\beta}_s$$

易见，$R(\boldsymbol{T})\geqslant R(\boldsymbol{T}_1)\geqslant r$，构造矩阵

$$\boldsymbol{A}=[\boldsymbol{\alpha}_1\quad \cdots\quad \boldsymbol{\alpha}_r\quad \boldsymbol{\beta}_1\quad \cdots\quad \boldsymbol{\beta}_s]$$

因为 $\boldsymbol{T}_1$ 可由 $\boldsymbol{T}_2$ 线性表示，所以

$$A \xrightarrow{\text{列}} [0 \quad \cdots \quad 0 \quad \boldsymbol{\beta}_1 \quad \cdots \quad \boldsymbol{\beta}_s] \Rightarrow \text{rank}\boldsymbol{A} \leqslant s$$

于是可得 $r \leqslant R(\boldsymbol{T}) = R(\boldsymbol{A}) \leqslant s$.

推论 2 若 $\boldsymbol{T}_1$ 可由 $\boldsymbol{T}_2$ 线性表示，则 $R(\boldsymbol{T}_1) \leqslant R(\boldsymbol{T}_2)$.

证 设 $R(\boldsymbol{T}_1) = r$，且 $\boldsymbol{T}_1$ 的最大无关组为 $\boldsymbol{\alpha}_1, \cdots, \boldsymbol{\alpha}_r$；

$R(\boldsymbol{T}_2) = s$，且 $\boldsymbol{T}_2$ 的最大无关组为 $\boldsymbol{\beta}_1, \cdots, \boldsymbol{\beta}_s$，则有

$\boldsymbol{T}_1$ 可由 $\boldsymbol{T}_2$ 线性表示 $\Rightarrow \boldsymbol{\alpha}_1, \cdots, \boldsymbol{\alpha}_r$ 可由 $\boldsymbol{T}_2$ 线性表示

$\Rightarrow \boldsymbol{\alpha}_1, \cdots, \boldsymbol{\alpha}_r$ 可由 $\boldsymbol{\beta}_1, \cdots, \boldsymbol{\beta}_s$ 线性表示

$\Rightarrow r \leqslant s$（定理 10）

推论 3 设向量组 $\boldsymbol{T}_1$ 与 $\boldsymbol{T}_2$ 等价，则 $R(\boldsymbol{T}_1) = R(\boldsymbol{T}_2)$.

注：由“$R(\boldsymbol{T}_1) = R(\boldsymbol{T}_2)$”不能推出“$\boldsymbol{T}_1$ 与 $\boldsymbol{T}_2$ 等价”.

正确的结论是：

$$\left.\begin{matrix}\boldsymbol{T}_1 \text{ 可由 } \boldsymbol{T}_2 \text{ 线性表示} \\ R(\boldsymbol{T}_1) = R(\boldsymbol{T}_2)\end{matrix}\right\} \Rightarrow \boldsymbol{T}_1 \text{ 与 } \boldsymbol{T}_2 \text{ 等价}$$

$$\left.\begin{matrix}\boldsymbol{T}_2 \text{ 可由 } \boldsymbol{T}_1 \text{ 线性表示} \\ R(\boldsymbol{T}_1) = R(\boldsymbol{T}_2)\end{matrix}\right\} \Rightarrow \boldsymbol{T}_1 \text{ 与 } \boldsymbol{T}_2 \text{ 等价}$$

例 设 $\boldsymbol{A}_{m\times l}, \boldsymbol{B}_{l\times n}$，则 $R(\boldsymbol{AB}) \leqslant R(\boldsymbol{A}), R(\boldsymbol{AB}) \leqslant R(\boldsymbol{B})$.

证 设 $\boldsymbol{A} = (a_{ij})_{m\times l}, \boldsymbol{B} = \begin{bmatrix} b_1 \\ \vdots \\ b_l \end{bmatrix}, \boldsymbol{AB} \triangleq \boldsymbol{C} = \begin{bmatrix} c_1 \\ \vdots \\ c_m \end{bmatrix}$，则

$$c_i = a_{i1}b_1 + \cdots + a_{il}b_l (i = 1, 2, \cdots, m)$$

即 $c_1, \cdots, c_m$ 可由 $b_1, \cdots, b_l$ 线性表示，故 $R(\boldsymbol{C}) \leqslant R(\boldsymbol{B})$.

根据上述结果可得

$$R(\boldsymbol{C}) = R(\boldsymbol{C}^{\mathrm{T}}) = R(\boldsymbol{B}^{\mathrm{T}}\boldsymbol{A}^{\mathrm{T}}) \leqslant R(\boldsymbol{A}^{\mathrm{T}}) = R(\boldsymbol{A})$$

练习题 3-3

1. 求下列向量组的秩，并求一个极大无关组：

(1) $\boldsymbol{\alpha}_1 = \begin{bmatrix} 1 \\ 2 \\ -1 \\ 4 \end{bmatrix}, \boldsymbol{\alpha}_2 = \begin{bmatrix} 9 \\ 100 \\ 10 \\ 4 \end{bmatrix}, \boldsymbol{\alpha}_3 = \begin{bmatrix} -2 \\ -4 \\ 2 \\ -8 \end{bmatrix}$；

(2) $\boldsymbol{\alpha}_1^{\mathrm{T}} = (1 \quad 2 \quad 1 \quad 3), \boldsymbol{\alpha}_2^{\mathrm{T}} = (4 \quad -1 \quad -5 \quad -6), \boldsymbol{\alpha}_3^{\mathrm{T}} = (1 \quad -3 \quad -4 \quad -7)$.

2. 设向量组 $\boldsymbol{\alpha}_1 = \begin{bmatrix} a \\ 3 \\ 1 \end{bmatrix}, \boldsymbol{\alpha}_2 = \begin{bmatrix} 2 \\ b \\ 3 \end{bmatrix}, \boldsymbol{\alpha}_3 = \begin{bmatrix} 1 \\ 2 \\ 1 \end{bmatrix}, \boldsymbol{\alpha}_4 = \begin{bmatrix} 2 \\ 3 \\ 1 \end{bmatrix}$ 的秩为 2，求 a、b.

3. 设向量组 $\boldsymbol{A}$：$\boldsymbol{\alpha}_1, \boldsymbol{\alpha}_2, \boldsymbol{\alpha}_3$；向量组 $\boldsymbol{B}$：$\boldsymbol{\alpha}_1, \boldsymbol{\alpha}_2, \boldsymbol{\alpha}_3, \boldsymbol{\alpha}_4$；向量组 $\boldsymbol{C}$：$\boldsymbol{\alpha}_1, \boldsymbol{\alpha}_2, \boldsymbol{\alpha}_3, \boldsymbol{\alpha}_5$；若 $r(\boldsymbol{\alpha}_1 \quad \boldsymbol{\alpha}_2 \quad \boldsymbol{\alpha}_3) = r(\boldsymbol{\alpha}_1 \quad \boldsymbol{\alpha}_2 \quad \boldsymbol{\alpha}_3 \quad \boldsymbol{\alpha}_4) = 3, r(\boldsymbol{\alpha}_1 \quad \boldsymbol{\alpha}_2 \quad \boldsymbol{\alpha}_3 \quad \boldsymbol{\alpha}_5) = 4$，试证明：向量组 $\boldsymbol{\alpha}_1, \boldsymbol{\alpha}_2, \boldsymbol{\alpha}_3, \boldsymbol{\alpha}_5 - \boldsymbol{\alpha}_4$ 的秩为 4.

4. 设向量组

$\boldsymbol{\alpha}_1=(1\quad 1\quad 1\quad 3)^{\mathrm{T}}$，$\boldsymbol{\alpha}_2=(-1\quad -3\quad 5\quad 1)^{\mathrm{T}}$，$\boldsymbol{\alpha}_3=(3\quad 2\quad -1\quad p+2)^{\mathrm{T}}$，$\boldsymbol{\alpha}_4=(-2\quad -6\quad 10\quad p)^{\mathrm{T}}$.

(1) p 为何值时，该向量组线性无关？并在此时将向量 $\boldsymbol{\alpha}=(4\quad 1\quad 6\quad 10)^{\mathrm{T}}$ 用 $\boldsymbol{\alpha}_1$，$\boldsymbol{\alpha}_2$，$\boldsymbol{\alpha}_3$，$\boldsymbol{\alpha}_4$ 线性表示.

(2) p 为何值时，该向量组线性相关？并在此时求它的秩和一个极大线性无关组.

3.4　齐次线性方程组的求解

3.4.1　线性方程组引言

你也许希望在现实生活中涉及线性代数的问题只有唯一解，或者可能无解. 本章主要说明有多解的线性代数是如何自然产生的. 这里 $\boldsymbol{Ax}=\boldsymbol{0}$ 的实例来自经济学. 线性方程组解的理论和应用，以及求解方法是线性代数的核心内容. 在第 1 章中介绍的克拉默法则有其局限性，克拉默法则只适用于讨论方程个数与未知量个数相同的线性方程组. 本节将建立线性方程组理论.

假设一个国家的经济可以划分为许多部门，如各种制造、交通、娱乐和服务业. 假设我们知道每个部门年度的总产出，并精确知道该总产出是如何在其他经济部门进行分配或交易的. 称一个部门产出的总货币价值为该产出的价格. 并且存在能够指派给各部门总产出的平衡价格，使得每个部门的总收入恰等于它的总支出.

例 1　假设一个公司的经济由煤炭、电力（电源）和钢铁三个部门组成，各部门之间的分配如表 3-1 所示，其中每一列中的数表示该部门总产出的比例. 如表 3-1 中第 2 列，将电力的总产出分配如下：40%给煤炭部门，50%给钢铁部门，剩下 10%给电力部门.（电力部门把这 10%作为运转费用.）因所有产出都必须分配，所以每一列的分数之和等于 1. 求平衡价格，使每个部门的收支平衡.

表 3-1　一个简单的经济问题

部门的产出分配			采购部门
煤炭/%	电力/%	钢铁/%	
0	40	60	煤炭
60	10	20	电力
40	50	20	钢铁

关于这个问题的模型求解，我们会在后面陆续给出.

3.4.2　齐次线性方程组解的判定

一般地，我们把含有 m 个方程、n 个未知量的齐次线性方程组

$$\begin{cases} a_{11}x_1+a_{12}x_2+\cdots+a_{1n}x_n=0 \\ a_{21}x_1+a_{22}x_2+\cdots+a_{2n}x_n=0 \\ \cdots \\ a_{m1}x_1+a_{m2}x_2+\cdots+a_{mn}x_n=0 \end{cases} \tag{1}$$

简写成矩阵形式 $\boldsymbol{Ax}=\boldsymbol{0}$，其中

$$\boldsymbol{A}=\begin{bmatrix} a_{11} & a_{12} & \cdots & a_{1n} \\ a_{21} & a_{22} & \cdots & a_{2n} \\ \vdots & \vdots & & \vdots \\ a_{m1} & a_{m2} & \cdots & a_{mn} \end{bmatrix},\ \boldsymbol{x}=\begin{bmatrix} x_1 \\ x_2 \\ \vdots \\ x_n \end{bmatrix},\ \boldsymbol{0}=\begin{bmatrix} 0 \\ 0 \\ \vdots \\ 0 \end{bmatrix}$$

若 $x_1=\xi_{11},x_2=\xi_{21},\cdots,x_n=\xi_{n1}$ 为 $\boldsymbol{Ax}=\boldsymbol{0}$ 的解，则 $\boldsymbol{x}=\boldsymbol{\xi}_1=\begin{bmatrix} \xi_{11} \\ \xi_{21} \\ \vdots \\ \xi_{n1} \end{bmatrix}$ 称为方程组 $\boldsymbol{Ax}=\boldsymbol{0}$ 的解向量，也称为方程组的解.

接例 1，若记 x_1,x_2,x_3 分别表示煤炭、电力和钢铁部门年度总产出的价格，则会得到如下齐次线性方程组 $\begin{cases} x_1-0.4x_2-0.6x_3=0 \\ -0.6x_1+0.9x_2-0.2x_3=0. \\ -0.4x_1-0.5x_2+0.8x_3=0 \end{cases}$

对于方程个数等于未知量个数的线性方程组

$$\begin{cases} a_{11}x_1+a_{12}x_2+\cdots+a_{1n}x_n=b_1 \\ a_{21}x_1+a_{22}x_2+\cdots+a_{2n}x_n=b_2 \\ \cdots \\ a_{n1}x_1+a_{n2}x_2+\cdots+a_{nn}x_n=b_n \end{cases} \tag{2}$$

可以用第 1 章行列式的知识给出它有唯一解的条件和解的公式.

定理 1　克拉默（Cramer）法则　线性方程组（2），当其系数行列式

$$\boldsymbol{D}=|\boldsymbol{A}|=\begin{vmatrix} a_{11} & a_{12} & \cdots & a_{1n} \\ a_{21} & a_{22} & \cdots & a_{2n} \\ \vdots & \vdots & & \vdots \\ a_{n1} & a_{n2} & \cdots & a_{nn} \end{vmatrix}\neq 0$$

时，有且仅有唯一解：

$$\boldsymbol{x}=\begin{bmatrix} \dfrac{D_1}{D} \\ \dfrac{D_2}{D} \\ \vdots \\ \dfrac{D_n}{D} \end{bmatrix}$$

即 $x_j=\dfrac{D_j}{D}$，$j=1, 2, \cdots, n$，其中 D_j 是把 D 中第 j 列元素 $a_{1j}, a_{2j}, \cdots, a_{nj}$ 对应地换为方程组（2）的常数项 $b_1, b_2, \cdots, b_n$ 后得到的行列式，即

$$D_j=\begin{vmatrix} a_{11} & \cdots & a_{1j-1} & b_1 & a_{1j+1} & \cdots & a_{1n} \\ a_{21} & \cdots & a_{2j-1} & b_2 & a_{2j+1} & \cdots & a_{2n} \\ \vdots & & \vdots & \vdots & \vdots & & \vdots \\ a_{n1} & \cdots & a_{nj-1} & b_n & a_{nj+1} & \cdots & a_{nn} \end{vmatrix}, \ j=1, 2, \cdots, n$$

对于齐次线性方程组来说，如果方程个数等于未知量个数，就可以用克莱姆法则来求解．

推论 1　齐次线性方程组

$$\begin{cases} a_{11}x_1+a_{12}x_2+\cdots+a_{1n}x_n=0 \\ a_{21}x_1+a_{22}x_2+\cdots+a_{2n}x_n=0 \\ \cdots \\ a_{n1}x_1+a_{n2}x_2+\cdots+a_{nn}x_n=0 \end{cases} \tag{3}$$

当系数行列式 $D=|\mathbf{A}|\neq 0$ 时，仅有零解．

由于齐次线性方程组至少有零解，因此此推论的等价命题为：如果齐次线性方程组（3）有非零解，则它的系数行列式 $D=|\mathbf{A}|=0$.

但是在实际应用中，方程个数常常和未知量的个数不相等，那么我们可以用矩阵的秩来判断方程解的情况．

定理 2　设 $\mathbf{A}$ 是 $m\times n$ 矩阵，则

（1）$\mathbf{Ax}=\mathbf{0}$ 只有零解 $\Leftrightarrow R(\mathbf{A})=n$；

（2）$\mathbf{Ax}=\mathbf{0}$ 有非零解 $\Leftrightarrow R(\mathbf{A})<n$.

推论　当 $\mathbf{A}$ 是 n 阶方阵时，

$\mathbf{Ax}=\mathbf{0}$ 只有零解 $\Leftrightarrow |\mathbf{A}|\neq 0$；

$\mathbf{Ax}=\mathbf{0}$ 有非零解 $\Leftrightarrow |\mathbf{A}|=0$.

例 2　判断例 1 中的齐次线性方程组

$$\begin{cases} x_1-0.4x_2-0.6x_3=0 \\ -0.6x_1+0.9x_2-0.2x_3=0 \\ -0.4x_1-0.5x_2+0.8x_3=0 \end{cases}$$ 解的情况．

解　**解法一**：因为

$$|\mathbf{A}|=\begin{vmatrix} 1 & -0.4 & -0.6 \\ -0.6 & 0.9 & -0.2 \\ -0.4 & -0.5 & 0.8 \end{vmatrix}=0$$

所以方程组有非零解．

解法二：由

$$\mathbf{A}=\begin{bmatrix} 1 & -0.4 & -0.6 \\ -0.6 & 0.9 & -0.2 \\ -0.4 & -0.5 & 0.8 \end{bmatrix}\sim\begin{bmatrix} 1 & 0 & -0.94 \\ 0 & 1 & -0.85 \\ 0 & 0 & 0 \end{bmatrix}$$

知 $R(\mathbf{A})=2<3$，所以此方程组有非零解．

3.4.3 齐次线性方程组的一般解

例 3 求 $\begin{cases} x_1 - 0.4x_2 - 0.6x_3 = 0 \\ -0.6x_1 + 0.9x_2 - 0.2x_3 = 0 \\ -0.4x_1 - 0.5x_2 + 0.8x_3 = 0 \end{cases}$（Ⅰ）的一般解．

解 系数矩阵 $\boldsymbol{A} = \begin{bmatrix} 1 & -0.4 & -0.6 \\ -0.6 & 0.9 & -0.2 \\ -0.4 & -0.5 & 0.8 \end{bmatrix} \sim \begin{bmatrix} 1 & 0 & -0.94 \\ 0 & 1 & -0.85 \\ 0 & 0 & 0 \end{bmatrix}$

根据上面行最简形矩阵可得到 3 个未知量 2 个方程组成的方程组：

$$\begin{cases} x_1 - 0.94x_3 = 0 \\ x_2 - 0.85x_3 = 0 \end{cases} \qquad (\text{Ⅱ})$$

得一般解
$$\boldsymbol{\xi} = \begin{bmatrix} x_1 \\ x_2 \\ x_3 \end{bmatrix} = \begin{bmatrix} 0.94x_3 \\ 0.85x_3 \\ x_3 \end{bmatrix}.$$

其中，x_3 为自由未知量．

当 x_3 取不同值时，所给方程组得到不同的解，称 x_3 为自由未知量，当 x_3 取非零值时，原方程组有非零解，称式（Ⅱ）为齐次线性方程组（Ⅰ）的非零解的一般形式，也称为一般解，方程组（Ⅰ）与方程组（Ⅱ）称为同解方程组．

如果取自由未知量 $x_3 = 1$，就得到一个特殊解 $\boldsymbol{\xi}_1 = \begin{bmatrix} 0.94 \\ 0.85 \\ 1 \end{bmatrix}$，那么，它的一般解可以写成 $\boldsymbol{\xi} = \begin{bmatrix} x_1 \\ x_2 \\ x_3 \end{bmatrix} = x_3 \begin{bmatrix} 0.94 \\ 0.85 \\ 1 \end{bmatrix} = k\boldsymbol{\xi}_1, k$ 是任意实数．

3.4.4 齐次线性方程组的通解的求法

对于齐次线性方程组，我们讨论了满足什么条件时，它有非零解，但是对于方程组来讲，我们的最终目的还未达到，有两个问题还未解决：首先，当齐次线性方程组有非零解时，有多少个解？其次，当齐次线性方程组有无穷多个解时，它的所有解能否用一个简单的表达式表示出来？下面我们一起来回答这两个问题．

齐次线性方程组的解有如下性质．

性质 1 若 $x = \boldsymbol{\xi}_1, x_2 = \boldsymbol{\xi}_2$ 为 $\boldsymbol{Ax}=\boldsymbol{0}$ 的解，则 $x = \boldsymbol{\xi}_1 + \boldsymbol{\xi}_2$ 也是 $\boldsymbol{Ax}=\boldsymbol{0}$ 的解．

性质 2 若 $x = \boldsymbol{\xi}_1$ 为 $\boldsymbol{Ax}=\boldsymbol{0}$ 的解，k 为实数，则 $x = k\boldsymbol{\xi}_1$ 也是 $\boldsymbol{Ax}=\boldsymbol{0}$ 的解．

(读者可自行证明)

在例 3 中，我们得到了方程组的一般解 $\boldsymbol{\xi} = k\boldsymbol{\xi}_1$，由性质，我们发现方程组有无穷多个解，并且发现以下事实：此方程组有无穷多个解；存在一个特殊的解，使得它的一般解可以用它线性表出．同时，观察例 1 中系数矩阵的秩为 $R(\boldsymbol{A}) = 2$，而未知量的个数 $n = 3$. 计算 $n - R(\boldsymbol{A}) = 1$，它恰恰用来线性表出一般解的特殊解的个数．

定义 1　设 $\boldsymbol{S}=\{\boldsymbol{\xi}_1,\boldsymbol{\xi}_2,\cdots,\boldsymbol{\xi}_s\}$ 为齐次线性方程组 $\boldsymbol{Ax}=\boldsymbol{0}$ 的一个解构成的集合，如果它满足以下两个条件：

(1) $\boldsymbol{\xi}_1,\boldsymbol{\xi}_2,\cdots,\boldsymbol{\xi}_s$ 是线性无关的向量组；

(2) $\boldsymbol{Ax}=\boldsymbol{0}$ 的任意一个解 $\boldsymbol{\xi}$ 都可以表示为 $\boldsymbol{\xi}_1,\boldsymbol{\xi}_2,\cdots,\boldsymbol{\xi}_s$ 的线性组合，即

$$\boldsymbol{\xi}=k_1\boldsymbol{\xi}_1+k_2\boldsymbol{\xi}_2+\cdots+k_s\boldsymbol{\xi}_s,k_1,k_2,\cdots,k_s\text{ 是常数}.$$

则称 $\{\boldsymbol{\xi}_1,\boldsymbol{\xi}_2,\cdots,\boldsymbol{\xi}_s\}$ 是 $\boldsymbol{Ax}=\boldsymbol{0}$ 的一个基础解系．并且称上式为 $\boldsymbol{Ax}=\boldsymbol{0}$ 的通解．

定理 3　设 $\boldsymbol{A}$ 为 $m\times n$ 矩阵，若 $R(\boldsymbol{A})=r<n$，则方程组 $\boldsymbol{Ax}=\boldsymbol{0}$ 有基础解系，且基础解系含有 $n-r$ 个解向量；若设 $\boldsymbol{\xi}_1,\boldsymbol{\xi}_2,\cdots,\boldsymbol{\xi}_{n-r}$ 是方程组 $\boldsymbol{Ax}=\boldsymbol{0}$ 的一个基础解系，则方程组 $\boldsymbol{Ax}=\boldsymbol{0}$ 的通解为

$$x=k_1\boldsymbol{\xi}_1+k_2\boldsymbol{\xi}_2+\cdots+k_{n-r}\boldsymbol{\xi}_{n-r}\quad(k_1,k_2,\cdots,k_{n-r}\in\mathbf{R})$$

证　以下证明过程也是基础解系的求解过程．

因为 $R(\boldsymbol{A})=r<n$，所以不妨设 $\boldsymbol{A}$ 的左上角有一个 r 阶子式不等于 0. 将 $\boldsymbol{A}$ 化为行最简形矩阵如下：

$$\boldsymbol{A}\sim\cdots\sim\begin{bmatrix}1&\cdots&0&b_{1,r+1}&\cdots&b_{1n}\\ \vdots&&\vdots&\vdots&&\vdots\\ 0&\cdots&1&b_{r,r+1}&\cdots&b_{rn}\\ 0&\cdots&0&0&\cdots&0\\ \vdots&&\vdots&\vdots&&\vdots\\ 0&\cdots&0&0&\cdots&0\end{bmatrix}$$

得同解方程组

$$\begin{cases}x_1+b_{1,r+1}x_{r+1}+\cdots+b_{1n}x_n=0\\ x_2+b_{2,r+1}x_{r+1}+\cdots+b_{2n}x_n=0\\ \cdots\\ x_r+b_{r,r+1}x_{r+1}+\cdots+b_{rn}x_n=0\end{cases}$$

此方程组的一般解为

$$\begin{cases}x_1=-b_{1,r+1}x_{r+1}-\cdots-b_{1n}x_n\\ x_2=-b_{2,r+1}x_{r+1}-\cdots-b_{2n}x_n\\ \cdots\\ x_r=-b_{r,r+1}x_{r+1}-\cdots-b_{rn}x_n\end{cases}$$

这里 $x_{r+1},\cdots,x_n$ 为自由未知量，并令它们依次取下列 $n-r$ 组数

$$\begin{bmatrix}x_{r+1}\\ x_{r+2}\\ \vdots\\ x_n\end{bmatrix}=\begin{bmatrix}1\\ 0\\ \vdots\\ 0\end{bmatrix},\begin{bmatrix}0\\ 1\\ \vdots\\ 0\end{bmatrix},\cdots,\begin{bmatrix}0\\ 0\\ \vdots\\ 1\end{bmatrix}$$

得到

$$\begin{bmatrix} x_1 \\ x_2 \\ \vdots \\ x_r \end{bmatrix} = \begin{bmatrix} -b_{11} \\ -b_{21} \\ \vdots \\ -b_{r1} \end{bmatrix}, \begin{bmatrix} -b_{12} \\ -b_{22} \\ \vdots \\ -b_{r2} \end{bmatrix}, \cdots, \begin{bmatrix} -b_{1,n-r} \\ -b_{2,n-r} \\ \vdots \\ -b_{r,n-r} \end{bmatrix}$$

合起来便得到 $\boldsymbol{Ax}=\boldsymbol{0}$ 的 $n-r$ 个解．

$$\boldsymbol{\xi}_1 = \begin{bmatrix} -b_{11} \\ \vdots \\ -b_{r1} \\ 1 \\ 0 \\ \vdots \\ 0 \end{bmatrix}, \boldsymbol{\xi}_2 = \begin{bmatrix} -b_{12} \\ \vdots \\ -b_{r2} \\ 0 \\ 1 \\ \vdots \\ 0 \end{bmatrix}, \cdots, \boldsymbol{\xi}_{n-r} = \begin{bmatrix} -b_{1,n-r} \\ \vdots \\ -b_{r,n-r} \\ 0 \\ 0 \\ \vdots \\ 1 \end{bmatrix}$$

因为 $R(\boldsymbol{\xi}_1 \quad \boldsymbol{\xi}_2 \quad \cdots \quad \boldsymbol{\xi}_{n-r}) = n-r$，所以 $\boldsymbol{\xi}_1$，$\boldsymbol{\xi}_2$，…，$\boldsymbol{\xi}_{n-r}$ 线性无关，所以 $\boldsymbol{Ax}=\boldsymbol{0}$ 的任一解为

$$x = \begin{bmatrix} x_1 \\ \vdots \\ x_r \\ x_{r+1} \\ x_{r+2} \\ \vdots \\ x_n \end{bmatrix} = x_{r+1} \begin{bmatrix} -b_{11} \\ \vdots \\ -b_{r1} \\ 1 \\ 0 \\ \vdots \\ 0 \end{bmatrix} + x_{r+2} \begin{bmatrix} -b_{12} \\ \vdots \\ -b_{r2} \\ 0 \\ 1 \\ \vdots \\ 0 \end{bmatrix} + \cdots + x_n \begin{bmatrix} -b_{1,n-r} \\ \vdots \\ -b_{r,n-r} \\ 0 \\ 0 \\ \vdots \\ 1 \end{bmatrix}$$

即

$$x = x_{r+1}\boldsymbol{\xi}_1 + x_{r+2}\boldsymbol{\xi}_2 + \cdots + x_n\boldsymbol{\xi}_{n-r}$$

下面我们来求解本节开头提到的例 1.

例 4 求齐次线性方程组 $\begin{cases} x_1 - 0.4x_2 - 0.6x_3 = 0 \\ -0.6x_1 + 0.9x_2 - 0.2x_3 = 0 \\ -0.4x_1 - 0.5x_2 + 0.8x_3 = 0 \end{cases}$ 的通解．

解 对系数矩阵 $\boldsymbol{A}$ 施行初等行变换变为行最简形矩阵

$$\boldsymbol{A} = \begin{bmatrix} 1 & -0.4 & -0.6 \\ -0.6 & 0.9 & -0.2 \\ -0.4 & -0.5 & 0.8 \end{bmatrix} \sim \begin{bmatrix} 1 & 0 & -0.94 \\ 0 & 1 & -0.85 \\ 0 & 0 & 0 \end{bmatrix}$$

可见 $R(\boldsymbol{A}) = 2 < 3$，故此方程组有无穷多解，与之同解的方程组为

$$\begin{cases} x_1 - 0.94x_3 = 0 \\ x_2 - 0.85x_3 = 0 \end{cases}$$

令 $x_3 = 1$，则对应有 $x_1 = 0.94, x_2 = 0.85$，即得基础解系 $\boldsymbol{\xi} = \begin{bmatrix} 0.94 \\ 0.85 \\ 1 \end{bmatrix}$.

于是，此方程组的通解为 $x = k\boldsymbol{\xi}$（k 为任意实数）．

任意（非负）x_3 取值可以算出平衡价格的一种取值．例如，如果取 x_3 为 100（或 1 亿美

元)，那么 $x_1=94, x_2=85$，即如果煤炭的产出价格是9 400万美元，电力的产出价格是8 500万美元，钢铁的产出价格是1亿美元，那么每个部门的总收入和总支出将会相等.

例5 解线性方程组 $\begin{cases} x_1+x_2+x_3+x_4+x_5=0 \\ 3x_1+2x_2+x_3+x_4-3x_5=0 \\ x_2+2x_3+2x_4+6x_5=0 \\ 5x_1+4x_2+3x_3+3x_4-x_5=0 \end{cases}$.

解 将系数矩阵 $\boldsymbol{A}$ 化为简化阶梯形矩阵

$$\boldsymbol{A}=\begin{bmatrix}1&1&1&1&1\\3&2&1&1&-3\\0&1&2&2&6\\5&4&3&3&-1\end{bmatrix}\xrightarrow[r_2+r_1\times(-3)]{r_4+r_1\times(-5)}\begin{bmatrix}1&1&1&1&1\\0&-1&-2&-2&-6\\0&1&2&2&6\\0&-1&-2&-2&-6\end{bmatrix}\xrightarrow[\substack{r_4+r_2\times(-1)\\(-1)\times r_2}]{\substack{r_1+r_2\\r_3+r_2}}$$

$$\begin{bmatrix}1&0&-1&-1&-5\\0&1&2&2&6\\0&0&0&0&0\\0&0&0&0&0\end{bmatrix}$$

可得 $R(\boldsymbol{A})=2<n$，则方程组有无穷多解，其同解方程组为

$$\begin{cases} x_1=x_3+x_4+5x_5 \\ x_2=-2x_3-2x_4-6x_5 \end{cases}\text{(其中 } x_3,x_4,x_5 \text{ 为自由未知量)}$$

令 $x_3=1,x_4=0,x_5=0$，得 $x_1=1,x_2=-2$；令 $x_3=0,x_4=1,x_5=0$，得 $x_1=1,x_2=-2$；令 $x_3=0,x_4=0,x_5=1$，得 $x_1=5,x_2=-6$，于是得到原方程组的一个基础解系为

$$\boldsymbol{\xi}_1=\begin{bmatrix}1\\-2\\1\\0\\0\end{bmatrix},\ \boldsymbol{\xi}_2=\begin{bmatrix}1\\-2\\0\\1\\0\end{bmatrix},\ \boldsymbol{\xi}_3=\begin{bmatrix}5\\-6\\0\\0\\1\end{bmatrix}$$

所以，原方程组的通解为

$$\boldsymbol{X}=k_1\boldsymbol{\xi}_1+k_2\boldsymbol{\xi}_2+k_3\boldsymbol{\xi}_3\quad(k_1,k_2,k_3\in\mathbf{R})$$

例6 求齐次线性方程组 $\begin{cases} x_1-2x_2+x_3+x_4=0 \\ x_1-2x_2+x_3-x_4=0 \\ x_1-2x_2+x_3+5x_4=0 \end{cases}$ 的一个基础解系，并以该基础解系表示方程组的全部解.

解 将系数矩阵 $\boldsymbol{A}$ 化成简化阶梯形矩阵

$$\boldsymbol{A}=\begin{bmatrix}1&-2&1&1\\1&-2&1&-1\\1&-2&1&5\end{bmatrix}\xrightarrow[r_3+r_1\times(-1)]{r_2+r_1\times(-1)}\begin{bmatrix}1&-2&1&1\\0&0&0&-2\\0&0&0&4\end{bmatrix}\xrightarrow[r_3+r_2\times(-4)]{r_2\times\left(-\frac{1}{2}\right)}$$

$$\begin{bmatrix}1&-2&1&0\\0&0&0&1\\0&0&0&0\end{bmatrix}$$

可得 $R(\boldsymbol{A})=2<n$，则方程组有无穷多解，其同解方程组为

$$\begin{cases}x_1=2x_2-x_3\\x_4=0\end{cases}\quad（其中\ x_2,x_3\ 为自由未知量）$$

令 $x_2=1,x_3=0$，得 $x_1=2,x_4=0$；令 $x_2=0,x_3=1$，得 $x_1=-1,x_4=0$，于是得到原方程组的一个基础解系为

$$\boldsymbol{\xi}_1=\begin{bmatrix}2\\1\\0\\0\end{bmatrix},\ \boldsymbol{\xi}_2=\begin{bmatrix}-1\\0\\1\\0\end{bmatrix}$$

所以，原方程组的通解为

$$\boldsymbol{X}=k_1\boldsymbol{\xi}_1+k_2\boldsymbol{\xi}_2\quad（其中\ k_1,k_2\ 为任意实数）$$

练习题 3－4

1. 设矩阵 $\boldsymbol{A}=\begin{bmatrix}1&0&-1&0&0\\0&1&0&-1&0\\0&0&0&0&0\end{bmatrix}$，则矩阵 $\boldsymbol{A}$ 的秩为____________，线性方程组 $\boldsymbol{AX}=\boldsymbol{0}$ 的基础解系的向量个数为____________.

2. 若 $\boldsymbol{A}$ 为 $m\times n$ 矩阵，则齐次线性方程组 $\boldsymbol{AX}=\boldsymbol{0}$ 有非零解的充分要条件是____________.

3. 设 $\boldsymbol{A}$ 为 n 阶方阵，且 $R(\boldsymbol{A})=n-1$，$\boldsymbol{\alpha}_1,\boldsymbol{\alpha}_2$ 是 $\boldsymbol{AX}=\boldsymbol{0}$ 的两个不同解，则 $\boldsymbol{\alpha}_1$，$\boldsymbol{\alpha}_2$ 一定线性____________.

4. 设 $\boldsymbol{A}=\begin{bmatrix}1&2&3\\4&5&6\\3&3&3\end{bmatrix}$，则齐次线性方程组 $\boldsymbol{Ax}=\boldsymbol{0}$ 的基础解系所含向量个数为____________.

5. 在 n 元齐次线性方程组 $\boldsymbol{Ax}=\boldsymbol{0}$ 中，若秩 $R(\boldsymbol{A})=k$，且 $\boldsymbol{\eta}_1$，$\boldsymbol{\eta}_2$，…，$\boldsymbol{\eta}_r$ 是它的一个基础解系，则 $r=$____________.

6. 求 $\begin{cases}x_1+2x_2+x_3-x_4=0\\3x_1+6x_2-x_3-3x_4=0\\5x_1+10x_2+x_3-5x_4=0\end{cases}$ 的通解.

3.5 非齐次线性方程组的求解

3.5.1 非齐次线性方程组

当我们研究一些数量在网络中的流动时自然推导出的线性方程组常常涉及成百甚至上千的变量和方程，例如，城市规划和交通工程人员监控一个网络状的市区道路的交通流量模式，电气工程师计算流经电路的电流，经济学家分析产品销售等，网络流的基本假设是网络

的总流入量等于总流出量，网络分析的问题就是确定当局部信息已知时每一分支的流量．

例 1 图 3－2 所示的网络是某市的 A 区一些单行道路在一个下午早些时候（以每小时车辆数目计算）的交通流量，计算该网络的车流量．

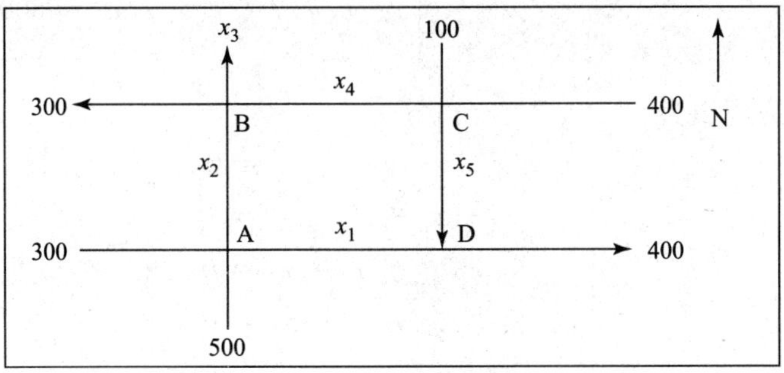

图 3－2 某市 A 区道路

解 如图 3－2 所示，标记道路交叉口和未知的分支流量，在每个交叉口，令其车辆驶入数目等于车辆驶出数目．易得下面的方程组：

$$\begin{cases} x_1+x_2 = 800 \\ x_2-x_3+x_4 = 300 \\ x_4+x_5 = 500 \\ x_1 + x_5 = 600 \\ x_3 = 400 \end{cases} \tag{1}$$

如何求解此非齐次线性方程组，本节将给出非齐次线性方程组解的求解方法．

3.5.2 非齐次线性方程组解的判定

一般地，我们把含有 m 个方程、n 个未知量的非齐次线性方程组

$$\begin{cases} a_{11}x_1+a_{12}x_2+\cdots+a_{1n}x_n=b_1 \\ a_{21}x_1+a_{22}x_2+\cdots+a_{2n}x_n=b_2 \\ \cdots \\ a_{m1}x_1+a_{m2}x_2+\cdots+a_{mn}x_n=b_m \end{cases} \tag{2}$$

简写成矩阵形式 $\boldsymbol{Ax}=\boldsymbol{b}$，其中

$$\boldsymbol{A}=\begin{bmatrix} a_{11} & a_{12} & \cdots & a_{1n} \\ a_{21} & a_{22} & \cdots & a_{2n} \\ \vdots & \vdots & & \vdots \\ a_{m1} & a_{m2} & \cdots & a_{mn} \end{bmatrix},\ \boldsymbol{x}=\begin{bmatrix} x_1 \\ x_2 \\ \vdots \\ x_n \end{bmatrix},\ \boldsymbol{b}=\begin{bmatrix} b_1 \\ b_2 \\ \vdots \\ b_m \end{bmatrix}$$

方程组的矩阵形式是

$$\boldsymbol{Ax}=\boldsymbol{b}$$

与之对应的齐次线性方程组为

$$\boldsymbol{Ax}=\boldsymbol{0}$$

接例 1，则会得如下非齐次线性方程组 $\begin{cases} x_1+x_2 = 800 \\ x_2-x_3+x_4 = 300 \\ x_4+x_5 = 500. \\ x_1 + x_5 = 600 \\ x_3 = 400 \end{cases}$

其对应的齐次线性方程组为

$$\begin{cases} x_1+x_2 = 0 \\ x_2-x_3+x_4 = 0 \\ x_4+x_5 = 0 \\ x_1 + x_5 = 0 \\ x_3 = 0 \end{cases}$$

当方程个数和未知量个数相等时，可以用克拉默法则通过行列式来求解，当未知量个数与方程个数不相等时，我们有如下定理：

定理 1　$\boldsymbol{A}\boldsymbol{x}=\boldsymbol{b}$ 有解 $\Leftrightarrow R(\boldsymbol{A}\quad\boldsymbol{b})=R(\boldsymbol{A})$.

例 2　判断例 1 中的非齐次线性方程组

$$\begin{cases} x_1+x_2 = 800 \\ x_2-x_3+x_4 = 300 \\ x_4+x_5 = 500 \\ x_1 + x_5 = 600 \\ x_3 = 400 \end{cases}$$

解的情况 .

解　$(\boldsymbol{A}\quad\boldsymbol{b})=\begin{bmatrix} 1 & 1 & 0 & 0 & 0 & 800 \\ 0 & 1 & -1 & 1 & 0 & 300 \\ 0 & 0 & 0 & 1 & 1 & 500 \\ 1 & 0 & 0 & 0 & 1 & 600 \\ 0 & 0 & 1 & 0 & 0 & 400 \end{bmatrix} \sim \begin{bmatrix} 1 & 0 & 0 & 0 & 1 & 600 \\ 0 & 1 & 0 & 0 & -1 & 200 \\ 0 & 0 & 1 & 0 & 0 & 400 \\ 0 & 0 & 0 & 1 & 1 & 500 \end{bmatrix}$

$$R(\boldsymbol{A})=4$$

$R(\boldsymbol{A}\quad\boldsymbol{b})=R(\boldsymbol{A})$，所以此方程组有解 .

3.5.3　非齐次线性方程组解的结构

性质 1　设 $\boldsymbol{\eta}_1$，$\boldsymbol{\eta}_2$ 为 $\boldsymbol{A}\boldsymbol{x}=\boldsymbol{b}$ 的解，则 $\boldsymbol{\eta}_1-\boldsymbol{\eta}_2$ 为 $\boldsymbol{A}\boldsymbol{x}=\boldsymbol{0}$ 的解 .

证　$\boldsymbol{A}(\boldsymbol{\eta}_1-\boldsymbol{\eta}_2)=\boldsymbol{A}\boldsymbol{\eta}_1-\boldsymbol{A}\boldsymbol{\eta}_2=\boldsymbol{b}-\boldsymbol{b}=\boldsymbol{0}$.

性质 2　设 $\boldsymbol{\eta}_1$ 为 $\boldsymbol{A}\boldsymbol{x}=\boldsymbol{b}$ 的解，$\boldsymbol{\eta}_2$ 为 $\boldsymbol{A}\boldsymbol{x}=\boldsymbol{0}$ 的解，则 $\boldsymbol{\eta}_1+\boldsymbol{\eta}_2$ 为 $\boldsymbol{A}\boldsymbol{x}=\boldsymbol{b}$ 的解 .

证　$\boldsymbol{A}(\boldsymbol{\eta}_1+\boldsymbol{\eta}_2)=\boldsymbol{A}\boldsymbol{\eta}_1+\boldsymbol{A}\boldsymbol{\eta}_2=\boldsymbol{b}+\boldsymbol{0}=\boldsymbol{b}$.

由以上两条性质可以推出非齐次线性方程组解的结构 .

3.5.4　非齐次线性方程组的通解求法

定理 2　设非齐次线性方程组 $\boldsymbol{A}\boldsymbol{x}=\boldsymbol{b}$ 有解，则其通解为

$$\boldsymbol{x}=\boldsymbol{x}^*+\boldsymbol{\eta}$$

其中，$\boldsymbol{x}^*$ 为 $\boldsymbol{Ax}=\boldsymbol{b}$ 的一个特解，$\boldsymbol{\eta}$ 是方程组 $\boldsymbol{Ax}=\boldsymbol{b}$ 的导出组 $\boldsymbol{Ax}=\boldsymbol{0}$ 的通解 .

若设矩阵 $\boldsymbol{A}_{m\times n}$ 的秩为 r ，齐次线性方程组 $\boldsymbol{Ax}=\boldsymbol{0}$ 的一个基础解系为 $\boldsymbol{\eta}_1$，$\boldsymbol{\eta}_2$，…，$\boldsymbol{\eta}_{n-r}$，则 $\boldsymbol{Ax}=\boldsymbol{b}$ 的通解为

$$\boldsymbol{x}=\boldsymbol{x}^*+k_1\boldsymbol{\eta}_1+k_2\boldsymbol{\eta}_2+\cdots+k_{n-r}\boldsymbol{\eta}_{n-r}(k_1,k_2,\cdots,k_{n-r}\in\mathbf{R})$$

例 3　求解例 1 中的非齐次线性方程组 $\begin{cases}x_1+x_2=800\\ x_2-x_3+x_4=300\\ x_4+x_5=500\\ x_1+x_5=600\\ x_3=400\end{cases}$.

解　由例 2，判断出此方程组有解，对矩阵（$\boldsymbol{A}$　$\boldsymbol{b}$）进行初等行变换后得到

$$\begin{cases}x_1+x_5=600\\ x_2-x_5=200\\ x_3=400\\ x_4+x_5=500\end{cases}$$

该网络的车流量为

$$\begin{cases}x_1=600-x_5\\ x_2=200+x_5\\ x_3=400\\ x_4=500-x_5\end{cases}\quad(x_5\text{ 是自由未知量})$$

令 $x_5=0$，得 $\boldsymbol{Ax}=\boldsymbol{b}$ 的一个特解

$$\boldsymbol{x}^*=\begin{bmatrix}600\\200\\400\\500\\0\end{bmatrix}$$

$\boldsymbol{Ax}=\boldsymbol{0}$ 的通解为

$$\boldsymbol{\eta}=k\begin{bmatrix}-1\\1\\0\\-1\\1\end{bmatrix}(k\in\mathbf{R})$$

综上，$\boldsymbol{Ax}=\boldsymbol{b}$ 的通解是

$$\boldsymbol{x}=\begin{bmatrix}600\\200\\400\\500\\0\end{bmatrix}+k\begin{bmatrix}-1\\1\\0\\-1\\1\end{bmatrix}(k\in\mathbf{R})$$

例 4 解线性方程组 $\begin{cases} x_1+x_2+2x_3=1 \\ 2x_1-x_2+2x_3=-4 \\ 4x_1+x_2+4x_3=-2 \end{cases}$.

解 $\overline{\mathbf{A}}=(\mathbf{A}|\mathbf{B})=\begin{bmatrix} 1 & 1 & 2 & 1 \\ 2 & -1 & 2 & -4 \\ 4 & 1 & 4 & -2 \end{bmatrix} \xrightarrow[r_3+r_1\times(-4)]{r_2+r_1\times(-2)} \begin{bmatrix} 1 & 1 & 2 & 1 \\ 0 & -3 & -2 & -6 \\ 0 & -3 & -4 & -6 \end{bmatrix} \longrightarrow$

$$\begin{bmatrix} 1 & 0 & 0 & -1 \\ 0 & -3 & 0 & -6 \\ 0 & 0 & 1 & 0 \end{bmatrix} \xrightarrow{r_2\times\left(-\frac{1}{3}\right)} \begin{bmatrix} 1 & 0 & 0 & -1 \\ 0 & 1 & 0 & 2 \\ 0 & 0 & 1 & 0 \end{bmatrix}$$

可见 $R(\overline{\mathbf{A}})=R(\mathbf{A})=3$，则方程组有唯一解，所以方程组的解为 $\begin{cases} x_1=-1 \\ x_2=2 \\ x_3=0 \end{cases}$.

例 5 解线性方程组 $\begin{cases} -2x_1+x_2+x_3=1 \\ x_1-2x_2+x_3=-2 \\ x_1+x_2-2x_3=4 \end{cases}$.

解 $\overline{\mathbf{A}}=(\mathbf{A}|\mathbf{B})=\begin{bmatrix} -2 & 1 & 1 & 1 \\ 1 & -2 & 1 & -2 \\ 1 & 1 & -2 & 4 \end{bmatrix} \xrightarrow[\substack{r_2+r_1\times 2 \\ r_3+r_1\times(-1)}]{r_1\leftrightarrow r_2} \begin{bmatrix} 1 & -2 & 1 & -2 \\ 0 & -3 & 3 & -3 \\ 0 & 3 & -3 & 6 \end{bmatrix} \xrightarrow{r_3+r_2}$

$\begin{bmatrix} 1 & -2 & 1 & -2 \\ 0 & -3 & 3 & -3 \\ 0 & 0 & 0 & 3 \end{bmatrix}$，可见 $R(\overline{\mathbf{A}})=3\neq R(\mathbf{A})=2$，所以原方程组无解.

例 6 解线性方程组 $\begin{cases} x_1+x_2-x_3+2x_4=3 \\ 2x_1+x_2-3x_4=1 \\ -2x_1-2x_3+10x_4=4 \end{cases}$.

解 $\overline{\mathbf{A}}=(\mathbf{A}|\mathbf{B})=\begin{bmatrix} 1 & 1 & -1 & 2 & 3 \\ 2 & 1 & 0 & -3 & 1 \\ -2 & 0 & -2 & 10 & 4 \end{bmatrix} \xrightarrow[r_3+r_1\times 2]{r_2+r_1\times(-2)}$

$$\begin{bmatrix} 1 & 1 & -1 & 2 & 3 \\ 0 & -1 & 2 & -7 & -5 \\ 0 & 2 & -4 & 14 & 10 \end{bmatrix} \xrightarrow[\substack{r_1+r_2\times 1 \\ r_2\times(-1)}]{r_3+r_2\times 2} \begin{bmatrix} 1 & 0 & 1 & -5 & -2 \\ 0 & 1 & -2 & 7 & 5 \\ 0 & 0 & 0 & 0 & 0 \end{bmatrix}$$

可见 $R(\overline{\mathbf{A}})=R(\mathbf{A})=2<4$，则方程组有无穷多解，其同解方程组为

$$\begin{cases} x_1=-2-x_3+5x_4 \\ x_2=5+2x_3-7x_4 \end{cases}$$（其中 x_3,x_4 为自由未知量）.

令 $x_3=0,x_4=0$，得原方程组的一个特解 $\boldsymbol{\eta}=\begin{bmatrix} -2 \\ 5 \\ 0 \\ 0 \end{bmatrix}$.

又原方程组的导出组的同解方程组为$\begin{cases} x_1 = -x_3 + 5x_4 \\ x_2 = 2x_3 - 7x_4 \end{cases}$（其中 x_3, x_4 为自由未知量）.

令 $x_3 = 1, x_4 = 0$，得 $x_1 = -1, x_2 = 2$；令 $x_3 = 0, x_4 = 1$，得 $x_1 = 5, x_2 = -7$，于是得到导出组的一个基础解系为

$$\boldsymbol{\xi}_1 = \begin{bmatrix} -1 \\ 2 \\ 1 \\ 0 \end{bmatrix},\ \boldsymbol{\xi}_2 = \begin{bmatrix} 5 \\ -7 \\ 0 \\ 1 \end{bmatrix}$$

所以，原方程组的通解为

$$\boldsymbol{X} = \boldsymbol{\eta} + k_1\boldsymbol{\xi}_1 + k_2\boldsymbol{\xi}_2 \quad (k_1, k_2 \in \mathbf{R})$$

例 7　求线性方程组

$$\begin{cases} 2x_1 + x_2 - x_3 + x_4 = 1 \\ x_1 + 2x_2 + x_3 - x_4 = 2 \\ x_1 + x_2 + 2x_3 + x_4 = 3 \end{cases}$$

的全部解.

解　$\overline{\boldsymbol{A}} = (\boldsymbol{A}|\boldsymbol{B}) = \begin{bmatrix} 2 & 1 & -1 & 1 & 1 \\ 1 & 2 & 1 & -1 & 2 \\ 1 & 1 & 2 & 1 & 3 \end{bmatrix} \xrightarrow[\substack{r_2 + r_1 \times (-2) \\ r_3 + r_1 \times (-1)}]{r_1 \leftrightarrow r_2} \begin{bmatrix} 1 & 2 & 1 & -1 & 2 \\ 0 & -3 & -3 & 3 & -3 \\ 0 & -1 & 1 & 2 & 1 \end{bmatrix} \xrightarrow{r_2 \leftrightarrow r_3}$

$$\begin{bmatrix} 1 & 2 & 1 & -1 & 2 \\ 0 & -1 & 1 & 2 & 1 \\ 0 & -3 & -3 & 3 & -3 \end{bmatrix} \xrightarrow[\substack{r_1 + r_2 \times 2 \\ r_2 \times (-1)}]{r_3 + r_2 \times (-3)} \begin{bmatrix} 1 & 0 & 3 & 3 & 4 \\ 0 & 1 & -1 & -2 & -1 \\ 0 & 0 & -6 & -3 & -6 \end{bmatrix} \xrightarrow[\substack{r_2 + r_3 \\ r_1 + (-3)r_3}]{r_3 \times \left(-\frac{1}{3}\right)}$$

$$\begin{bmatrix} 1 & 0 & 0 & \dfrac{3}{2} & 1 \\ 0 & 1 & 0 & -\dfrac{3}{2} & 0 \\ 0 & 0 & 1 & \dfrac{1}{2} & 1 \end{bmatrix}$$

可见 $R(\overline{\mathbf{A}}) = R(\mathbf{A}) = 3 < 4$，所以方程组有无穷多解，其同解方程组为

$$\begin{cases} x_1 = 1 - \dfrac{3}{2}x_4 \\ x_2 = \dfrac{3}{2}x_4 \text{（其中 } x_4 \text{ 为自由未知量）} \\ x_3 = 1 - \dfrac{1}{2}x_4 \end{cases}$$

令 $x_4=0$，可得原方程组的一个特解 $\boldsymbol{\eta}=\begin{bmatrix}1\\0\\1\\0\end{bmatrix}$.

又原方程组的导出组的同解方程组为 $\begin{cases}x_1=-\dfrac{3}{2}x_4\\x_2=\dfrac{3}{2}x_4\\x_3=-\dfrac{1}{2}x_4\end{cases}$（其中 x_4 为自由未知量）.

令 $x_4=-2$（注：这里取 -2 为了消去分母取单位向量的倍数），得 $x_1=3,x_2=-3$，$x_3=1$，于是得到导出组的一个基础解系为 $\boldsymbol{\xi}=\begin{bmatrix}3\\-3\\1\\-2\end{bmatrix}$.

所以，原方程组的通解为

$$\boldsymbol{X}=\eta+k\boldsymbol{\xi}(k\in\mathbf{R})$$

练习题 3-5

1. 设 $\boldsymbol{A}$ 为 $m\times n$ 矩阵，$\boldsymbol{b}\neq\boldsymbol{0}$，且 $R(\boldsymbol{A})=n$，则线性方程组 $\boldsymbol{Ax}=\boldsymbol{b}$ ________.

A. 有唯一解　　B. 有无穷多解　　C. 无解　　D. 可能无解

2. 设 $\boldsymbol{A}$ 为 n 阶方阵，且 $R(\boldsymbol{A})=n-1$. $\boldsymbol{\alpha}_1,\boldsymbol{\alpha}_2$ 是非齐次方程组 $\boldsymbol{AX}=\boldsymbol{B}$ 的两个不同的解向量，则 $\boldsymbol{AX}=\boldsymbol{0}$ 的通解为（　　）.

A. $k\boldsymbol{\alpha}_1$　　B. $k\boldsymbol{\alpha}_2$　　C. $k(\boldsymbol{\alpha}_1-\boldsymbol{\alpha}_2)$　　D. $k(\boldsymbol{\alpha}_1+\boldsymbol{\alpha}_2)$

3. 若有 $\begin{bmatrix}k&1&1\\3&0&1\\0&2&-1\end{bmatrix}\begin{bmatrix}3\\k\\-3\end{bmatrix}=\begin{bmatrix}k\\6\\5\end{bmatrix}$，则 k 等于________.

A. 1　　B. 2　　C. 3　　D. 4

4. 求非齐次线性方程组 $\begin{cases}x_1-x_2+5x_3-x_4=-1\\x_1+x_2-2x_3+3x_4=3\\3x_1-x_2+8x_3+x_4=1\\x_1+3x_2-9x_3+7x_4=7\end{cases}$ 的通解.

5. 求非齐次线性方程组 $\begin{cases}x_1-x_2+5x_3-x_4=2\\x_1+x_2-2x_3+3x_4=4\\3x_1-x_2+8x_3+x_4=8\\x_1+3x_2-9x_3+7x_4=6\end{cases}$ 的通解.

6. 当 k 取何值时，$\boldsymbol{Ax}=\boldsymbol{b}$ 无解、有唯一解或有无穷多解？当有无穷多解时写出 $\boldsymbol{Ax}=\boldsymbol{b}$

的全部解 $\begin{cases}2x_1+kx_2-x_3=1\\kx_1-x_2+x_3=2\\4x_1+5x_2-5x_3=-1\end{cases}$.

7. 求非齐次线性方程组 $\begin{cases}2x_1+5x_2+x_3+15x_4=7\\x_1+2x_2-x_3+4x_4=2\\x_1+3x_2+2x_3+11x_4=5\end{cases}$ 的通解，并求其对应的齐次线性方程组的基础解系.

3.6　线性方程组的应用及上机实现

3.6.1　线性方程组的 MATLAB 求解一般方法

例　求解下列方程组的通解.

$$\begin{cases}x_1+x_2-3x_3-x_4=1\\3x_1-x_2-3x_3+4x_4=4\\x_1+5x_2-9x_3-8x_4=0\end{cases}$$

解法一：在 MATLAB 编辑器中建立 M 文件如下：

```
A=[1  1  -3  -1;3  -1  -3  4;1  5  -9  -8];
b=[1  4  0]';
B=[A  b];
n=4;
R_A=rank(A)
R_B=rank(B)
format rat
if  R_A==R_B&R_A==n
    X=A\b
elseif R_A==R_B&R_A< n
    X=A\b
    C=null(A,'r')
else X='Equation has no solves'
end
```

运行后结果显示为

```
R_A=
 2
R_B=
 2
Warning:Rank deficient,rank= 2  tol=   8.8373e-015.
> In wzx07060160 at 11
```

```
X=
    0
    0
    -8/15
    3/5
C=
    3/2        -3/4
    3/2         7/4
    1           0
    0           1
```

所以原方程组的通解为 $\boldsymbol{X}=k_1\begin{bmatrix}3/2\\3/2\\1\\0\end{bmatrix}+k_2\begin{bmatrix}-3/4\\7/4\\0\\1\end{bmatrix}+\begin{bmatrix}0\\0\\-8/15\\3/5\end{bmatrix}$

解法二：用 rref 求解

```
A=[1  1  -3  -1;3  -1  -3  4;1  5  -9  -8];
b=[1  4  0]';
B=[A  b];
C=rref(B)  %求增广矩阵的行最简形，可得最简同解方程组
```

运行后结果显示为

```
C=
    1    0    -3/2     3/4     5/4
    0    1    -3/2    -7/4    -1/4
    0    0     0       0       0
```

对应齐次方程组的基础解系为：$\boldsymbol{\xi}_1=\begin{bmatrix}3/2\\3/2\\1\\0\end{bmatrix}$，$\boldsymbol{\xi}_2=\begin{bmatrix}-3/4\\7/4\\0\\1\end{bmatrix}$.

非齐次方程组的特解为：$\boldsymbol{\eta}^*=\begin{bmatrix}5/4\\-1/4\\0\\0\end{bmatrix}$.

所以，原方程组的通解为：$\boldsymbol{X}=k_1\boldsymbol{\xi}_1+k_2\boldsymbol{\xi}_2+\boldsymbol{\eta}^*$.

3.6.2 工作天数分配问题

一个木工，一个电工，一个油漆工，三人相互同意彼此装修他们自己的房子．在装修之前，他们达成了如下协议：(1) 每人总共工作 10 天（包括给自己家干活在内）；(2) 每人的日工资根据一般的市价在 60～80 元；(3) 每人的日工资数应使得每人的总收入与总支出相

等．表 3－2 所示为他们协商后制定出的工作天数的分配方案．

表 3－2　工作天数分配方案

天数＼工种	木工	电工	油漆工
在木工家的工作天数	2	1	6
在电工家的工作天数	4	5	1
在油漆工家的工作天数	4	4	3

一、问题分析与数学模型

根据协议中每人总支出与总收入相等的原则，分别考虑木工、电工及油漆工的总收入和总支出．设木工的日工资为 x_1，电工的日工资为 x_2，油漆工的日工资为 x_3．则木工的 10 个工作日总收入应该为 $10x_1$，而木工、电工及油漆工三人在木工家工作的天数分别为：2 天，1 天，6 天，按日工资累计木工的总支出为 $2x_1+x_2+6x_3$．于是木工的收支平衡可描述为等式

$$2x_1+x_2+6x_3=10x_1$$

同理，可建立描述电工、油漆工各自的收支平衡关系的另外两个等式，将三个等式联立，可得描述实际问题的方程组：

$$\begin{cases}2x_1+x_2+6x_3=10x_1\\4x_1+5x_2+x_3=10x_2\\4x_1+4x_2+3x_3=10x_3\end{cases}$$

整理，得

$$\begin{cases}-8x_1+x_2+6x_3=0\\4x_1-5x_2+x_3=0\\4x_1+4x_2-7x_3=0\end{cases}$$

这是一个齐次线性方程组问题．

二、算法与数学模型求解

写出齐次方程组的系数矩阵如下

$$\boldsymbol{A}=\begin{bmatrix}-8&1&6\\4&-5&1\\4&4&-7\end{bmatrix}$$

为了求出齐次方程组的基础解系，将方程组的系数矩阵化为最简行阶梯形，在 MATLAB 环境下输入系数矩阵 $\boldsymbol{A}$，然后用命令 rref 将其化简，键入命令

```
A=[-8 1 6;4 -5 1;4 4 -7]
format rat
rref[A]
可得
A=
```

```
-8 1 6
4 -5 1
4 4 -7
ans=
1 0 -31/36
0 1 -8/9
0 0 0
```

由此得等价的齐次方程组

$$\begin{cases} x_1-\dfrac{31}{36}x_3=0 \\ x_2-\dfrac{8}{9}x_3=0 \end{cases}$$

根据齐次方程组基础解系的理论，齐次方程组的通解可以表示为

$$\begin{bmatrix} x_1 \\ x_2 \\ x_3 \end{bmatrix}=k\begin{bmatrix} \dfrac{31}{36} \\ \dfrac{8}{9} \\ 1 \end{bmatrix}$$

其中，k 为任意实数．最后，为了确定满足条件

$$60\leqslant x_1\leqslant 80,\ 60\leqslant x_2\leqslant 80,\ 60\leqslant x_3\leqslant 80$$

的方程组的解．即选择适当的 k 以确定木工、电工及油漆工每人的日工资：60～80 元．取 $k=72$ 满足题意，得

$$x_1=62,\ x_2=64,\ x_3=72$$

三、问题解答

尽管这一问题是在方程组的无穷多组解中寻求解答，但是由于题目条件限制，因此对于参数 k，没有更多的选择余地．为了使日工资为整数值，可确定 $k=72$，使得

木工工资为 62 元/日；

电工工资为 64 元/日；

油漆工工资为 72 元/日.

3.6.3　生产计划的安排问题

一制造商生产三种不同的化学产品 A、B、C. 每一产品必须经过两部机器 M，N 的制作，而生产每一吨不同的产品需要使用两部机器不同的时间，具体内容如表 3－3 所示.

表 3－3　生产计划安排表　　单位：小时

机器	产品 A	产品 B	产品 C
M	2	3	4
N	2	2	3

机器 M 每星期最多可使用 80 小时，而机器 N 每星期最多可使用 60 小时．假设制造商可以卖出每周所制造出来的所有产品．经营者不希望使昂贵的机器有空闲时间，因此想知道在一周内每一产品需制造多少才能使机器被充分利用．

一、问题分析与数学模型

设 x_1、x_2、x_3 分别表示每周内制造产品 A、B、C 的吨数．于是机器 M 一周内被使用的实际时间为 $2x_1+3x_2+4x_3$，为了充分利用机器，可以令

$$2x_1+3x_2+4x_3=80$$

同理，可得

$$2x_1+2x_2+3x_3=60$$

于是，这一生产规划问题需要求方程组

$$\begin{cases}2x_1+3x_2+4x_3=80\\2x_1+2x_2+3x_3=60\end{cases}$$

的非负解．

二、模型求解与问题解答

方程组的增广矩阵

$$\begin{bmatrix}2 & 3 & 4 & 80\\2 & 2 & 3 & 60\end{bmatrix}$$

经初等变换可化为最简行阶梯形．在 MATLAB 环境中输入命令

```
A=[2 3 4 80;2 2 3 60]
format rat
rref(A)
```

得数据结果如下

```
ans=
1 0 1/2 10
0 1 1   20
```

这是增广矩阵化简后所得数据，故原方程组等价于

$$\begin{cases}x_1+0.5x_3=10\\x_2+\quad x_3=20\end{cases}$$

所以，方程组的通解为

$$\begin{bmatrix}x_1\\x_2\\x_3\end{bmatrix}=\begin{bmatrix}10\\20\\0\end{bmatrix}+k\begin{bmatrix}-1\\-2\\2\end{bmatrix}$$

为了使变量为正数，取 $k=5$，得

$$x_1=5,\ x_2=10,\ x_3=10$$

由此得一个生产计划安排：一周内产品 A 生产 5 吨，产品 B 生产 10 吨，产品 C 生产 10 吨．其实，所有方程组的非负解都是一样的好．除非有特别的限制或者有更多的资料，否则没有所谓的最好的解．

3.6.4 世界人口预测问题

据统计，20 世纪 60 年代世界人口数据如表 3－4 所示.

表 3－4 20 世纪 60 年代世界人口数据 单位：亿人

年份	1960 年	1961 年	1962 年	1963 年	1964 年	1965 年	1966 年	1967 年	1968 年
人口	29.72	30.61	31.51	32.13	32.34	32.85	33.56	34.20	34.83

有人根据表 3－4 中数据，预测公元 2000 年世界人口会超过 60 亿人．这一结论在 20 世纪 60 年代末令人难以置信，但现在已成为事实．作出这一预测结果所用的方法就是数据拟合方法．正是拟合函数反映了人口增长的趋势．根据表 3－4 中数据构造拟合函数，预测公元 2000 年时的世界人口数．

一、问题分析与数学模型

据人口增长的统计资料和人口理论数学模型知，当人口总数 N 不是很大时，在不太长的时期内，人口增长接近于指数增长．因此，采用指数函数

$$N = e^{a+bt}$$

对数据进行拟合．为了计算方便，将上式两边同取对数，得 $\ln N = a + bt$，令

$$y = \ln N \text{ 或 } N = e^{y}$$

变换后的拟合函数为

$$y(t) = a + bt$$

由人口数据取对数（$y=\ln N$）计算，得表 3－5.

表 3－5 计算结果

t	1960 年	1961 年	1962 年	1963 年	1964 年	1965 年	1966 年	1967 年	1968 年
y	3.391 8	3.421 3	3.450 3	3.469 8	3.476 3	3.492 0	3.513 3	3.532 2	3.550 5

二、算法与数学模型求解

根据表中数据及等式 $a+bt=y$ 可列出关于两个未知数 a、b 的 9 个方程的超定方程组（方程数多于未知数个数的方程组）.

$$\begin{cases} a + 1\,960b = 3.391\,8 \\ a + 1\,961b = 3.421\,3 \\ a + 1\,962b = 3.450\,3 \\ a + 1\,963b = 3.469\,8 \\ a + 1\,964b = 3.476\,3 \\ a + 1\,965b = 3.492\,0 \\ a + 1\,966b = 3.513\,3 \\ a + 1\,967b = 3.532\,2 \\ a + 1\,968b = 3.550\,5 \end{cases}$$

输入下面命令

```
t=1960:1968
y=[3.3918 3.4213 3.4503 3.4698 3.4763 3.4920 3.5133 3.5322 3.5505]
A=[ones(9,1)t']
A\y'
```

直接求解方程组，可得

$$a=-33.0383, b=0.0186$$

代入拟合函数 $N=e^{a+bt}$，有

$$N(t)=e^{-33.0383+0.0186t}$$

经计算

$$N(2000)=64.1805$$

所以，2000 年的世界人口预测为 64.180 5 亿人．这一数据虽然不是十分准确，但是基本反映了人口变化趋势．

练习题 3-6

1. 化学方程式表示化学反应中消耗和产生的物质的量．配平化学反应方程式就是必须找出一组数使得方程式左右两端的各类原子的总数对应相等．一个方法就是建立能够描述反应过程中每种原子数目的向量方程，然后找出该方程组的最简的正整数解．下面利用此思路来配平如下化学反应方程式

$$x_1 KMnO_4 + x_2 MnSO_4 + x_3 H_2O \rightarrow x_4 MnO_2 + x_5 K_2SO_4 + x_6 H_2SO_4$$

其中 x_1，x_2，…，x_6 均取正整数．

2. 一个饮食专家计划一份膳食，提供一定量的维生素 C、钙和镁．其中用到 3 种食物，它们的质量用适当的单位计量．这些食品提供的营养以及食谱需要的营养如表 3-6 所示．

表 3-6　营养表

营养	单位食谱所含的营养/毫克			需要的营养总量/毫克
	食物 1	食物 2	食物 3	
维生素 C	10	20	20	100
钙	50	40	10	300
镁	30	10	40	200

习　题

一、选择题：

1. 对于 n 元齐次线性方程组 $\boldsymbol{AX}=\boldsymbol{0}$，以下命题中，正确的是（　　）.

A. 若 $\boldsymbol{A}$ 的列向量组线性无关，则 $\boldsymbol{Ax}=\boldsymbol{0}$ 有非零解

B. 若 $\boldsymbol{A}$ 的行向量组线性无关，则 $\boldsymbol{Ax}=\boldsymbol{0}$ 有非零解

C. 若 $\boldsymbol{A}$ 的行向量组线性相关，则 $\boldsymbol{Ax}=\boldsymbol{0}$ 有非零解

D. 若 $\boldsymbol{A}$ 的列向量组线性相关，则 $\boldsymbol{Ax}=\boldsymbol{0}$ 有非零解

2. 若齐次线性方程组 $\begin{cases}2x_1-x_2+x_3=0\\x_1+kx_2-x_3=0\\kx_1+x_2+x_3=0\end{cases}$ 有非零解，则 k 必须满足（　　）.

A. $k=4$　　　　B. $k=-1$

C. $k\neq-1$ 且 $k\neq 4$　　　　D. $k=-1$ 或 $k=4$

3. 向量组 $\boldsymbol{\alpha}_1$，$\boldsymbol{\alpha}_2$，…，$\boldsymbol{\alpha}_r$ 线性相关且秩为 s，则（　　）.

A. $r=s$　　B. $r\leqslant s$　　C. $s\leqslant r$　　D. $s<r$

4. 设有 n 维向量组（Ⅰ）：$\boldsymbol{\alpha}_1$，$\boldsymbol{\alpha}_2$，…$\boldsymbol{\alpha}_r$ 和（Ⅱ）：$\boldsymbol{\alpha}_1$，$\boldsymbol{\alpha}_2$，…，$\boldsymbol{\alpha}_m$ $(m>r)$，则（　　）.

A. 向量组（Ⅰ）线性无关时，向量组（Ⅱ）线性无关

B. 向量组（Ⅰ）线性相关时，向量组（Ⅱ）线性相关

C. 向量组（Ⅱ）线性相关时，向量组（Ⅰ）线性相关

D. 向量组（Ⅱ）线性无关时，向量组（Ⅰ）线性相关

5. 已知向量组 $\boldsymbol{\alpha}_1=(1\ \ 2\ \ -1\ \ 1)$，$\boldsymbol{\alpha}_2=(2\ \ 0\ \ t\ \ 0)$，$\boldsymbol{\alpha}_3=(0\ \ -4\ \ 5\ \ -2)$ 的秩为 2，则 $t=$（　　）.

A. 3　　B. -3　　C. 2　　D. -2

6. 若齐次线性方程组 $\begin{cases}\lambda x_1+x_2+x_3=0\\x_1+\lambda x_2+x_3=0\\x_1+x_2+\lambda x_3=0\end{cases}$ 有非零解，则 $\lambda=$（　　）.

A. 1 或 -2　　B. -1 或 -2　　C. 1 或 2　　D. -1 或 2.

7. 设 $\boldsymbol{A}$ 是 $s\times n$ 矩阵，则齐次线性方程组有非零解的充要条件是（　　）.

A. $\boldsymbol{A}$ 的行向量组线性无关　　　　B. $\boldsymbol{A}$ 的列向量组线性无关

C. $\boldsymbol{A}$ 的行向量组线性相关　　　　D. $\boldsymbol{A}$ 的列向量组线性相关

8. 设向量组 $\boldsymbol{A}$ 能由向量组 $\boldsymbol{B}$ 线性表示，则（　　）.

A. $R(\boldsymbol{B})\leqslant R(\boldsymbol{A})$　　　　B. $R(\boldsymbol{B})<R(\boldsymbol{A})$

C. $R(\boldsymbol{B})=R(\boldsymbol{A})$　　　　D. $R(\boldsymbol{B})\geqslant R(\boldsymbol{A})$

9. 向量组 $\boldsymbol{\alpha}_1=(1\ \ 0\ \ 0)$，$\boldsymbol{\alpha}_2=(0\ \ 1\ \ 0)$，$\boldsymbol{\alpha}_3=(0\ \ 0\ \ 0)$，$\boldsymbol{\alpha}_4=(1\ \ 1\ \ 0)$ 的最大无关组为（　　）.

A. $\boldsymbol{\alpha}_1$，$\boldsymbol{\alpha}_2$　　B. $\boldsymbol{\alpha}_1$，$\boldsymbol{\alpha}_2$，$\boldsymbol{\alpha}_4$　　C. $\boldsymbol{\alpha}_3$，$\boldsymbol{\alpha}_4$　　D. $\boldsymbol{\alpha}_1$，$\boldsymbol{\alpha}_2$，$\boldsymbol{\alpha}_3$

10. 向量组 $\boldsymbol{\alpha}_1$，$\boldsymbol{\alpha}_2$，…，$\boldsymbol{\alpha}_n$ 线性无关的充要条件是（　　）.

A. 任意 $\boldsymbol{\alpha}_i$ 不为零向量

B. $\boldsymbol{\alpha}_1$，$\boldsymbol{\alpha}_2$，…，$\boldsymbol{\alpha}_n$ 中任两个向量的对应分量不成比例

C. $\boldsymbol{\alpha}_1$，$\boldsymbol{\alpha}_2$，…，$\boldsymbol{\alpha}_n$ 中有部分向量线性无关

D. $\boldsymbol{\alpha}_1$，$\boldsymbol{\alpha}_2$，…，$\boldsymbol{\alpha}_n$ 中任一向量均不能由其余 $n-1$ 个向量线性表示

11. 已知 $R(\boldsymbol{\alpha}_1,\boldsymbol{\alpha}_2,\boldsymbol{\alpha}_3)=2, R(\boldsymbol{\alpha}_2,\boldsymbol{\alpha}_3,\boldsymbol{\alpha}_4)=3$，则（　　）.

A. $\boldsymbol{\alpha}_1$，$\boldsymbol{\alpha}_2$，$\boldsymbol{\alpha}_3$ 线性无关

B. $\boldsymbol{\alpha}_2$，$\boldsymbol{\alpha}_3$，$\boldsymbol{\alpha}_4$ 线性相关

C. $\boldsymbol{\alpha}_1$ 能由 $\boldsymbol{\alpha}_2$，$\boldsymbol{\alpha}_3$ 线性表示

D. $\boldsymbol{\alpha}_4$ 能由 $\boldsymbol{\alpha}_1$，$\boldsymbol{\alpha}_2$，$\boldsymbol{\alpha}_3$ 线性表示

二、计算与应用题：

1. 设 $\boldsymbol{\alpha}_1=\begin{bmatrix}1\\2\\0\end{bmatrix}, \boldsymbol{\alpha}_2=\begin{bmatrix}0\\2\\-1\end{bmatrix}, \boldsymbol{\alpha}_3=\begin{bmatrix}3\\4\\0\end{bmatrix}$，求 $\boldsymbol{\alpha}_1-\boldsymbol{\alpha}_2, 3\boldsymbol{\alpha}_1+2\boldsymbol{\alpha}_2-\boldsymbol{\alpha}_3$.

2. 判断向量 $\boldsymbol{\beta}$ 能否由其余向量线性表示，若能，写出表达式.

$$\boldsymbol{\beta}=\begin{bmatrix}3\\5\\-6\end{bmatrix}, \boldsymbol{\alpha}_1=\begin{bmatrix}1\\0\\1\end{bmatrix}, \boldsymbol{\alpha}_2=\begin{bmatrix}1\\1\\1\end{bmatrix}, \boldsymbol{\alpha}_3=\begin{bmatrix}0\\-1\\-1\end{bmatrix}$$

3. 判断向量组的线性相关性：

(1) $\boldsymbol{\alpha}_1=\begin{bmatrix}1\\2\\0\end{bmatrix}, \boldsymbol{\alpha}_2=\begin{bmatrix}\frac{1}{3}\\\frac{2}{3}\\0\end{bmatrix}$；

(2) $\boldsymbol{\alpha}_1=\begin{bmatrix}1\\-1\\0\end{bmatrix}, \boldsymbol{\alpha}_2=\begin{bmatrix}2\\1\\1\end{bmatrix}, \boldsymbol{\alpha}_3=\begin{bmatrix}1\\3\\-1\end{bmatrix}$；

(3) $\boldsymbol{\alpha}_1=\begin{bmatrix}2\\3\\0\end{bmatrix}, \boldsymbol{\alpha}_2=\begin{bmatrix}-1\\4\\0\end{bmatrix}, \boldsymbol{\alpha}_3=\begin{bmatrix}0\\0\\2\end{bmatrix}$.

4. 设向量组 $\boldsymbol{\alpha}_1$，$\boldsymbol{\alpha}_2$，$\boldsymbol{\alpha}_3$ 线性无关，问：$\boldsymbol{\beta}_1=\boldsymbol{\alpha}_1+2\boldsymbol{\alpha}_2+3\boldsymbol{\alpha}_3$，$\boldsymbol{\beta}_2=3\boldsymbol{\alpha}_1-\boldsymbol{\alpha}_2+4\boldsymbol{\alpha}_3$，$\boldsymbol{\beta}_3=\boldsymbol{\alpha}_2+\boldsymbol{\alpha}_3$ 的线性相关性如何？

5. 已知 $\boldsymbol{\alpha}_1=\begin{bmatrix}3\\0\\-1\end{bmatrix}$，$\boldsymbol{\alpha}_2=\begin{bmatrix}-1\\1\\3\end{bmatrix}$，$\boldsymbol{\alpha}_3=\begin{bmatrix}5\\1\\1\end{bmatrix}$，试讨论向量组 $\boldsymbol{\alpha}_1$，$\boldsymbol{\alpha}_2$，$\boldsymbol{\alpha}_3$ 及 $\boldsymbol{\alpha}_1$，$\boldsymbol{\alpha}_2$ 的线性相关性.

6. 设 $\boldsymbol{\beta}_1=\boldsymbol{\alpha}_1$，$\boldsymbol{\beta}_2=\boldsymbol{\alpha}_1+2\boldsymbol{\alpha}_2$，$\boldsymbol{\beta}_3=\boldsymbol{\alpha}_1+\boldsymbol{\alpha}_2+\boldsymbol{\alpha}_3$，且向量组 $\boldsymbol{\alpha}_1$，$\boldsymbol{\alpha}_2$，$\boldsymbol{\alpha}_3$ 线性无关，证明向量组 $\boldsymbol{\beta}_1$，$\boldsymbol{\beta}_2$，$\boldsymbol{\beta}_3$ 线性无关.

7. 判断齐次线性方程组

$$\begin{cases} x_1+2x_2-3x_3=0 \\ -x_1-x_2-2x_3=0 \\ 2x_1-3x_2+x_3=0 \\ -3x_1+x_2+2x_3=0 \end{cases}$$

解的情况．

8. 求解齐次线性方程组 $\begin{cases} x_1-3x_2+2x_3+\ x_4=0 \\ 2x_1+4x_2-\ x_3-3x_4=0 \\ -x_1-7x_2+3x_3+4x_4=0 \\ 3x_1+\ x_2+\ x_3-2x_4=0 \end{cases}$.

9. 求解齐次线性方程组 $\begin{cases} x_1-x_2-\ x_3+\ x_4=0 \\ x_1-x_2+\ x_3-3x_4=0 \\ x_1-x_2-2x_3+3x_4=0 \end{cases}$.

10.（1）求图 3-3 中网络的交通流量的通解；

（2）假设流量必须以标识方向流动，求分支 x_2、x_3、x_4、x_5 的流量的最小值．

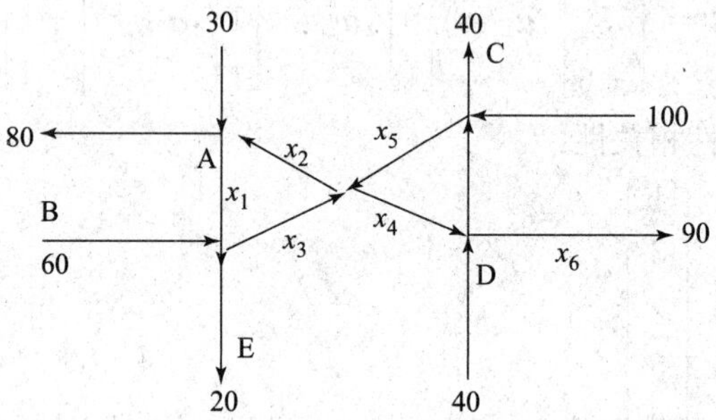

图 3-3　交通流量

11. 求解非齐次线性方程组 $\begin{cases} x_1-x_2-\ x_3+\ x_4=0 \\ x_1-x_2+\ x_3-3x_4=1 \\ x_1-x_2-2x_3+3x_4=-\dfrac{1}{2} \end{cases}$.

12. 求解非齐次线性方程组 $\begin{cases} x_1+\ x_2-3x_3-\ x_4=1 \\ 3x_1-\ x_2-3x_3+4x_4=4 \\ x_1+5x_2-9x_3-8x_4=0 \end{cases}$.

13. 求图 3-4 中网络流量的通解，假设流量都是非负的，x_3 可能的最大值是什么？

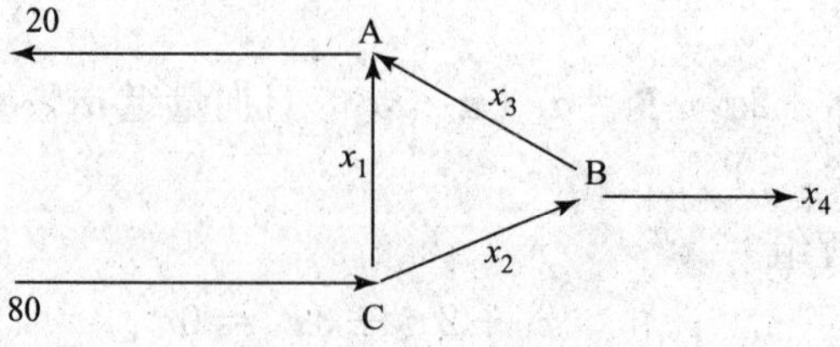

图 3-4　网络流量

14. 求非齐次线性方程组

$$\begin{cases} x_1+2x_2-x_3+4x_4=2 \\ 2x_1-x_2+x_3+x_4=1 \\ x_1+7x_2-4x_3+11x_4=5 \end{cases}$$

的通解．

15. 三个朋友 A，B，C 各饲养家禽，A 养鸡，B 养鸭，C 养兔．他们同意按照下面的比例分享各人饲养的家禽：A 得鸡的 1/3，鸭的 1/3，兔的 1/4；B 得鸡的 1/6，鸭的 1/3，兔的 1/2；C 得鸡的 1/2，鸭的 1/3，兔的 1/4；如果要满足闭合经济的条件，同时家禽收获的最低价格是 2 000 元，则每户的收获价格分别是多少？

16. 营养学家配制一种具有 1 200 卡路里，30 克蛋白质及 300 毫克维生素 C 的配餐．有 3 种食物可供选用：果冻、鲜鱼和牛肉．它们有下列每盎司（28.35 克）的营养含量，如表 3－7 所示．

表 3－7　营养成分表

食物 / 营养元素	果冻	鲜鱼	牛肉
热量/卡路里	20	100	200
蛋白质/克	1	3	2
维生素 C/毫克	30	20	10

计算所需果冻、鲜鱼、牛肉的数量．

第 4 章

相似矩阵及二次型

自从 1946 年第一台电子计算机问世以来，经过半个多世纪的发展，科学工程计算已成为当今世界最重要的科学进步之一．计算物理学家诺贝尔奖获得者 Wilson 在 20 世纪 80 年代指出：科学计算、理论研究、科学实验并列为当今世界科学活动的三种主要方式．许多科学和工程领域如果没有科学计算，就不可能有一流的研究成果．矩阵计算是科学与工程计算的核心，可以毫不夸张地讲，大部分科学与工程问题都要归结为一个矩阵计算问题，其中具有挑战性的问题是大规模矩阵的计算问题．在大量的实际问题中，经常会碰到求矩阵特征值和特征向量的问题，这类问题我们统称为特征值问题．矩阵的特征值与特征向量问题在线性代数和其他科技领域中占有重要的位置．同时，它又贯穿了线性代数的许多重要方面．本章主要介绍矩阵的特征值与特征向量、相似矩阵、二次型、向量的内积与正交矩阵和实对称矩阵的相似矩阵．最后通过一些实际应用的例子去了解特征值与特征向量的应用．

本章所讨论的矩阵均为方阵，矩阵中的元素均为实数．本章思维导图如图 4－1 所示．

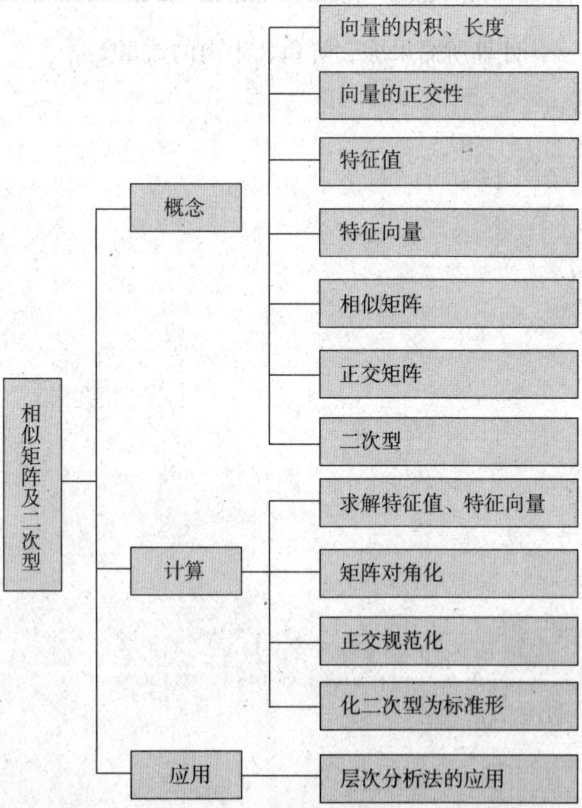

图 4－1　本章思维导图

4.1　向量的内积、长度及正交性

4.1.1　内积及其性质

在空间解析几何中，向量 $\boldsymbol{x}=(x_1 \quad x_2 \quad x_3)$ 和 $\boldsymbol{y}=(y_1 \quad y_2 \quad y_3)$ 的长度与夹角等度量性质可以通过两个向量的数量积 $\boldsymbol{x}\cdot\boldsymbol{y}=|\boldsymbol{x}\|\boldsymbol{y}|\cos(\boldsymbol{x},\boldsymbol{y})$ 来表示，且在直角坐标系中，有

$$\boldsymbol{x}\cdot\boldsymbol{y}=x_1y_1+x_2y_2+x_3y_3$$

$$|\boldsymbol{x}|=\sqrt{x_1^2+x_2^2+x_3^2}$$

本节中，我们要将数量积的概念推广到 n 维向量空间中，引入内积的概念．

定义 1　设有 n 维向量

$$\boldsymbol{x}=\begin{bmatrix}x_1\\x_2\\\vdots\\x_n\end{bmatrix},\qquad \boldsymbol{y}=\begin{bmatrix}y_1\\y_2\\\vdots\\y_n\end{bmatrix}$$

令

$$[\boldsymbol{x},\boldsymbol{y}]=x_1y_1+x_2y_2+\cdots+x_ny_n$$

称 $[\boldsymbol{x},\boldsymbol{y}]$ 为向量 $\boldsymbol{x}$ 与 $\boldsymbol{y}$ 的内积．

内积是两个向量之间的一种运算，其结果是一个实数，按矩阵的记法可表示为

$$[\boldsymbol{x},\boldsymbol{y}]=\boldsymbol{x}^{\mathrm{T}}\boldsymbol{y}=(x_1 \quad x_2 \quad \cdots \quad x_n)\begin{bmatrix}y_1\\y_2\\\vdots\\y_n\end{bmatrix}$$

内积的运算性质（其中 x,y,z 为 n 维向量，$\lambda\in\mathbf{R}$）：

(1) $[\boldsymbol{x},\boldsymbol{y}]=[\boldsymbol{y},\boldsymbol{x}]$；

(2) $[\lambda\boldsymbol{x},\boldsymbol{y}]=\lambda[\boldsymbol{x},\boldsymbol{y}]$；

(3) $[\boldsymbol{x}+\boldsymbol{y},\boldsymbol{z}]=[\boldsymbol{x},\boldsymbol{z}]+[\boldsymbol{y},\boldsymbol{z}]$；

(4) $[\boldsymbol{x},\boldsymbol{x}]\geqslant 0$，当且仅当 $x=0$ 时，$[\boldsymbol{x},\boldsymbol{x}]=0$.

例 1　设有两个四维向量 $\boldsymbol{\alpha}=\begin{bmatrix}1\\2\\-1\\5\end{bmatrix},\boldsymbol{\beta}=\begin{bmatrix}-3\\0\\6\\-5\end{bmatrix}$．求 $[\boldsymbol{\alpha},\boldsymbol{\beta}]$ 及 $[\boldsymbol{\alpha},\boldsymbol{\alpha}]$．

解

$$[\boldsymbol{\alpha},\boldsymbol{\beta}]=-3+0-6-25=-34$$

$$[\boldsymbol{\alpha},\boldsymbol{\alpha}]=1+4+1+25=31$$

4.1.2　向量的长度与性质

定义 2　令

$$\|\boldsymbol{x}\|=\sqrt{[\boldsymbol{x},\boldsymbol{x}]}=\sqrt{x_1^2+x_2^2+\cdots+x_n^2}$$

称 $\|\boldsymbol{x}\|$ 为 n 维向量 $\boldsymbol{x}$ 的长度（或范数）.

向量的长度具有下述性质：

(1) 非负性 $\|\boldsymbol{x}\| \geqslant 0$，当且仅当 $x=0$ 时，$\|\boldsymbol{x}\|=0$；

(2) 齐次性 $\|\lambda\boldsymbol{x}\|=|\lambda|\,\|\boldsymbol{x}\|$；

(3) 三角不等式 $\|\boldsymbol{x}+\boldsymbol{y}\| \leqslant \|\boldsymbol{x}\|+\|\boldsymbol{y}\|$；

(4) 对任意 n 维向量 $\boldsymbol{x},\boldsymbol{y}$，有 $[\boldsymbol{x},\boldsymbol{y}] \leqslant \|\boldsymbol{x}\| \cdot \|\boldsymbol{y}\|$.

注：若令 $\boldsymbol{x}^{\mathrm{T}}=(x_1 \quad x_2 \quad \cdots \quad x_n)$，$\boldsymbol{y}^{\mathrm{T}}=(y_1 \quad y_2 \quad \cdots \quad y_n)$，则性质（4）可表示为

$$\left|\sum_{i=1}^{n} x_i y_i\right| \leqslant \sqrt{\sum_{i=1}^{n} x_i^2} \cdot \sqrt{\sum_{i=1}^{n} y_i^2}$$

上述不等式称为柯西—布涅可夫斯基不等式，它说明 $\mathbf{R}^n$ 中任意两个向量的内积与它们长度之间的关系.

当 $\|\boldsymbol{x}\|=1$ 时，称 $\boldsymbol{x}$ 为单位向量.

对 $\mathbf{R}^n$ 中的任一非零向量 $\boldsymbol{\alpha}$，向量 $\dfrac{\boldsymbol{\alpha}}{\|\boldsymbol{\alpha}\|}$ 是一个单位向量，因为

$$\left\|\frac{\boldsymbol{\alpha}}{\|\boldsymbol{\alpha}\|}\right\|=\frac{1}{\|\boldsymbol{\alpha}\|}\|\boldsymbol{\alpha}\|=1$$

注：用非零向量 $\boldsymbol{\alpha}$ 的长度去除向量 $\boldsymbol{\alpha}$，得到一个单位向量，这一过程通常称为把向量 $\boldsymbol{\alpha}$ 单位化.

当 $\|\boldsymbol{\alpha}\| \neq 0$，$\|\boldsymbol{\beta}\| \neq 0$ 时，定义

$$\theta=\arccos\frac{[\boldsymbol{\alpha},\boldsymbol{\beta}]}{\|\boldsymbol{\alpha}\|\cdot\|\boldsymbol{\beta}\|} \quad (0 \leqslant \theta \leqslant \pi)$$

称 θ 为 n 维向量 $\boldsymbol{\alpha}$ 与 $\boldsymbol{\beta}$ 的夹角.

4.1.3 正交向量组

定义 3 若 $[\boldsymbol{\alpha},\boldsymbol{\beta}]=0$，则称 $\boldsymbol{\alpha}$ 与 $\boldsymbol{\beta}$ 正交.

例如：向量 $\boldsymbol{\alpha}=\begin{bmatrix}1\\0\\1\end{bmatrix}$，$\boldsymbol{\beta}=\begin{bmatrix}0\\1\\0\end{bmatrix}$ 是正交的，因为 $[\boldsymbol{\alpha},\boldsymbol{\beta}]=0$. 但如果 $\boldsymbol{\alpha}=\boldsymbol{0}$，则 $\boldsymbol{\alpha}$ 与任何向量都正交.

定义 4 对于非零向量组 $\boldsymbol{\alpha}_1$，$\boldsymbol{\alpha}_2$，…，$\boldsymbol{\alpha}_s$，若 $[\boldsymbol{\alpha}_i, \boldsymbol{\alpha}_j]=0$，$i \neq j$，即其中任意两个向量都是正交的，则称 $\boldsymbol{\alpha}_1$，$\boldsymbol{\alpha}_2$，…，$\boldsymbol{\alpha}_s$ 是一个正交向量组.

例如：向量组 $\boldsymbol{\alpha}_1=\begin{bmatrix}1\\0\\0\end{bmatrix}$，$\boldsymbol{\alpha}_2=\begin{bmatrix}0\\1\\0\end{bmatrix}$，$\boldsymbol{\alpha}_3=\begin{bmatrix}0\\0\\1\end{bmatrix}$ 是正交向量组，因为 $[\boldsymbol{\alpha}_1, \boldsymbol{\alpha}_2]=0$，$[\boldsymbol{\alpha}_1, \boldsymbol{\alpha}_3]=0$，$[\boldsymbol{\alpha}_2, \boldsymbol{\alpha}_3]=0$.

例 2 已知 3 维向量空间 $\mathbf{R}^3$ 中两个向量 $\boldsymbol{\alpha}_1=\begin{bmatrix}1\\1\\1\end{bmatrix}$，$\boldsymbol{\alpha}_2=\begin{bmatrix}1\\-2\\1\end{bmatrix}$ 正交，试求一个非零向量

$\boldsymbol{\alpha}_3$，使 $\boldsymbol{\alpha}_1$，$\boldsymbol{\alpha}_2$，$\boldsymbol{\alpha}_3$ 两两正交．

解　记 $\boldsymbol{A}=\begin{bmatrix}\boldsymbol{\alpha}_1^{\mathrm{T}}\\ \boldsymbol{\alpha}_2^{\mathrm{T}}\end{bmatrix}=\begin{bmatrix}1 & 1 & 1\\ 1 & -2 & 1\end{bmatrix}$，

$\boldsymbol{\alpha}_3$ 应满足齐次线性方程 $\boldsymbol{Ax}=\boldsymbol{0}$，即

$$\begin{bmatrix}1 & 1 & 1\\ 1 & -2 & 1\end{bmatrix}\begin{bmatrix}x_1\\ x_2\\ x_3\end{bmatrix}=\begin{bmatrix}0\\ 0\end{bmatrix}$$

由 $\boldsymbol{A}\sim\begin{bmatrix}1 & 1 & 1\\ 0 & -3 & 0\end{bmatrix}\sim\begin{bmatrix}1 & 0 & 1\\ 0 & 1 & 0\end{bmatrix}$，得 $\begin{cases}x_1=-x_3\\ x_2=0\end{cases}$，从而有基础解系 $\begin{bmatrix}-1\\ 0\\ 1\end{bmatrix}$，取 $\boldsymbol{\alpha}_3=\begin{bmatrix}-1\\ 0\\ 1\end{bmatrix}$ 即所求．

定理 1　若 n 维向量 $\boldsymbol{\alpha}_1$，$\boldsymbol{\alpha}_2$，…，$\boldsymbol{\alpha}_s$ 是一组两两正交的向量组，则 $\boldsymbol{\alpha}_1$，$\boldsymbol{\alpha}_2$，…，$\boldsymbol{\alpha}_s$ 线性无关．

4.1.4　向量的正交规范化

根据定理可知：线性无关的向量组 $\boldsymbol{\alpha}_1$，$\boldsymbol{\alpha}_2$，…，$\boldsymbol{\alpha}_s$ 不一定是正交向量组，但总可以找到一组两两正交的单位向量 $\boldsymbol{\gamma}_1$，$\boldsymbol{\gamma}_2$，…，$\boldsymbol{\gamma}_s$ 使它与 $\boldsymbol{\alpha}_1$，$\boldsymbol{\alpha}_2$，…，$\boldsymbol{\alpha}_s$ 等价，这样的过程就叫作将向量组 $\boldsymbol{\alpha}_1$，$\boldsymbol{\alpha}_2$，…，$\boldsymbol{\alpha}_s$ 正交规范化．

在这里，正交向量组构成的基称为正交基．两两正交，且都是单位向量的基称为标准正交基．

下面介绍将线性无关的向量组 $\boldsymbol{\alpha}_1$，$\boldsymbol{\alpha}_2$，…，$\boldsymbol{\alpha}_s$ 正交规范化的方法，这个方法称作施密特（Schmidt）正交化法．

施密特正交化方法（标准正交基的求法）：

设 $\boldsymbol{\alpha}_1$，$\boldsymbol{\alpha}_2$，…，$\boldsymbol{\alpha}_s$ 线性无关．

（1）正交化.

取

$$\boldsymbol{\beta}_1=\boldsymbol{\alpha}_1$$

$$\boldsymbol{\beta}_2=\boldsymbol{\alpha}_2-\frac{[\boldsymbol{\alpha}_2,\ \boldsymbol{\beta}_1]}{[\boldsymbol{\beta}_1,\ \boldsymbol{\beta}_1]}\boldsymbol{\beta}_1$$

$$\boldsymbol{\beta}_3=\boldsymbol{\alpha}_3-\frac{[\boldsymbol{\alpha}_3,\ \boldsymbol{\beta}_1]}{[\boldsymbol{\beta}_1,\ \boldsymbol{\beta}_1]}\boldsymbol{\beta}_1-\frac{[\boldsymbol{\alpha}_3,\ \boldsymbol{\beta}_2]}{[\boldsymbol{\beta}_2,\ \boldsymbol{\beta}_2]}\boldsymbol{\beta}_2$$

$$\cdots$$

$$\boldsymbol{\beta}_s=\boldsymbol{\alpha}_s-\frac{[\boldsymbol{\alpha}_s,\ \boldsymbol{\beta}_1]}{[\boldsymbol{\beta}_1,\ \boldsymbol{\beta}_1]}\boldsymbol{\beta}_1-\cdots-\frac{[\boldsymbol{\alpha}_s,\ \boldsymbol{\beta}_{s-1}]}{[\boldsymbol{\beta}_{s-1},\ \boldsymbol{\beta}_{s-1}]}\boldsymbol{\beta}_{s-1}$$

（2）单位化.

$$\boldsymbol{r}_1=\frac{\boldsymbol{\beta}_1}{|\boldsymbol{\beta}_1|},\boldsymbol{r}_2=\frac{\boldsymbol{\beta}_2}{|\boldsymbol{\beta}_2|},\cdots,\boldsymbol{r}_s=\frac{\boldsymbol{\beta}_s}{|\boldsymbol{\beta}_s|}$$

则 $\boldsymbol{\gamma}_1$，$\boldsymbol{\gamma}_2$，…，$\boldsymbol{\gamma}_s$ 称作与线性无关向量组 $\boldsymbol{\alpha}_1$，$\boldsymbol{\alpha}_2$，…，$\boldsymbol{\alpha}_s$ 等价的正交规范化向量组．

例 3　设 $\boldsymbol{\alpha}_1=\begin{bmatrix}1\\-1\\1\end{bmatrix},\boldsymbol{\alpha}_2=\begin{bmatrix}0\\1\\1\end{bmatrix},\boldsymbol{\alpha}_3=\begin{bmatrix}1\\2\\1\end{bmatrix}$，使用施密特正交化方法把这组向量规范正交化．

解　取

$$\boldsymbol{\beta}_1=\boldsymbol{\alpha}_1$$

$$\boldsymbol{\beta}_2=\boldsymbol{\alpha}_2-\frac{[\boldsymbol{\beta}_1,\ \boldsymbol{\alpha}_2]}{[\boldsymbol{\beta}_1,\ \boldsymbol{\beta}_1]}\boldsymbol{\beta}_1=\begin{bmatrix}0\\1\\1\end{bmatrix}-\frac{0}{3}\begin{bmatrix}1\\-1\\1\end{bmatrix}=\begin{bmatrix}0\\1\\1\end{bmatrix}$$

$$\boldsymbol{\beta}_3=\boldsymbol{\alpha}_3-\frac{[\boldsymbol{\beta}_1,\ \boldsymbol{\alpha}_3]}{[\boldsymbol{\beta}_1,\ \boldsymbol{\beta}_1]}\boldsymbol{\beta}_1-\frac{[\boldsymbol{\beta}_2,\ \boldsymbol{\alpha}_3]}{[\boldsymbol{\beta}_2,\ \boldsymbol{\beta}_2]}\boldsymbol{\beta}_2$$

$$=\begin{bmatrix}1\\2\\1\end{bmatrix}-\frac{0}{3}\begin{bmatrix}1\\-1\\1\end{bmatrix}-\frac{3}{2}\begin{bmatrix}0\\1\\1\end{bmatrix}=\begin{bmatrix}1\\\frac{1}{2}\\-\frac{1}{2}\end{bmatrix}$$

再单位化

$$\boldsymbol{\gamma}_1=\frac{\boldsymbol{\beta}_1}{\|\boldsymbol{\beta}_1\|}=\frac{1}{\sqrt{3}}\begin{bmatrix}1\\-1\\1\end{bmatrix}$$

$$\boldsymbol{\gamma}_2=\frac{\boldsymbol{\beta}_2}{\|\boldsymbol{\beta}_2\|}=\frac{1}{\sqrt{2}}\begin{bmatrix}0\\1\\1\end{bmatrix}$$

$$\boldsymbol{\gamma}_3=\frac{\boldsymbol{\beta}_3}{\|\boldsymbol{\beta}_3\|}=\frac{1}{\sqrt{6}}\begin{bmatrix}2\\1\\-1\end{bmatrix}$$

则 $\boldsymbol{\gamma}_1$，$\boldsymbol{\gamma}_2$，$\boldsymbol{\gamma}_3$ 为所求向量组．

4.1.5　正交矩阵

定义 5　若 n 阶实矩阵 $\boldsymbol{A}$ 满足 $\boldsymbol{A}^{\mathrm{T}}\boldsymbol{A}=\boldsymbol{E}$，则称 $\boldsymbol{A}$ 为 n 阶正交矩阵，简称正交阵．

例如，矩阵 $\begin{bmatrix}-1&0\\0&1\end{bmatrix}$ 就是正交矩阵．

$$\boldsymbol{A}=\begin{bmatrix}-1&0\\0&1\end{bmatrix},\ \boldsymbol{A}^{\mathrm{T}}=\begin{bmatrix}-1&0\\0&1\end{bmatrix},\ \boldsymbol{A}\boldsymbol{A}^{\mathrm{T}}=\begin{bmatrix}-1&0\\0&1\end{bmatrix}\begin{bmatrix}-1&0\\0&1\end{bmatrix}=\begin{bmatrix}1&0\\0&1\end{bmatrix}$$

由定义可得如下结论：

(1) n 阶实矩阵 $\boldsymbol{A}$ 为正交矩阵的充分必要条件是 $\boldsymbol{A}^{-1}=\boldsymbol{A}^{\mathrm{T}}$；

(2) n 阶实矩阵 $\boldsymbol{A}$ 为正交矩阵的充分必要条件是 $\boldsymbol{A}\boldsymbol{A}^{\mathrm{T}}=\boldsymbol{E}$.

所以，要验证 A 为正交矩阵，只需验证 $AA^T=E$ 或 $A^TA=E$ 即可．

例 4　判断矩阵 $A=\begin{bmatrix}\frac{2}{3}&\frac{2}{3}&\frac{1}{3}\\\frac{2}{3}&-\frac{1}{3}&-\frac{2}{3}\\\frac{1}{3}&-\frac{2}{3}&\frac{2}{3}\end{bmatrix}$是否为正交矩阵．

解　因为 $AA^T=\begin{bmatrix}\frac{2}{3}&\frac{2}{3}&\frac{1}{3}\\\frac{2}{3}&-\frac{1}{3}&-\frac{2}{3}\\\frac{1}{3}&-\frac{2}{3}&\frac{2}{3}\end{bmatrix}\begin{bmatrix}\frac{2}{3}&\frac{2}{3}&\frac{1}{3}\\\frac{2}{3}&-\frac{1}{3}&-\frac{2}{3}\\\frac{1}{3}&-\frac{2}{3}&\frac{2}{3}\end{bmatrix}=\begin{bmatrix}1&0&0\\0&1&0\\0&0&1\end{bmatrix}=E$

所以 A 为正交矩阵．

正交矩阵的性质：

(1) 若 A 为正交矩阵，则 A^{-1} 也是正交矩阵；

(2) 若 A，B 均为正交矩阵，则 AB 也是正交矩阵；

(3) 若 A 是正交矩阵，则 $|A|=\pm 1$.

单位矩阵是正交矩阵．

定理 2　A 是正交矩阵的充分必要条件是 A 的行（列）向量组是标准正交向量组．

例如，三阶方阵 $A=\begin{bmatrix}\frac{2}{3}&\frac{2}{3}&\frac{1}{3}\\\frac{2}{3}&-\frac{1}{3}&-\frac{2}{3}\\\frac{1}{3}&-\frac{2}{3}&\frac{2}{3}\end{bmatrix}$ 的列向量组为 $\alpha_1=\begin{bmatrix}\frac{2}{3}\\\frac{2}{3}\\\frac{1}{3}\end{bmatrix}$，$\alpha_2=\begin{bmatrix}\frac{2}{3}\\-\frac{1}{3}\\-\frac{2}{3}\end{bmatrix}$，$\alpha_3=\begin{bmatrix}\frac{1}{3}\\-\frac{2}{3}\\\frac{2}{3}\end{bmatrix}$.

因为 $|\alpha_i|=1(i=1,2,3)$，又 $[\alpha_i,\alpha_j]=0(i\neq j,i,j=1,2,3)$，即 α_1，α_2，α_3 为标准正交向量组，所以 A 为正交矩阵．

例 5　试求一个正交的相似变换矩阵，将下列对称矩阵化为对角矩阵：

(1) $\begin{bmatrix}2&-2&0\\-2&1&-2\\0&-2&0\end{bmatrix}$；(2) $\begin{bmatrix}2&2&-2\\2&5&-4\\-2&-4&5\end{bmatrix}$.

解

(1) $|\lambda \boldsymbol{E}-\boldsymbol{A}|=\begin{vmatrix}\lambda-2 & 2 & 0\\ 2 & \lambda-1 & 2\\ 0 & 2 & \lambda\end{vmatrix}=(1-\lambda)(\lambda-4)(\lambda+2)$,

故得特征值为 $\lambda_1=-2, \lambda_2=1, \lambda_3=4$.

当 $\lambda_1=-2$ 时，由 $\begin{bmatrix}-4 & 2 & 0\\ 2 & -3 & 2\\ 0 & 2 & 2\end{bmatrix}\begin{bmatrix}x_1\\ x_2\\ x_3\end{bmatrix}=0$,

解得 $\begin{bmatrix}x_1\\ x_2\\ x_3\end{bmatrix}=k_1\begin{bmatrix}1\\ 2\\ 2\end{bmatrix}$.

单位特征向量可取：$\boldsymbol{P}_1=\begin{bmatrix}1/3\\ 2/3\\ 2/3\end{bmatrix}$.

当 $\lambda_2=1$ 时，由 $\begin{bmatrix}-1 & 2 & 0\\ 2 & 0 & 2\\ 0 & 2 & -1\end{bmatrix}\begin{bmatrix}x_1\\ x_2\\ x_3\end{bmatrix}=0$,

解得 $\begin{bmatrix}x_1\\ x_2\\ x_3\end{bmatrix}=k_2\begin{bmatrix}2\\ 1\\ -2\end{bmatrix}$.

单位特征向量可取：$\boldsymbol{P}_2=\begin{bmatrix}2/3\\ 1/3\\ -2/3\end{bmatrix}$.

当 $\lambda_3=4$ 时，由 $\begin{bmatrix}2 & 2 & 0\\ 2 & 3 & 2\\ 0 & 2 & -4\end{bmatrix}\begin{bmatrix}x_1\\ x_2\\ x_3\end{bmatrix}=0$,

解得 $\begin{bmatrix}x_1\\ x_2\\ x_3\end{bmatrix}=k_3\begin{bmatrix}2\\ -2\\ 1\end{bmatrix}$.

单位特征向量可取：$\boldsymbol{P}_3=\begin{bmatrix}2/3\\ -2/3\\ 1/3\end{bmatrix}$.

得正交阵

$$(\boldsymbol{P}_1\quad \boldsymbol{P}_2\quad \boldsymbol{P}_3)=\boldsymbol{P}=\frac{1}{3}\begin{bmatrix}1 & 2 & 2\\ 2 & 1 & -2\\ 2 & -2 & 1\end{bmatrix}$$

$$P^{-1}AP=\begin{bmatrix}-2&0&0\\0&1&0\\0&0&4\end{bmatrix}$$

(2) $|\lambda E-A|=\begin{bmatrix}\lambda-2&-2&2\\-2&\lambda-5&4\\2&4&\lambda-5\end{bmatrix}=-(\lambda-1)^2(\lambda-10)$，

故得特征值为 $\lambda_1=\lambda_2=1,\lambda_3=10$.

当 $\lambda_1=\lambda_2=1$ 时，由 $\begin{bmatrix}-1&-2&2\\-2&-4&4\\2&4&-4\end{bmatrix}\begin{bmatrix}x_1\\x_2\\x_3\end{bmatrix}=\begin{bmatrix}0\\0\\0\end{bmatrix}$，

解得 $\begin{bmatrix}x_1\\x_2\\x_3\end{bmatrix}=k_1\begin{bmatrix}-2\\1\\0\end{bmatrix}+k_2\begin{bmatrix}2\\0\\1\end{bmatrix}$.

此两个向量正交、单位化后，得两个单位正交的特征向量

$$P_1=\frac{1}{\sqrt{5}}\begin{bmatrix}-2\\1\\0\end{bmatrix},P_2=\begin{bmatrix}-2\\1\\0\end{bmatrix}-\frac{-4}{5}\begin{bmatrix}-2\\1\\0\end{bmatrix}=\begin{bmatrix}2/5\\4/5\\1\end{bmatrix}.\ \text{单位化得}\ P_2=\frac{\sqrt{5}}{3}\begin{bmatrix}2/5\\4/5\\1\end{bmatrix}.$$

当 $\lambda_3=10$ 时，由 $\begin{bmatrix}8&-2&2\\-2&5&4\\2&4&5\end{bmatrix}\begin{bmatrix}x_1\\x_2\\x_3\end{bmatrix}=\begin{bmatrix}0\\0\\0\end{bmatrix}$，解得 $\begin{bmatrix}x_1\\x_2\\x_3\end{bmatrix}=k_3\begin{bmatrix}-1\\-2\\2\end{bmatrix}$.

单位化 $P_3=\frac{1}{3}\begin{bmatrix}-1\\-2\\2\end{bmatrix}$，得正交阵 $(P_1\quad P_2\quad P_3)=\begin{bmatrix}-\frac{2}{\sqrt{5}}&\frac{2\sqrt{5}}{15}&-\frac{1}{3}\\\frac{1}{\sqrt{5}}&\frac{4\sqrt{5}}{15}&-\frac{2}{3}\\0&\frac{\sqrt{5}}{3}&\frac{2}{3}\end{bmatrix}$.

$P^{-1}AP=\begin{bmatrix}1&0&0\\0&1&0\\0&0&1\end{bmatrix}$.

练习题 4－1

1. 设有两个四维向量 $\boldsymbol{\alpha}=\begin{bmatrix}1\\2\\-1\\5\end{bmatrix}$，$\boldsymbol{\beta}=\begin{bmatrix}-3\\0\\6\\-5\end{bmatrix}$. 求 $[\boldsymbol{\alpha},\boldsymbol{\beta}]$ 及 $[\boldsymbol{\alpha},\boldsymbol{\alpha}]$.

2. 已知 $\boldsymbol{\alpha}_1=\begin{bmatrix}1\\1\\1\end{bmatrix}$. 求一组非零向量 $\boldsymbol{\alpha}_2$，$\boldsymbol{\alpha}_3$，使 $\boldsymbol{\alpha}_1$，$\boldsymbol{\alpha}_2$，$\boldsymbol{\alpha}_3$ 两两正交.

3. 设 $\boldsymbol{\alpha}_1=\begin{bmatrix}1\\2\\-1\end{bmatrix}$，$\boldsymbol{\alpha}_2=\begin{bmatrix}-1\\3\\1\end{bmatrix}$，$\boldsymbol{\alpha}_3=\begin{bmatrix}4\\-1\\0\end{bmatrix}$，试用施密特正交化方法，将向量组正交规范化．

4. 设 $\boldsymbol{\alpha}_1=\begin{bmatrix}1\\1\\0\end{bmatrix}$，$\boldsymbol{\alpha}_2=\begin{bmatrix}1\\0\\1\end{bmatrix}$，$\boldsymbol{\alpha}_3=\begin{bmatrix}-1\\0\\0\end{bmatrix}$．试用施密特正交化过程把这组向量规范正交化．

4.2 特征值与特征向量

4.2.1 特征值与特征向量

我们知道，矩阵乘法对应了一个变换，是把任意一个向量变成另一个方向或长度都不同的新向量．在这个变换的过程中，原向量主要发生旋转、伸缩的变化．如果矩阵对某一个向量或某些向量只发生伸缩变换，不对这些向量产生旋转的效果，那么这些向量就称为这个矩阵的特征向量，伸缩的比例就是特征值．

定义 1 设 $\boldsymbol{A}$ 是一个 n 阶方阵，λ 是一个数，如果方程

$$\boldsymbol{AX}=\lambda\boldsymbol{X} \tag{1}$$

存在非零解向量，则称 λ 为 $\boldsymbol{A}$ 的一个特征值，相应的非零解向量 $\boldsymbol{X}$ 称为属于特征值 λ 的特征向量．

式（1）也可写成

$$(\boldsymbol{A}-\lambda\boldsymbol{E})\boldsymbol{X}=\boldsymbol{0} \tag{2}$$

这是 n 个未知数 n 个方程的齐次线性方程组，它有非零解的充分必要条件是系数行列式

$$|\boldsymbol{A}-\lambda\boldsymbol{E}|\boldsymbol{X}=\boldsymbol{0} \tag{3}$$

即
$$\begin{vmatrix}a_{11}-\lambda & a_{12} & \cdots & a_{1n}\\ a_{21} & a_{22}-\lambda & \cdots & a_{2n}\\ \vdots & \vdots & & \vdots\\ a_{n1} & a_{n2} & \cdots & a_{nn}-\lambda\end{vmatrix}=0$$

上式是以 λ 为未知数的一元 n 次方程，称为方阵 $\boldsymbol{A}$ 的特征方程．其左端 $|\boldsymbol{A}-\lambda\boldsymbol{E}|$ 是 λ 的 n 次多项式，记作 $f(\lambda)$，称为方阵 $\boldsymbol{A}$ 的特征多项式．

$$f(\lambda)=|\boldsymbol{A}-\lambda\boldsymbol{E}|=\begin{vmatrix}a_{11}-\lambda & a_{12} & \cdots & a_{1n}\\ a_{21} & a_{22}-\lambda & \cdots & a_{2n}\\ \vdots & \vdots & & \vdots\\ a_{n1} & a_{n2} & \cdots & a_{nn}-\lambda\end{vmatrix}$$
$$=(-1)^n\lambda^n+a_1\lambda^{n-1}+\cdots+a_{n-1}\lambda+a_n$$

显然，$\boldsymbol{A}$ 的特征值就是特征方程的解．特征方程在复数范围内恒有解，其个数为方程的次数（重根按重数计算），因此 n 阶矩阵 $\boldsymbol{A}$ 有 n 个特征值．

设 n 阶矩阵 $\boldsymbol{A}=(a_{ij})$ 的特征值为 λ_1，λ_2，…，λ_n．由多项式的根与系数之间的关系，不

难证明

(1) $\lambda_1+\lambda_2+\cdots+\lambda_n=a_{11}+a_{22}+\cdots+a_{nn}$；

(2) $\lambda_1\lambda_2\cdots\lambda_n=|\boldsymbol{A}|$.

若 λ 为 $\boldsymbol{A}$ 的一个特征值，则 λ 一定是方程 $|\boldsymbol{A}-\lambda\boldsymbol{E}|=0$ 的根，因此又称特征根；若 λ 为方程 $|\boldsymbol{A}-\lambda\boldsymbol{E}|=0$ 的 n_i 重根，则 λ 称为 $\boldsymbol{A}$ 的 n_i 重特征根．方程 $(\boldsymbol{A}-\lambda\boldsymbol{E})\boldsymbol{X}=\boldsymbol{0}$ 的每一个非零解向量都是相应于 λ 的特征向量，于是我们可以得到求矩阵 $\boldsymbol{A}$ 的全部特征值和特征向量的方法如下：

第一步：计算 $\boldsymbol{A}$ 的特征多项式 $|\boldsymbol{A}-\lambda\boldsymbol{E}|$；

第二步：求出特征方程 $|\boldsymbol{A}-\lambda\boldsymbol{E}|=0$ 的全部根，即为 $\boldsymbol{A}$ 的全部特征值；

第三步：对于 $\boldsymbol{A}$ 的每一个特征值 λ，求出齐次线性方程组

$$(\boldsymbol{A}-\lambda\boldsymbol{E})\boldsymbol{X}=\boldsymbol{0}$$

的一个基础解系 $\boldsymbol{\xi}_1$，$\boldsymbol{\xi}_2$，…，$\boldsymbol{\xi}_s$，则 $\boldsymbol{A}$ 的属于特征值 λ 的全部特征向量是

$$k_1\boldsymbol{\xi}_1+k_2\boldsymbol{\xi}_2+\cdots+k_s\boldsymbol{\xi}_s\text{（其中 }k_1,k_2,\cdots,k_s\text{ 是不全为零的任意实数）}$$

例 1　求下列矩阵的特征值和特征向量：

(1) $\begin{bmatrix}1 & -1\\2 & 4\end{bmatrix}$；(2) $\begin{bmatrix}1 & 2 & 3\\2 & 1 & 3\\3 & 3 & 6\end{bmatrix}$.

解　(1) 矩阵 $\boldsymbol{A}$ 的特征多项式为

$$|\lambda\boldsymbol{E}-\boldsymbol{A}|=\begin{vmatrix}\lambda-1 & 1\\-2 & \lambda-4\end{vmatrix}=(\lambda-2)(\lambda-3)$$

解得，$\boldsymbol{A}$ 的特征值为 $\lambda_1=2,\lambda_2=3$.

(2) 当 $\lambda_1=2$ 时，代入 $(\lambda\boldsymbol{E}-\boldsymbol{A})\boldsymbol{x}=\boldsymbol{0}$ 中有方程 $(\boldsymbol{A}-2\boldsymbol{E})\boldsymbol{x}=\boldsymbol{0}$，即

$$\begin{cases}-x_1-x_2=0\\2x_1+2x_2=0\end{cases}$$

解得基础解系 $\boldsymbol{P}_1=\begin{bmatrix}-1\\1\end{bmatrix}$，所以 $\boldsymbol{A}$ 对应于 $\lambda_1=2$ 的全部特征向量为 $k_1\begin{bmatrix}-1\\1\end{bmatrix}(k_1\neq 0)$.

当 $\lambda_2=3$ 时，解方程 $(\boldsymbol{A}-3\boldsymbol{E})\boldsymbol{x}=\boldsymbol{0}$，即

$$\begin{cases}-x_1-x_2=0\\2x_1+x_2=0\end{cases}$$

得基础解系 $\boldsymbol{P}_2=\begin{bmatrix}-\dfrac{1}{2}\\1\end{bmatrix}$，所以 $\boldsymbol{A}$ 对应于 $\lambda_2=3$ 的全部特征向量为 $k_2\begin{bmatrix}-\dfrac{1}{2}\\1\end{bmatrix}(k_2\neq 0)$.

(2) 矩阵 $\boldsymbol{A}$ 的特征多项式为

$$|\lambda\boldsymbol{E}-\boldsymbol{A}|=\begin{vmatrix}\lambda-1 & -2 & -3\\-2 & \lambda-1 & -3\\-3 & -3 & \lambda-6\end{vmatrix}=-\lambda(\lambda+1)(\lambda-9)$$

解得，$\boldsymbol{A}$ 的特征值为 $\lambda_1=0,\lambda_2=-1,\lambda_3=9$.

当 $\lambda_1=0$ 时，代入 $(\lambda\boldsymbol{E}-\boldsymbol{A})\boldsymbol{x}=\boldsymbol{0}$ 中有方程 $\boldsymbol{A}\boldsymbol{x}=\boldsymbol{0}$，即

$$\begin{cases} x_1+2x_2+3x_3=0 \\ 2x_1\ \ +x_2+3x_3=0 \\ 3x_1+3x_2+6x_3=0 \end{cases}$$

解得基础解系 $\boldsymbol{P}_1=\begin{bmatrix}-1\\-1\\1\end{bmatrix}$，所以 $\boldsymbol{A}$ 对应于 $\lambda_1=0$ 的全部特征向量为 $k_1\begin{bmatrix}-1\\-1\\1\end{bmatrix}(k_1\neq 0)$.

当 $\lambda_2=-1$ 时，代入 $(\lambda\boldsymbol{E}-\boldsymbol{A})\boldsymbol{x}=\boldsymbol{0}$ 中有方程 $(\boldsymbol{A}+\boldsymbol{E})\boldsymbol{x}=\boldsymbol{0}$，即

$$\begin{cases} 2x_1+2x_2+3x_3=0 \\ 2x_1+2x_2+3x_3=0 \\ 3x_1+3x_2+7x_3=0 \end{cases}$$

解得基础解系 $\boldsymbol{P}_1=\begin{bmatrix}-1\\1\\0\end{bmatrix}$，所以 $\boldsymbol{A}$ 对应于 $\lambda_2=-1$ 的全部特征向量为 $k_1\begin{bmatrix}-1\\1\\0\end{bmatrix}(k_1\neq 0)$.

当 $\lambda_3=9$ 时，代入 $(\lambda\boldsymbol{E}-\boldsymbol{A})=\boldsymbol{0}$ 中有方程 $(\boldsymbol{A}-9\boldsymbol{E})\boldsymbol{x}=\boldsymbol{0}$，即 $\begin{cases} -8x_1+2x_2+3x_3=0 \\ \ \ 2x_1-8x_2+3x_3=0. \\ \ \ 3x_1+3x_2-3x_3=0 \end{cases}$

解得基础解系 $\boldsymbol{P}_1=\begin{bmatrix}1/2\\1/2\\1\end{bmatrix}$，所以 $\boldsymbol{A}$ 对应于 $\lambda_3=9$ 的全部特征向量为 $k_1\begin{bmatrix}1/2\\1/2\\1\end{bmatrix}(k_1\neq 0)$.

例 2 已知向量 $\boldsymbol{v}=(1\quad 1\quad 3)^{\mathrm{T}}$ 是矩阵 $\begin{bmatrix}-2&1&1\\a&2&0\\-4&b&3\end{bmatrix}$ 的一个特征向量，试求 $\boldsymbol{A}$ 对应于 $\boldsymbol{x}$ 的特征值，并确定 $\boldsymbol{A}$ 中 a，b 之值.

解 由定义知 $\boldsymbol{A}\boldsymbol{v}=\lambda\boldsymbol{v}$，

所以可以得到等式

$$\begin{bmatrix}-2&1&1\\a&2&0\\-4&b&3\end{bmatrix}\begin{bmatrix}1\\1\\3\end{bmatrix}=\begin{bmatrix}\lambda\\\lambda\\3\lambda\end{bmatrix}$$

即 $\begin{bmatrix}2\\a+2\\b+5\end{bmatrix}=\begin{bmatrix}\lambda\\\lambda\\3\lambda\end{bmatrix}$，解得，$\lambda=2,a=0,b=1$.

例 3 设矩阵 $\boldsymbol{A}=\begin{bmatrix}1&0&1\\0&2&0\\1&0&a\end{bmatrix}$，已知 $\lambda_1=0$ 是 $\boldsymbol{A}$ 的一个特征值，试求 $\boldsymbol{A}$ 的特征值和特征向量.

解 因为 $\lambda_1=0$ 是 $\boldsymbol{A}$ 的一个特征值，故有

$$|\lambda\boldsymbol{E}-\boldsymbol{A}|=|-\boldsymbol{A}|=0$$

又因为 $|\boldsymbol{A}|=2(a-1)$，所以 $a=1$.

从而求得 $|\lambda\boldsymbol{E}-\boldsymbol{A}|=\begin{vmatrix}\lambda-1 & 0 & -1\\ 0 & \lambda-2 & 0\\ -1 & 0 & \lambda-1\end{vmatrix}=-\lambda(\lambda-2)^2$.

因此，$\boldsymbol{A}$ 的特征值为 $\lambda_1=0,\lambda_2=\lambda_3=2$.

当 $\lambda_1=0$ 时，代入 $(\lambda\boldsymbol{E}-\boldsymbol{A})\boldsymbol{x}=\boldsymbol{0}$ 中有方程 $\boldsymbol{A}\boldsymbol{x}=\boldsymbol{0}$，即

$$\begin{cases}x_1+x_3=0\\ 2x_2=0\\ x_1+x_3=0\end{cases}$$

解得基础解系 $\boldsymbol{P}_1=\begin{bmatrix}1\\0\\-1\end{bmatrix}$，所以 $\boldsymbol{A}$ 对应于 $\lambda_1=0$ 的全部特征向量为 $k_1\begin{bmatrix}1\\0\\-1\end{bmatrix}(k_1\neq 0)$.

当 $\lambda_2=\lambda_3=2$ 时，代入 $(\lambda\boldsymbol{E}-\boldsymbol{A})\boldsymbol{x}=\boldsymbol{0}$ 中有方程 $(\boldsymbol{A}-2\boldsymbol{E})\boldsymbol{x}=\boldsymbol{0}$，即

$$\begin{cases}-x_1+x_3=0\\ x_1-x_3=0\end{cases}$$

解得基础解系 $\boldsymbol{P}_2=\begin{bmatrix}0\\1\\0\end{bmatrix},\boldsymbol{P}_3=\begin{bmatrix}1\\0\\1\end{bmatrix}$，所以 $\boldsymbol{A}$ 对应于 $\lambda_2=\lambda_3=2$ 的全部特征向量为 $k_2\begin{bmatrix}0\\1\\0\end{bmatrix}+k_3\begin{bmatrix}1\\0\\1\end{bmatrix}(k_2\neq 0,k_3\neq 0)$.

例 4　求矩阵

$$\boldsymbol{A}=\begin{bmatrix}1 & -2 & 2\\ -2 & -2 & 4\\ 2 & 4 & -2\end{bmatrix}$$

的特征值和特征向量.

解　$\boldsymbol{A}$ 的特征多项式为

$$|\boldsymbol{A}-\lambda\boldsymbol{E}|=\begin{vmatrix}1-\lambda & -2 & 2\\ -2 & -2-\lambda & 4\\ 2 & 4 & -2-\lambda\end{vmatrix}=-(\lambda-2)^2(\lambda+7)$$

所以 $\boldsymbol{A}$ 的特征值为 $\lambda_1=\lambda_2=2$（二重根），$\lambda_3=-7$.

对于 $\lambda_1=\lambda_2=2$，解齐次线性方程组 $(\boldsymbol{A}-2\boldsymbol{E})\boldsymbol{X}=\boldsymbol{0}$. 由

$$\boldsymbol{A}-2\boldsymbol{E}=\begin{bmatrix}-1 & -2 & 2\\ -2 & -4 & 4\\ 2 & 4 & -4\end{bmatrix}\to\begin{bmatrix}1 & 2 & -2\\ 0 & 0 & 0\\ 0 & 0 & 0\end{bmatrix}$$

得基础解系为

$$\boldsymbol{\xi}_1=\begin{bmatrix}-2\\1\\0\end{bmatrix},\boldsymbol{\xi}_2=\begin{bmatrix}2\\0\\1\end{bmatrix}$$

因此，属于$\lambda_1=\lambda_2=2$的全部特征向量为$k_1\boldsymbol{\xi}_1+k_2\boldsymbol{\xi}_2(k_1,k_2$不同时为零）.

对于$\lambda_3=-7$，解齐次线性方程组$(\boldsymbol{A}+7\boldsymbol{E})\boldsymbol{X}=\boldsymbol{0}$. 由

$$\boldsymbol{A}+7\boldsymbol{E}=\begin{bmatrix}8&-2&2\\-2&5&4\\2&4&5\end{bmatrix}\to\begin{bmatrix}1&0&\frac{1}{2}\\0&1&1\\0&0&0\end{bmatrix}$$

得基础解系为$\boldsymbol{\xi}_3=\begin{bmatrix}1\\2\\-2\end{bmatrix}$.

因此，属于$\lambda_3=-7$的全部特征向量为$k_3\boldsymbol{\xi}_3(k_3\neq 0)$.

由以上讨论可知，对于方阵$\boldsymbol{A}$的每一个特征值，我们都可以求出其全部的特征向量．但对于属于不同特征值的特征向量，它们之间存在什么关系呢？这一问题的讨论在对角化理论中有很重要的作用．对此我们给出以下结论：

4.2.2 特征值与特征向量的性质

定理1 设$\boldsymbol{A}$是n阶方阵，则$\boldsymbol{A}$和$\boldsymbol{A}^{\mathrm{T}}$有相同的特征值．

证 因为

$$(\lambda\boldsymbol{E}-\boldsymbol{A})^{\mathrm{T}}=\lambda\boldsymbol{E}-\boldsymbol{A}^{\mathrm{T}}$$

$$|\lambda\boldsymbol{E}-\boldsymbol{A}^{\mathrm{T}}|=|(\lambda\boldsymbol{E}-\boldsymbol{A})^{\mathrm{T}}|=|\lambda\boldsymbol{E}-\boldsymbol{A}|$$

所以$\boldsymbol{A}$和$\boldsymbol{A}^{\mathrm{T}}$有相同的多项式，故有相同的特征值．

注：$\boldsymbol{A}$和$\boldsymbol{A}^{\mathrm{T}}$对应于同一特征值的特征向量一般不同．

例如：$\boldsymbol{A}=\begin{bmatrix}0&1\\0&0\end{bmatrix}$，则特征值为$\lambda_1=\lambda_2=0$，特征向量为$k\begin{bmatrix}1\\0\end{bmatrix}(k\neq 0)$. $\boldsymbol{A}^{\mathrm{T}}=\begin{bmatrix}0&0\\1&0\end{bmatrix}$的特征值也为$\lambda_1=\lambda_2=0$，但特征向量为$k\begin{bmatrix}1\\0\end{bmatrix}(k\neq 0)$，两特征向量不同．

定理2 设方阵$\boldsymbol{A}$有特征值λ及对应的特征向量$\boldsymbol{x}$，则$\boldsymbol{A}^2$有特征值λ^2，对应的特征向量仍为$\boldsymbol{x}$.

推广：设方阵$\boldsymbol{A}$有特征值λ及对应的特征向量$\boldsymbol{x}$，则$\boldsymbol{A}$的多项式$f(\boldsymbol{A})=a_0\boldsymbol{E}+a_1\boldsymbol{A}+\cdots+a_m\boldsymbol{A}^m$有特征值$f(\lambda)=a_0+a_1\lambda+\cdots+a_m\lambda^m$，对应的特征向量仍为$\boldsymbol{x}$.

定理3 设n阶矩阵$\boldsymbol{A}(a_{ij})$的n个特征值为$\lambda_1,\lambda_2,\cdots,\lambda_m$，则必有

(1) $\lambda_1+\lambda_2+\cdots+\lambda_n=a_{11}+a_{22}+\cdots+a_{nn}=\mathrm{tr}(\boldsymbol{A})$（称为$\boldsymbol{A}$的迹）；

(2) $\lambda_1\lambda_2\cdots\lambda_n=|\boldsymbol{A}|$.

推论 n阶方阵$\boldsymbol{A}$可逆的充分必要条件是它的任一特征值不为零．

定理4 设$\lambda_1,\lambda_2,\cdots,\lambda_m$是方阵$\boldsymbol{A}$的$m$个互不相同的特征值，$\boldsymbol{x}_1$，$\boldsymbol{x}_2$，…，$\boldsymbol{x}_m$是分别与$\lambda_1$，$\lambda_2$，…，$\lambda_m$对应的特征向量，则$\boldsymbol{x}_1$，$\boldsymbol{x}_2$，…，$\boldsymbol{x}_m$线性无关．

例5 已知$|\boldsymbol{A}+\boldsymbol{E}|=0,|\boldsymbol{A}+2\boldsymbol{E}|=0,|\boldsymbol{A}+3\boldsymbol{E}|=0$,$\boldsymbol{A}$是3阶方阵，求$\boldsymbol{A}+4\boldsymbol{E}$.

解 由$|\boldsymbol{A}+\boldsymbol{E}|=0$知$\boldsymbol{A}$有特征值$-1$，而$\boldsymbol{A}+4\boldsymbol{E}$是$\boldsymbol{A}$的多项式．

所以$-1+4=3$是$\boldsymbol{A}+4\boldsymbol{E}$的特征值；同理$-2$，$-3$是$\boldsymbol{A}$的特征值．因此2，1是$\boldsymbol{A}+4\boldsymbol{E}$的特征值，故$\boldsymbol{A}+4\boldsymbol{E}$的特征值为3，2，1.

由定理 3 的第（2）条：$|\boldsymbol{A}+4\boldsymbol{E}|=3\times2\times1=6$.

例 6　设 λ 是 n 阶可逆矩阵 $\boldsymbol{A}$ 的特征值，证明 $\frac{1}{\lambda}$ 是 $\boldsymbol{A}^{-1}$的特征值，$\frac{1}{\lambda}|\boldsymbol{A}|$是 $\boldsymbol{A}^*$ 的特征值.

证　由于 $\boldsymbol{A}$ 可逆，则 $\lambda\neq0$，设 λ 对应的特征向量为 $\boldsymbol{x}$，则由已知 $\boldsymbol{A}\boldsymbol{x}=\lambda\boldsymbol{x}$.

两边左乘 $\boldsymbol{A}^{-1}$，得 $\boldsymbol{A}^{-1}\boldsymbol{A}\boldsymbol{x}=\boldsymbol{A}^{-1}(\lambda\boldsymbol{x})$，则 $\boldsymbol{x}=\lambda(\boldsymbol{A}^{-1}\boldsymbol{x})$. 于是 $\boldsymbol{A}^{-1}\boldsymbol{x}=\frac{1}{\lambda}\boldsymbol{x}$.

所以 $\frac{1}{\lambda}$ 是 $\boldsymbol{A}^{-1}$ 的特征值.

两边左乘 $\boldsymbol{A}^*$，得 $\boldsymbol{A}^*\boldsymbol{A}\boldsymbol{x}=\boldsymbol{A}^*(\lambda\boldsymbol{x})$，则 $(|\boldsymbol{A}|\boldsymbol{E})\boldsymbol{x}=\lambda(\boldsymbol{A}^*\boldsymbol{x})$. 于是 $\boldsymbol{A}^*\boldsymbol{x}=\frac{1}{\lambda}|\boldsymbol{A}|\boldsymbol{x}$.

所以 $\frac{1}{\lambda}|\boldsymbol{A}|$是 $\boldsymbol{A}^*$ 的特征值.

例 7　设三阶矩阵 $\boldsymbol{A}$ 的特征值为 1，2，-3，求行列式$|\boldsymbol{A}^3-3\boldsymbol{A}+\boldsymbol{E}|$的值.

解　设 $f(x)=x^3-3x+1$，则 $f(\boldsymbol{A})=\boldsymbol{A}^3-3\boldsymbol{A}+\boldsymbol{E}$，由定理 1 可知 $|f(\boldsymbol{A})|$ 等于 $f(\boldsymbol{A})$ 的三个特征值之积. 而由性质 1 得 $f(\boldsymbol{A})$ 的特征值为 $f(1),f(2),f(-3)$，故 $|f(\boldsymbol{A})|=153$.

练习题 4－2

1. 求 $\boldsymbol{A}=\begin{bmatrix}2&-2&0\\-2&1&-2\\0&-2&0\end{bmatrix}$ 的特征值及对应的特征向量.

2. 若三阶方阵 $\boldsymbol{A}$ 的特征值为 $\lambda_1=6,\lambda_2=\lambda_3=3$，其对应的特征向量为 $\boldsymbol{\alpha}_1=(1,\ 1,\ 1)^{\mathrm{T}},\boldsymbol{\alpha}_2=(-1,\ 0,\ 1)^{\mathrm{T}},\boldsymbol{\alpha}_3=(1,\ -2,\ 1)^{\mathrm{T}}$，求 $\boldsymbol{A}$，$|\boldsymbol{A}^5|$.

3. 设 $\boldsymbol{A}=\begin{bmatrix}1&2&3\\-1&x&2\\0&0&1\end{bmatrix}$，已知 $\boldsymbol{A}$ 的特征值为 2，1，3，则 x=(　　).

A. -2　　B. 3　　C. 4　　D. -1

4. 已知矩阵 $\begin{bmatrix}22&30\\-12&x\end{bmatrix}$，有一个特征向量 $\begin{bmatrix}-5\\3\end{bmatrix}$，则 x=(　　).

A. -18　　B. -16　　C. -14　　D. -12

4.3　相似矩阵与矩阵的对角化

定义　设 $\boldsymbol{A}$、$\boldsymbol{B}$ 都是 n 阶方阵，若存在满秩矩阵 $\boldsymbol{P}$，使得

$$\boldsymbol{P}^{-1}\boldsymbol{A}\boldsymbol{P}=\boldsymbol{B}$$

则称 $\boldsymbol{A}$ 与 $\boldsymbol{B}$ 相似，记作 $\boldsymbol{A}\sim\boldsymbol{B}$，且满秩矩阵 $\boldsymbol{P}$ 称为将 $\boldsymbol{A}$ 变为 $\boldsymbol{B}$ 的相似变换矩阵.

"相似"是矩阵间的一种关系，这种关系具有如下性质：

（1）反身性：$\boldsymbol{A}\sim\boldsymbol{A}$；

（2）对称性：若$\boldsymbol{A}\sim\boldsymbol{B}$，则$\boldsymbol{B}\sim\boldsymbol{A}$；

（3）传递性：若$\boldsymbol{A}\sim\boldsymbol{B}$，$\boldsymbol{B}\sim\boldsymbol{C}$，则$\boldsymbol{A}\sim\boldsymbol{C}$.

相似矩阵还具有下列性质：

定理1　相似矩阵有相同的特征多项式，因而有相同的特征值.

证　设$\boldsymbol{A}\sim\boldsymbol{B}$，则存在满秩矩阵$\boldsymbol{P}$，使$\boldsymbol{B}=\boldsymbol{P}^{-1}\boldsymbol{A}\boldsymbol{P}$，于是

$$|\boldsymbol{B}-\lambda\boldsymbol{E}|=|\boldsymbol{P}^{-1}\boldsymbol{A}\boldsymbol{P}-\lambda\boldsymbol{E}|=|\boldsymbol{P}^{-1}\boldsymbol{A}\boldsymbol{P}-\boldsymbol{P}^{-1}(\lambda\boldsymbol{E})\boldsymbol{P}|=|\boldsymbol{P}^{-1}(\boldsymbol{A}-\lambda\boldsymbol{E})\boldsymbol{P}|=|\boldsymbol{A}-\lambda\boldsymbol{E}|$$

推论　若n阶矩阵$\boldsymbol{A}$与对角矩阵

$$\boldsymbol{\Lambda}=\begin{bmatrix}\lambda_1 & & & \\ & \lambda_2 & & \\ & & \ddots & \\ & & & \lambda_n\end{bmatrix}$$

相似，则$\lambda_1,\lambda_2,\cdots,\lambda_n$即是$\boldsymbol{A}$的$n$个特征值.

定理2　设$\boldsymbol{\xi}$是矩阵$\boldsymbol{A}$的属于特征值λ_0的特征向量，且$\boldsymbol{A}\sim\boldsymbol{B}$，即存在满秩矩阵$\boldsymbol{P}$使$\boldsymbol{B}=\boldsymbol{P}^{-1}\boldsymbol{A}\boldsymbol{P}$，则$\boldsymbol{\eta}=\boldsymbol{P}^{-1}\boldsymbol{\xi}$是矩阵$\boldsymbol{B}$的属于$\lambda_0$的特征向量.

证　因$\boldsymbol{\xi}$是矩阵$\boldsymbol{A}$的属于特征值λ_0的特征向量，则有

$$\boldsymbol{A}\boldsymbol{\xi}=\lambda_0\boldsymbol{\xi}$$

于是

$$\boldsymbol{B}\boldsymbol{\eta}=(\boldsymbol{P}^{-1}\boldsymbol{A}\boldsymbol{P})(\boldsymbol{P}^{-1}\boldsymbol{A}\boldsymbol{\xi})=\boldsymbol{P}^{-1}\boldsymbol{A}\boldsymbol{\xi}=\boldsymbol{P}^{-1}\lambda_0\boldsymbol{\xi}=\lambda_0\boldsymbol{P}^{-1}\boldsymbol{\xi}=\lambda_0\boldsymbol{\eta}$$

所以$\boldsymbol{P}\boldsymbol{\xi}$是矩阵$\boldsymbol{B}$的属于$\lambda_0$的特征向量.

下面我们要讨论的主要问题是：对n阶矩阵$\boldsymbol{A}$，寻求相似变换矩阵$\boldsymbol{P}$，使$\boldsymbol{P}^{-1}\boldsymbol{A}\boldsymbol{P}=\boldsymbol{\Lambda}$为对角矩阵，这就称为把方阵$\boldsymbol{A}$对角化.

定理3　n阶矩阵$\boldsymbol{A}$与对角矩阵$\boldsymbol{\Lambda}=\mathrm{diag}(\lambda_1\quad\lambda_2\quad\cdots\quad\lambda_n)$相似的充分必要条件是：矩阵$\boldsymbol{A}$有$n$个线性无关的分别属于特征值$\lambda_1$，$\lambda_2$，…，$\lambda_n$的特征向量（$\lambda_1$，$\lambda_2$，…，$\lambda_n$中可以有相同的值）.

证　必要性

设$\boldsymbol{A}$与对角矩阵$\boldsymbol{\Lambda}=\mathrm{diag}(\lambda_1\quad\lambda_2\quad\cdots\quad\lambda_n)$相似，则存在满秩矩阵$\boldsymbol{P}$，使

$$\boldsymbol{P}^{-1}\boldsymbol{A}\boldsymbol{P}=\boldsymbol{\Lambda}=\mathrm{diag}(\lambda_1\quad\lambda_2\quad\cdots\quad\lambda_n)$$

设$\boldsymbol{P}=(\boldsymbol{\xi}_1\quad\boldsymbol{\xi}_2\quad\cdots\quad\boldsymbol{\xi}_n)$，则由上式得

$$\boldsymbol{A}\boldsymbol{P}=\boldsymbol{P}\boldsymbol{\Lambda}$$

即

$$\boldsymbol{A}(\boldsymbol{\xi}_1\quad\boldsymbol{\xi}_2\quad\cdots\quad\boldsymbol{\xi}_n)=(\boldsymbol{\xi}_1\quad\boldsymbol{\xi}_2\quad\cdots\quad\boldsymbol{\xi}_n)\boldsymbol{\Lambda}=(\lambda_1\boldsymbol{\xi}_1\quad\lambda_2\boldsymbol{\xi}_2\quad\cdots\quad\lambda_n\boldsymbol{\xi}_n)$$

因此

$$\boldsymbol{A}\boldsymbol{\xi}_i=\lambda_i\boldsymbol{\xi}_i\,(i=1,2,\cdots,n)$$

所以，λ_i是$\boldsymbol{A}$的特征值，$\boldsymbol{\xi}_i$是$\boldsymbol{A}$的属于λ_i的特征向量，又因$\boldsymbol{P}$是满秩的，故$\boldsymbol{\xi}_1$，$\boldsymbol{\xi}_2$，…，$\boldsymbol{\xi}_n$线性无关.

充分性

如果$\boldsymbol{A}$有n个线性无关的分别属于特征值λ_1，λ_2，…，λ_n的特征向量$\boldsymbol{\xi}_1$，$\boldsymbol{\xi}_2$，…，$\boldsymbol{\xi}_n$，

则有

$$A\boldsymbol{\xi}_i = \lambda_i\boldsymbol{\xi}_i(i = 1,2,\cdots,n)$$

设 $\boldsymbol{P} = (\boldsymbol{\xi}_1 \quad \boldsymbol{\xi}_2 \quad \cdots \quad \boldsymbol{\xi}_n)$，则 $\boldsymbol{P}$ 是满秩的，于是

$$\begin{aligned}\boldsymbol{AP} &= \boldsymbol{A}(\boldsymbol{\xi}_1 \quad \boldsymbol{\xi}_2 \quad \cdots \quad \boldsymbol{\xi}_n) = (\boldsymbol{A\xi}_1 \quad \boldsymbol{A\xi}_2 \quad \cdots \quad \boldsymbol{A\xi}_n) \\ &= (\lambda_1\boldsymbol{\xi}_1 \quad \lambda_2\boldsymbol{\xi}_2 \quad \cdots \quad \lambda_n\boldsymbol{\xi}_n) = \boldsymbol{P}\mathrm{diag}(\lambda_1 \quad \lambda_2 \cdots \quad \lambda_n)\end{aligned}$$

即

$$\boldsymbol{P}^{-1}\boldsymbol{AP} = \mathrm{diag}(\lambda_1 \quad \lambda_2 \quad \cdots \quad \lambda_n)$$

注：由定理 2，一个 n 阶方阵能否与一个 n 阶对角矩阵相似，关键在于它是否有 n 个线性无关的特征向量．

(1) 如果一个 n 阶方阵有 n 个不同的特征值，则由定理 1 可知，它一定有 n 个线性无关的特征向量，因此该矩阵一定相似于一个对角矩阵．

(2) 如果一个 n 阶方阵有 n 个特征值（其中有重复的），则我们可分别求出属于每个特征值的基础解系，如果每个 n_i 重特征值的基础解系含有 n_i 个线性无关的特征向量，则该矩阵与一个对角矩阵相似．否则该矩阵不与一个对角矩阵相似．

可见，如果一个 n 阶方阵有 n 个线性无关的特征向量，则该矩阵与一个 n 阶对角矩阵相似，并且以这 n 个线性无关的特征向量作为列向量构成的满秩矩阵 $\boldsymbol{P}$，使 $\boldsymbol{P}^{-1}\boldsymbol{AP}=\boldsymbol{\Lambda}$ 为对角矩阵，而对角线上的元素就是这些特征向量顺序对应的特征值．

例 1　设矩阵 $\boldsymbol{A}=\begin{bmatrix}4 & 0 & 0\\ 0 & 3 & 1\\ 0 & 1 & 3\end{bmatrix}$，求一个满秩矩阵 $\boldsymbol{P}$，使 $\boldsymbol{P}^{-1}\boldsymbol{AP}$ 为对角矩阵．

解　$\boldsymbol{A}$ 的特征多项式为

$$|\boldsymbol{A} - \lambda\boldsymbol{E}| = \begin{vmatrix}4-\lambda & 0 & 0\\ 0 & 3-\lambda & 1\\ 0 & 1 & 3-\lambda\end{vmatrix} = (\lambda-4)^2(2-\lambda)$$

所以 $\boldsymbol{A}$ 的特征值为 $\lambda_1 = \lambda_2 = 4,\lambda_3 = 2.$

对于 $\lambda_1=\lambda_2=4$，解齐次线性方程组 $(\boldsymbol{A}-4\boldsymbol{E})\boldsymbol{X}=\boldsymbol{0}$，得基础解系 $\boldsymbol{\xi}_1 = (1 \quad 0 \quad 0)^{\mathrm{T}},\boldsymbol{\xi}_2 = (0 \quad 1 \quad 1)^{\mathrm{T}}$，即为 $\boldsymbol{A}$ 的两个特征向量 $\boldsymbol{\xi}_1$，$\boldsymbol{\xi}_2$，

对于 $\lambda_3=2$，解齐次线性方程组 $(\boldsymbol{A}-2\boldsymbol{E})\boldsymbol{X}=\boldsymbol{0}$，得基础解系 $\boldsymbol{\xi}_3 = (0 \quad -1 \quad 1)^{\mathrm{T}}$，即为 $\boldsymbol{A}$ 的一个特征向量 $\boldsymbol{\xi}_3$.

显然 $\boldsymbol{\xi}_1$，$\boldsymbol{\xi}_2$，$\boldsymbol{\xi}_3$ 是线性无关的，取

$$\boldsymbol{P} = \begin{bmatrix}1 & 0 & 0\\ 0 & 1 & -1\\ 0 & 1 & 1\end{bmatrix}$$

即有

$$\boldsymbol{P}^{-1}\boldsymbol{AP} = \begin{bmatrix}4 & 0 & 0\\ 0 & 4 & 0\\ 0 & 0 & 2\end{bmatrix}$$

例 4　设

$A=\begin{bmatrix}3&1&0\\-4&-1&0\\4&-8&-2\end{bmatrix}$，考虑 A 是否相似于对角矩阵．

解

$$|A-\lambda E|=\begin{vmatrix}3-\lambda&1&0\\-4&-1-\lambda&0\\4&-8&-2-\lambda\end{vmatrix}=-(\lambda-1)^2(\lambda+2)$$

所以 A 的特征值为 $\lambda_1=\lambda_2=1$，$\lambda_3=-2$.

对于 $\lambda_1=\lambda_2=1$，解齐次线性方程组 $(A-E)X=0$，得基础解系 $\xi_1=(3\quad -6\quad 20)^T$，即为 A 一个特征向量 ξ_1.

对于 $\lambda_3=-2$，解齐次线性方程组 $(A+2E)X=0$，得基础解系 $\xi_2=(0\quad 0\quad 1)^T$，即为 A 的另一个特征向量 ξ_2.

由于 A 只有两个线性无关的特征向量，因此 A 不能相似于一个对角矩阵．

例 2 判断下列矩阵是否可对角化，若可以对角化，求可逆矩阵使之对角化：

(1) $\begin{bmatrix}1&0\\2&3\end{bmatrix}$；(2) $\begin{bmatrix}1&-2&2\\-2&-2&4\\2&4&-2\end{bmatrix}$；(3) $\begin{bmatrix}3&1&0\\-4&-1&0\\4&-8&2\end{bmatrix}$.

解 (1) A 的特征多项式 $|\lambda E-A|=\begin{vmatrix}\lambda-1&0\\-2&\lambda-3\end{vmatrix}=(\lambda-1)(\lambda-3)$.

所以 A 的特征值为 $\lambda=1$，$\lambda_2=3$. 它们不相等，所以 A 可对角化．

当 $\lambda_1=1$ 时，解方程 $(E-A)x=0$

$$\begin{cases}0x_1+0x_2=0\\-2x_1-2x_2=0\end{cases}$$

得基础解系 $P_1=\begin{bmatrix}-1\\1\end{bmatrix}$.

当 $\lambda_2=3$ 时，解方程 $(3E-A)x=0$

$$\begin{cases}2x_1+0x_2=0\\-2x_1+0x_2=0\end{cases}$$

得基础解系 $P_2=\begin{bmatrix}0\\1\end{bmatrix}$.

令 $P=(P_1\quad P_2)=\begin{bmatrix}-1&0\\1&1\end{bmatrix}$，则 $P^{-1}AP=\begin{bmatrix}1&0\\0&3\end{bmatrix}$.

(2) A 的特征多项式 $|\lambda E-A|=\begin{vmatrix}\lambda-1&2&-2\\2&\lambda+2&-4\\-2&-4&\lambda+2\end{vmatrix}=(\lambda-2)^2(\lambda+7)=0$.

所以 A 的特征值为 $\lambda_1=\lambda_2=2$，$\lambda_3=-7$. 它们不相等，所以 A 可对角化．

当 $\lambda_1=\lambda_2=2$ 时，解方程 $(2E-A)x=0$

$$\begin{cases} x_1 + 2x_2 - 2x_3 = 0 \\ 2x_1 + 4x_2 - 4x_3 = 0 \\ -2x_1 - 4x_2 + 4x_3 = 0 \end{cases}$$

得基础解系 $\boldsymbol{P}_1 = \begin{bmatrix} -2 \\ 1 \\ 0 \end{bmatrix}$，$\boldsymbol{P}_2 = \begin{bmatrix} 2 \\ 0 \\ 1 \end{bmatrix}$.

当 $\lambda_3 = -7$ 时，解方程 $(-7\boldsymbol{E} - \boldsymbol{A})\boldsymbol{x} = \boldsymbol{0}$

$$\begin{cases} -8x_1 + 2x_2 - 2x_3 = 0 \\ 2x_1 - 5x_2 - 4x_3 = 0 \\ -2x_1 - 4x_2 - 5x_3 = 0 \end{cases}$$

得基础解系 $\boldsymbol{P}_1 = \begin{bmatrix} 1 \\ 2 \\ -2 \end{bmatrix}$.

令 $\boldsymbol{P} = (\boldsymbol{P}_1 \quad \boldsymbol{P}_2 \quad \boldsymbol{P}_3) = \begin{bmatrix} -2 & 2 & 1 \\ 1 & 0 & 2 \\ 0 & 1 & -2 \end{bmatrix}$，$\boldsymbol{P}^{-1} = \dfrac{1}{9}\begin{bmatrix} -2 & 5 & 4 \\ 2 & 4 & 5 \\ 1 & 2 & -2 \end{bmatrix}$

则
$$\boldsymbol{P}^{-1}\boldsymbol{AP} = \begin{bmatrix} 2 & 0 & 0 \\ 0 & 2 & 0 \\ 0 & 0 & -7 \end{bmatrix}$$

(3) $\boldsymbol{A}$ 的特征多项式 $|\lambda\boldsymbol{E} - \boldsymbol{A}| = \begin{vmatrix} \lambda - 3 & -1 & 0 \\ 4 & \lambda + 1 & 0 \\ -4 & 8 & \lambda - 2 \end{vmatrix} = -(\lambda - 2)(\lambda - 1)^2$.

所以 $\boldsymbol{A}$ 的特征值为 $\lambda_1 = \lambda_2 = 1$，$\lambda_3 = 2$.

当 $\lambda_1 = \lambda_2 = 1$ 时，解方程 $(\boldsymbol{E} - \boldsymbol{A})\boldsymbol{x} = \boldsymbol{0}$

$$\begin{cases} -2x_1 - x_2 = 0 \\ 4x_1 + 2x_2 = 0 \\ -4x_1 + 8x_2 - 1x_3 = 0 \end{cases}$$

由于

$$\boldsymbol{A} - \boldsymbol{E} = \begin{bmatrix} 2 & 1 & 0 \\ -4 & -2 & 0 \\ 4 & -8 & 1 \end{bmatrix} \sim \begin{bmatrix} 2 & 1 & 0 \\ 0 & 10 & -1 \\ 0 & 0 & 0 \end{bmatrix}$$

$$R(\boldsymbol{A} - \boldsymbol{E}) = 2$$

因此该特征值对应的线性无关特征向量的个数为 1，所以 $\boldsymbol{A}$ 不能对角化.

注：该例题 (2) 中 $\boldsymbol{A}$ 有二重特征值，但因能找到三个线性无关的特征向量，故 $\boldsymbol{A}$ 可对角化. 但 (3) 中 $\boldsymbol{A}$ 也有二重特征值，但不能找到三个线性无关的特征向量，故不能对角化.

练习题 4－3

1. 已知矩阵 $A=\begin{bmatrix}2&0&0\\0&0&1\\0&1&a\end{bmatrix}$，$B=\begin{bmatrix}2&0&0\\0&b&0\\0&0&-1\end{bmatrix}$相似，则 $a=$________，$b=$________.

2. 矩阵 $A=\begin{bmatrix}-2&1&1\\0&2&0\\-4&1&3\end{bmatrix}$能否对角化？说明理由.

3. x 为何值时，矩阵$\begin{bmatrix}1&-6&-3\\0&-5&x\\0&6&4\end{bmatrix}$能对角化？

4.4　二次型及其标准形

4.4.1　二次型的定义

二次型是线性代数的重要内容之一，二次型的理论起源于解析几何中二次曲线方程和二次曲面方程化为标准形问题的研究．二次型理论与域的特征有关，现在二次型的理论不仅在几何而且在数学的其他分支、物理、力学、工程技术中也常常用到．

定义 1　二次型就是一个二次齐次多项式，其来源是平面解析几何中的二次曲线和空间解析几何中的二次曲面．一个系数取自数域 F 中含有 n 个变量 x_1，x_2，…，x_n 的二次齐次多项式：

$$\begin{aligned}f(x_1,x_2,\cdots,x_n)=&a_{11}x_1^2+2a_{12}x_1x_2+2a_{13}x_1x_3+\cdots+2a_{1n}x_1x_n+\\&a_{22}x_2^2+2a_{23}x_2x_3+2a_{24}x_2x_4+\cdots+2a_{2n}x_2x_n+\cdots+a_{nn}x_n^2\end{aligned}$$

称为数域 F 上的一个 n 元二次型，简称二次型．

令 $a_{ij}=a_{ji}$，则上述二次型可以写成对称的形式：

$$f(x_1,x_2,\cdots,x_n)=\sum_{i=1}^{n}\sum_{j=1}^{n}a_{ij}x_ix_j$$

把上式的系数排成一个 n 阶方阵：

$$A=\begin{bmatrix}a_{11}&a_{12}&\cdots&a_{1n}\\a_{21}&a_{22}&\cdots&a_{2n}\\\vdots&\vdots&&\vdots\\a_{n1}&a_{n2}&\cdots&a_{nn}\end{bmatrix}$$

称这个矩阵为二次型 $f(x_1,x_2,\cdots,x_n)$ 的矩阵．由于 $a_{ij}=a_{ji}$，因此矩阵 A 是对称矩阵，因此二次型的矩阵都是对称的．此二次型可以写成矩阵的形式

$$f(x_1,x_2,\cdots,x_n)=X^{\mathrm{T}}AX$$

式中，$X=(x_1\quad x_2\quad\cdots\quad x_n)^{\mathrm{T}}$.

定义 2　如果二次型的系数都是实数，并且变量 x_1，x_2，…，x_n的变化范围也限定为实

数，则称其为实二次型．大纲的要求限于实二次型．

定义 3　只含平方项的二次型，即形如 $f=d_1x_1^2+d_2x_2^2+\cdots+d_nx_n^2$ 的二次型称为二次型的标准形．

定义 4　形如 $x_1^2+\cdots x_p^2-x_{p+1}^2-\cdots x_{p+q}^2$ 的二次型，即平方项的系数只为 1、−1、0 的称为二次型的规范型．

4.4.2　二次型的表示方法

一、用和号表示

若令 $a_{ij}=a_{ji}(i<j)$，则 $2a_{ij}x_ix_j=a_{ij}x_ix_j+a_{ji}x_jx_i$，于是二次型可以写成对称形式

$$\begin{aligned}f(x_1,x_2,\cdots,x_n)&=a_{11}x_1^2+a_{12}x_1x_2+a_{13}x_1x_3+\cdots+a_{1n}x_1x_n+\\&\quad a_{21}x_2x_1+a_{22}x_2^2+\cdots+a_{2n}x_2x_n+\cdots+\\&\quad a_{n1}x_nx_1+a_{n2}x_nx_2+\cdots+a_{n1n}x_n^2\\&=\sum_{1=1}^{n}x_i(a_{i1}x_1+a_{i2}x_2+\cdots+a_{in}x_n)\\&=\sum_{i=1}^{n}x_i\sum_{j=1}^{n}a_{ij}x_j=\sum_{i=1}^{n}\sum_{j=1}^{n}a_{ij}x_ix_j\end{aligned}$$

二、用矩阵表示

$$\begin{aligned}f(x_1,x_2,\cdots,x_n)&=a_{11}x_1^2+a_{12}x_1x_2+a_{13}x_1x_3+\cdots+a_{1n}x_1x_n+\\&\quad a_{21}x_2x_1+a_{22}x_2^2+\cdots+a_{2n}x_2x_n+\cdots+\\&\quad a_{n1}x_nx_1+a_{n2}x_nx_2+\cdots+a_{nn}x_n^2\\&=(x_1\quad x_2\quad\cdots\quad x_n)\begin{bmatrix}a_{11}x_1+a_{12}x_2+\cdots+a_{1n}x_n\\a_{21}x_1+a_{22}x_2+\cdots+a_{2n}x_n\\\cdots\\a_{n1}x_1+a_{n2}x_2+\cdots+a_{nn}x_n\end{bmatrix}\\&=(x_1\quad x_2\quad\cdots\quad x_n)\begin{bmatrix}a_{11}&a_{12}&\cdots&a_{1n}\\a_{21}&a_{22}&\cdots&a_{2n}\\\vdots&\vdots&&\vdots\\a_{n1}&a_{n2}&\cdots&a_{nn}\end{bmatrix}\begin{bmatrix}x_1\\x_2\\\vdots\\x_n\end{bmatrix}\end{aligned}$$

记 $\boldsymbol{x}=(x_1\quad x_2\quad\cdots\quad x_n)^{\mathrm{T}},\boldsymbol{A}=(a_{ij})_{n\times n}$，则

$$f(x_1\quad x_2\quad\cdots\quad x_n)=f(\boldsymbol{x})=\boldsymbol{x}^{\mathrm{T}}\boldsymbol{A}\boldsymbol{x}$$

式中，$\boldsymbol{A}$ 是实对称矩阵，矩阵 $\boldsymbol{A}$ 称为二次型 $f(\boldsymbol{x})$ 的矩阵．

注：在二次型的矩阵表示中，任给一个二次型，就唯一地确定一个对称矩阵；反之，任给一个对称矩阵，也可唯一地确定一个二次型．这样，二次型与对称矩阵之间存在一一对应的关系．对称矩阵 $\boldsymbol{A}$ 叫作二次型的矩阵，二次型叫作对称矩阵 $\boldsymbol{A}$ 的二次型，对称矩阵 $\boldsymbol{A}$ 的秩叫作二次型的秩．

4.4.3 化二次型为标准形

一、正交变化法

（一）理论基础

为了简化，同时也有利于讨论二次型，我们需要引进线性变换

$$\begin{cases} x_1 = c_{11}y_1 + c_{12}y_2 + \cdots + c_{1n}y_n \\ x_2 = c_{21}y_1 + c_{22}y_2 + \cdots + c_{2n}y_n \\ \cdots \\ x_n = c_{n1}y_1 + c_{n2}y_2 + \cdots + c_{nn}y_n \end{cases} \tag{1}$$

矩阵

$$\boldsymbol{C} = \begin{bmatrix} c_{11} & c_{12} & \cdots & c_{1n} \\ c_{21} & c_{22} & \cdots & c_{2n} \\ \vdots & \vdots & & \vdots \\ c_{n1} & c_{n2} & \cdots & c_{nn} \end{bmatrix}$$

为线性变换（1）的矩阵，当 $|\boldsymbol{C}| \neq 0$ 时称式（1）为非退化的线性变换．

记 $\boldsymbol{x} = (x_1 \quad x_2 \quad \cdots \quad x_n)^{\mathrm{T}}, \boldsymbol{y} = (y_1 \quad y_2 \quad \cdots \quad y_n)^{\mathrm{T}}$，则式（1）可以写成矩阵形式 $\boldsymbol{x}=\boldsymbol{Cy}$.

当 $|\boldsymbol{C}| \neq 0$ 时，即线性变换为非退化时，$\boldsymbol{y}=\boldsymbol{C}^{-1}\boldsymbol{x}$，于是

$$\boldsymbol{x}^{\mathrm{T}}\boldsymbol{Ax} = (\boldsymbol{Cy})^{\mathrm{T}}\boldsymbol{A}(\boldsymbol{Cy}) = \boldsymbol{y}^{\mathrm{T}}\boldsymbol{C}^{\mathrm{T}}\boldsymbol{ACy} = \boldsymbol{y}^{-1}\boldsymbol{By}$$

其中，$\boldsymbol{B}=\boldsymbol{C}^{\mathrm{T}}\boldsymbol{AC}$，$\boldsymbol{B}^{\mathrm{T}}=(\boldsymbol{C}^{\mathrm{T}}\boldsymbol{AC})^{\mathrm{T}}=\boldsymbol{C}^{\mathrm{T}}\boldsymbol{AC}=\boldsymbol{B}$，因此，$\boldsymbol{B}$ 为实对称矩阵，$\boldsymbol{y}^{\mathrm{T}}\boldsymbol{By}$ 是以 $\boldsymbol{B}$ 为矩阵的 $\boldsymbol{y}$ 的 n 元二次型．

如果式（1）是非退化线性变换，则 $\boldsymbol{y}^{\mathrm{T}}\boldsymbol{By}$ 具有形状：

$$d_1y_1^2 + d_2y_2^2 + \cdots + d_ry_r^2$$

其中，$d_i \neq 0(i = 1,2,\cdots,r,r \leqslant n)$.

定理 任给二次型 $f = \sum\limits_{i,j=1}^{n} a_{ij}x_ix_j(a_{ij} = a_{ji})$，总有正交变换 $\boldsymbol{x}=\boldsymbol{Py}$，使 f 化为标准形

$$f = \lambda_1y_1^2 + \lambda_2y_2^2 + \cdots + \lambda_ny_n^2$$

其中，λ_1，λ_2，…，λ_n 是 f 的矩阵 $\boldsymbol{A}=(a_{ij})$ 的特征值．

（二）用正交变换化二次型为标准形的具体步骤

（1）将二次型表成矩阵形式 $f=\boldsymbol{x}^{\mathrm{T}}\boldsymbol{Ax}$，求出 $\boldsymbol{A}$；

（2）求出 $\boldsymbol{A}$ 的所有特征值 λ_1，λ_2，…，λ_n；

（3）求出对应于特征值的特征向量 $\boldsymbol{\xi}_1$，$\boldsymbol{\xi}_2$，…，$\boldsymbol{\xi}_n$；

（4）将特征向量 $\boldsymbol{\xi}_1$，$\boldsymbol{\xi}_2$，…，$\boldsymbol{\xi}_n$ 正交化，单位化，得 $\boldsymbol{\eta}_1$，$\boldsymbol{\eta}_2$，…，$\boldsymbol{\eta}_n$，记 $C=(\boldsymbol{\eta}_1 \quad \boldsymbol{\eta}_2 \quad \cdots \quad \boldsymbol{\eta}_n)$；

（5）作正交变换 $\boldsymbol{x}=\boldsymbol{Cy}$，则得 f 的标准形 $f=\lambda_1y_1^2+\cdots+\lambda_ny_n^2$.

例 1 将二次型

$f=17x_1^2+14x_2^2+14x_3^2-4x_1x_2-4x_1x_3-8x_2x_3$ 通过正交变换 $\boldsymbol{x}=\boldsymbol{Py}$ 化成标准形．

$$Q^{-1}AQ=Q^{T}AQ=\begin{bmatrix}-1&0&0\\0&2&0\\0&0&5\end{bmatrix}$$

解　(1) 写出对应的二次型矩阵，并求其特征值.

$$A=\begin{bmatrix}17&-2&-2\\-2&14&-4\\-2&-4&14\end{bmatrix}$$

$$|A-\lambda E|=\begin{bmatrix}17-\lambda&-2&-2\\-2&14-\lambda&-4\\-2&-4&14-\lambda\end{bmatrix}=(\lambda-18)^2(\lambda-9)$$

从而得特征值 $\lambda_1=9,\lambda_2=\lambda_3=18$.

(2) 求特征向量.

将 $\lambda_1=9$ 代入 $(A-\lambda E)x=\mathbf{0}$，得基础解系 $\xi_1=(1/2\quad 1\quad 1)^T$.

将 $\lambda_2=\lambda_3=18$ 代入 $(A-\lambda E)x=\mathbf{0}$，得基础解系 $\xi_2=(-2\quad 1\quad 0)^T$，$\xi_3=(-2\quad 0\quad 1)^T$.

(3) 将特征向量正交化.

取 $\alpha_1=\xi_1$，$\alpha_2=\xi_2$，$\alpha_3=\xi_3-\dfrac{[\alpha_2,\ \xi_3]}{[\alpha_2,\ \alpha_2]}\alpha_2$，得正交向量组

$$\alpha_1=(1/2\quad 1\quad 1)^T,\alpha_2=(-2\quad 1\quad 0)^T,\alpha_3=(-2/5\quad -4/5\quad 1)^T$$

(4) 将正交向量组单位化，得正交矩阵 P.

令 $\eta_i=\dfrac{\alpha_i}{\|\alpha_i\|}$ $(i=1,\ 2,\ 3)$，得 $\eta_1=\begin{bmatrix}1/3\\2/3\\2/3\end{bmatrix}$，$\eta_2=\begin{bmatrix}-2/\sqrt{5}\\1/\sqrt{5}\\0\end{bmatrix}$，$\eta_3=\begin{bmatrix}-2/\sqrt{45}\\-4/\sqrt{45}\\5/\sqrt{45}\end{bmatrix}$

所以
$$P=\begin{bmatrix}1/3&-2/\sqrt{5}&-2/\sqrt{45}\\2/3&1/\sqrt{5}&-4/\sqrt{45}\\2/3&0&5/\sqrt{45}\end{bmatrix}$$

于是所求正交变换为 $\begin{bmatrix}x_1\\x_2\\x_3\end{bmatrix}=\begin{bmatrix}1/3&-2/\sqrt{5}&-2/\sqrt{45}\\2/3&1/\sqrt{5}&-4/\sqrt{45}\\2/3&0&5/\sqrt{45}\end{bmatrix}\begin{bmatrix}y_1\\y_2\\y_3\end{bmatrix}$，且有 $f=9y_1^2+18y_2^2+18y_3^2$.

二、配方法

(1) 若二次型含有 x_i 的平方项，则先把含有 x_i 的乘积项集中，然后配方，再对其余的变量同样进行，直到都配成平方项为止，经过非退化线性变换，就得到标准形；

(2) 若二次型中不含有平方项，但是 $a_{ij}\neq 0(i\neq j)$，则先作可逆线性变换

$$\begin{cases}x_i=y_i-y_j\\x_j=y_i+y_j(k=1,2,\cdots,n\text{ 且 }k\neq i,j)\\x_k=y_k\end{cases}$$

化二次型为含有平方项的二次型，然后再按 (1) 中方法配方 .

例 2 设

$$A=\begin{bmatrix}1&-1&1\\-1&0&-2\\1&-2&1\end{bmatrix}$$

求一非奇异矩阵 C，使 $C^{T}AC$ 为对角矩阵．

解 A 所对应的二次型为

$$(x_1\quad x_2\quad x_3)\begin{bmatrix}1&-1&1\\-1&0&-2\\1&-2&1\end{bmatrix}\begin{bmatrix}x_1\\x_2\\x_3\end{bmatrix}=x_1^2-2x_1x_2+2x_1x_3-4x_2x_3+x_3^2$$

而

$$\begin{aligned}x_1^2-2x_1x_2+2x_1x_3-4x_2x_3+x_3^2&=(x_1-x_2+x_3)^2-x_2^2-2x_2x_3\\&=(x_1-x_2+x_3)^2-(x_2+x_3)2+x_3^2\end{aligned}$$

于是，令

$$\begin{cases}y_1=x_1-x_2+x_3\\y_2=\qquad\ x_2+x_3\\y_3=\qquad\qquad x_3\end{cases}$$

则

$$x_1^2-2x_1x_2+2x_1x_3-4x_2x_3+x_3^2=y_1^2-y_2^2+y_3^2$$

注意到，由于

$$\begin{bmatrix}y_1\\y_2\\y_3\end{bmatrix}=\begin{bmatrix}1&-1&1\\0&1&1\\0&0&1\end{bmatrix}\begin{bmatrix}x_1\\x_2\\x_3\end{bmatrix}$$

因此

$$\begin{bmatrix}x_1\\x_2\\x_3\end{bmatrix}=\begin{bmatrix}1&1&-2\\0&1&-1\\0&0&1\end{bmatrix}\begin{bmatrix}y_1\\y_2\\y_3\end{bmatrix}$$

$$C=\begin{bmatrix}1&1&-2\\0&1&-1\\0&0&1\end{bmatrix}$$

$|C|=1\neq 0$，C 非奇异，且

$$\begin{aligned}C^{T}AC&=\begin{bmatrix}1&0&0\\1&1&0\\-2&-1&1\end{bmatrix}\begin{bmatrix}1&-1&1\\-1&0&-2\\1&-2&1\end{bmatrix}\begin{bmatrix}1&1&-2\\0&1&-1\\0&0&1\end{bmatrix}\\&=\begin{bmatrix}1&-1&1\\0&-1&-1\\0&0&1\end{bmatrix}\begin{bmatrix}1&1&-2\\0&1&-1\\0&0&1\end{bmatrix}=\begin{bmatrix}1&0&0\\0&-1&0\\0&0&1\end{bmatrix}\end{aligned}$$

为对角矩阵．

例 3 化二次型 $f(x_1,x_2,x_3)=2x_1x_2+4x_1x_3-2x_2x_3$ 为标准形.

解 作变换

$$\begin{cases}x_1 = y_1 \\ x_2 = y_1 + y_2 \\ x_3 = y_3\end{cases}$$

则

$$\begin{aligned}2x_1x_2 + 4x_1x_3 - 2x_2x_3 &= 2y_1^2 + 2y_1y_2 + 2y_1y_3 - 2y_2y_3 \\ &= 2\left(y_1 + \frac{y_2}{2} + \frac{y_3}{2}\right)^2 - \frac{y_2^2}{2} - 3y_2y_3 - \frac{y_3^2}{2} \\ &= 2\left(y_1 + \frac{y_2}{2} + \frac{y_3}{2}\right)^2 - \frac{1}{2}(y_2 + 3y_3)^2 + 4y_3^2\end{aligned}$$

于是

$$\begin{bmatrix}x_1\\x_2\\x_3\end{bmatrix} = \begin{bmatrix}1&0&0\\1&1&0\\0&0&1\end{bmatrix}\begin{bmatrix}y_1\\y_2\\y_3\end{bmatrix},\ \begin{bmatrix}u_1\\u_2\\u_3\end{bmatrix} = \begin{bmatrix}1&\frac{1}{2}&\frac{1}{2}\\0&1&3\\0&0&1\end{bmatrix}\begin{bmatrix}y_1\\y_2\\y_3\end{bmatrix},\text{即}\begin{bmatrix}y_1\\y_2\\y_3\end{bmatrix} = \begin{bmatrix}1&-\frac{1}{2}&1\\0&1&-3\\0&0&1\end{bmatrix}\begin{bmatrix}u_1\\u_2\\u_3\end{bmatrix}$$

$$f(x_1,x_2,x_3) = 2u_1^2 - \frac{1}{2}u_2^2 + 4u_3^2$$

三、初等变换法

例 4 设

$$\boldsymbol{A} = \begin{bmatrix}2&1&-1\\1&1&0\\-1&0&-1\end{bmatrix}$$

求非奇异矩阵 $\boldsymbol{C}$，使 $\boldsymbol{C}^{\mathrm{T}}\boldsymbol{A}\boldsymbol{C}$ 为对角矩阵．

解 对矩阵 $\begin{bmatrix}\boldsymbol{A}\\\boldsymbol{E}\end{bmatrix}$ 作初等列变换的同时，再对 $\boldsymbol{A}$ 作类似的行变换

$$\begin{bmatrix}\boldsymbol{A}\\\boldsymbol{E}\end{bmatrix} = \begin{bmatrix}2&1&-1\\1&1&0\\-1&0&-1\\1&0&0\\0&1&0\\0&0&1\end{bmatrix} \xrightarrow{r_1 \leftrightarrow r_2} \begin{bmatrix}1&1&0\\1&2&-1\\0&-1&-1\\0&1&0\\1&0&0\\0&0&1\end{bmatrix} \xrightarrow{r_2 + r_1(-1)} \begin{bmatrix}1&0&0\\0&1&-1\\0&-1&-1\\0&1&0\\1&-1&0\\0&0&1\end{bmatrix} \xrightarrow{r_3 + r_2}$$

$$\begin{bmatrix}1&0&0\\0&1&0\\0&0&-2\\0&1&1\\1&-1&-1\\0&0&1\end{bmatrix}$$

因此

$$C=\begin{bmatrix}0&1&1\\1&-1&-1\\0&0&1\end{bmatrix},\ C^{T}AC=\begin{bmatrix}1&0&0\\0&1&0\\0&0&-2\end{bmatrix}$$

注：将一个二次型化为标准形，可以用正交变换法，也可以用配方法，或者其他方法，这取决于问题的要求．如果要求找出一个正交矩阵，无疑应使用正交变换法；如果只需要找出一个可逆的线性变换，那么各种方法都可以使用．正交变换法的好处是有固定的步骤，可以按部就班一步一步地求解，但计算量通常较大；如果二次型中变量个数较少，那么使用配方法反而比较简单．需要注意的是，使用不同的方法，所得到的标准形可能不相同，但标准形中含有的项数必定相同，项数等于所给二次型的秩．

练习题 4－4

1．实二次型 $(x_1,\ x_2)\begin{bmatrix}2&2\\4&-1\end{bmatrix}\begin{bmatrix}x_1\\x_2\end{bmatrix}$ 的矩阵为__________，秩为__________，正惯性指数为__________，规范形为__________．

2．某四元二次型有标准形 $2y_1^2-3y_2^2+y_3^2+4y_4^2$，则其规范形为__________．

3．二次型 $f(x,\ y,\ z)=x^2+4xy+4y^2+2xz+z^2+4yz$，用矩阵表示为__________．

4．二次型 $f(x_1,\ x_2,\ x_3,\ x_4)=x_1^2+2x_2^2+3x_3^2+4x_4^2+2x_1x_3+x_2x_4$ 的符号差为__________．

5．实二次型 $f=2y_1^2-2y_2^2-\dfrac{1}{2}y_3^2$ 的规范形为__________．

6．二次型 $f(x_1,\ x_2,\ x_3)=(a_1x_1+a_2x_2+a_3x_3)^2$ 的对应矩阵是__________．

4.5　正定二次型的性质及其应用

4.5.1　二次型有定性的概念

定义 1　具有对称矩阵 $\boldsymbol{A}$ 之二次型 $f=\boldsymbol{X}^{T}\boldsymbol{A}\boldsymbol{X}$，

（1）如果对任何非零向量 $\boldsymbol{X}$，都有

$$\boldsymbol{X}^{T}\boldsymbol{A}\boldsymbol{X}>0\ (\text{或 } \boldsymbol{X}^{T}\boldsymbol{A}\boldsymbol{X}<0)$$

成立，则称 $f=\boldsymbol{X}^{T}\boldsymbol{A}\boldsymbol{X}$ 为正定（负定）二次型，矩阵 $\boldsymbol{A}$ 称为正定矩阵（负定矩阵）．

（2）如果对任何非零向量 $\boldsymbol{X}$，都有

$$\boldsymbol{X}^{T}\boldsymbol{A}\boldsymbol{X}\geqslant 0\ (\text{或 } \boldsymbol{X}^{T}\boldsymbol{A}\boldsymbol{X}\leqslant 0)$$

成立，且有非零向量 $\boldsymbol{X}_0$，使 $\boldsymbol{X}_0^{T}\boldsymbol{A}\boldsymbol{X}_0=0$，则称 $f=\boldsymbol{X}^{T}\boldsymbol{A}\boldsymbol{X}$ 为半正定（半负定）二次型，矩阵 $\boldsymbol{A}$ 称为半正定矩阵（半负定矩阵）．

注：二次型的正定（负定）、半正定（半负定）统称为二次型及其矩阵的有定性．不具备有定性的二次型及其矩阵称为不定的．

二次型的有定性与其矩阵的有定性之间具有一一对应关系．因此，二次型的正定性判别

可转化为对称矩阵的正定性判别．

4.5.2 正定矩阵的判别法

定理 1 设 $\boldsymbol{A}$ 为正定矩阵，若 $\boldsymbol{A} \cong \boldsymbol{B}$（$\boldsymbol{A}$ 与 $\boldsymbol{B}$ 合同），则 $\boldsymbol{B}$ 也是正定矩阵．

定理 2 对角矩阵 $\boldsymbol{D} = \mathrm{diag}(d_1 \quad d_2 \quad \cdots \quad d_n)$ 正定的充分必要条件是 $d_i > 0(i=1, 2, \cdots, n)$．

定理 3 对称矩阵 $\boldsymbol{A}$ 为正定的充分必要条件是它的特征值全大于零．

定理 4 $\boldsymbol{A}$ 为正定矩阵的充分必要条件是 $\boldsymbol{A}$ 的正惯性指数 $p = n$.

定理 5 矩阵 $\boldsymbol{A}$ 为正定矩阵的充分必要条件是存在非奇异矩阵 $\boldsymbol{C}$，使 $\boldsymbol{A}=\boldsymbol{C}^{\mathrm{T}}\boldsymbol{C}$. 即 $\boldsymbol{A}$ 与 $\boldsymbol{E}$ 合同．

推论 若 $\boldsymbol{A}$ 为正定矩阵，则 $|\boldsymbol{A}| > 0$.

定理 6 秩为 r 的 n 元实二次型 $f=\boldsymbol{X}^{\mathrm{T}}\boldsymbol{A}\boldsymbol{X}$，设其规范形为

$$z_1^2 + z_2^2 + \cdots + z_p^2 - z_{p+1}^2 - \cdots - z_r^2$$

则

(1) f 负定的充分必要条件是 $p=0$，且 $r=n$.（即负定二次型，其规范形为 $f=-z_1^2-z_2^2-\cdots-z_n^2$）

(2) f 半正定的充分必要条件是 $p=r<n$.（即半正定二次型的规范形为 $f=z_1^2+z_2^2+\cdots+z_r^2$，$r<n$）

(3) f 半负定的充分必要条件是 $p=0$，$r<n$.（即 $f=-z_1^2-z_2^2-\cdots-z_r^2$，$r<n$）

(4) f 不定的充分必要条件是 $0<p<r\leqslant n$.（即 $f=z_1^2+z_2^2+\cdots+z_p^2-z_{p+1}^2-\cdots-z_r^2$）

定义 2 n 阶矩阵 $\boldsymbol{A}=(a_{ij})$ 的 k 个行标和列标相同的子式

$$\begin{vmatrix} a_{i_1 i_1} & a_{i_1 i_2} & \cdots & a_{i_1 i_k} \\ a_{i_2 i_1} & a_{i_2 i_2} & \cdots & a_{i_2 i_k} \\ \vdots & \vdots & & \vdots \\ a_{i_k i_1} & a_{i_k i_2} & \cdots & a_{i_k i_k} \end{vmatrix} \quad (1 \leqslant i_1 < i_2 < \cdots < i_k \leqslant n)$$

称为 $\boldsymbol{A}$ 的一个 k 阶主子式．而子式

$$|\boldsymbol{A}_k| = \begin{vmatrix} a_{11} & a_{12} & \cdots & a_{1k} \\ a_{21} & a_{22} & \cdots & a_{2k} \\ \vdots & \vdots & & \vdots \\ a_{k1} & a_{k2} & \cdots & a_{kk} \end{vmatrix} \quad (k=1,2,\cdots,n)$$

称为 $\boldsymbol{A}$ 的 k 阶顺序主子式．

定理 7 n 阶矩阵 $\boldsymbol{A}=(a_{ij})$ 为正定矩阵的充分必要条件是 $\boldsymbol{A}$ 的所有顺序主子式 $|\boldsymbol{A}_k| > 0(k=1,2,\cdots,n)$.

注：(1) 若 $\boldsymbol{A}$ 是负定矩阵，则 $-\boldsymbol{A}$ 为正定矩阵．

(2) $\boldsymbol{A}$ 是负定矩阵的充要条件是：$(-1)^k |\boldsymbol{A}_k| > 0(k=1,2,\cdots,n)$. 其中，$\boldsymbol{A}_k$ 是 $\boldsymbol{A}$ 的 k 阶顺序主子式．

(3) 对半正定（半负定）矩阵可证明以下三个结论等价：

①对称矩阵 $\boldsymbol{A}$ 是半正定（半负定）的；

②$\boldsymbol{A}$ 的所有主子式大于（小于）或等于零；

③$\boldsymbol{A}$ 的全部特征值大于（小于）或等于零.

例1 二次型 $f(x_1,x_2,\cdots,x_n)=x_1^2+x_2^2+\cdots+x_n^2$，当 $\boldsymbol{X}=(x_1 \quad x_2 \quad \cdots \quad x_n)^{\mathrm{T}}\neq\boldsymbol{0}$ 时，显然有

$$f(x_1,x_2,\cdots,x_n)>0$$

所以这个二次型是正定的，其矩阵 $\boldsymbol{E}_n$ 是正定矩阵.

例2 二次型 $f=-x_1^2-2x_1x_2+4x_1x_3-x_2^2+4x_2x_3-4x_3^2$，将其改写成

$$f(x_1,x_2,x_3)=-(x_1+x_2-2x_3)^2\leqslant 0$$

当 $x_1+x_2-2x_3=0$ 时，$f(x_1,x_2,x_3)=0$，故 $f(x_1,x_2,x_3)$ 是半负定，其对应的矩阵 $\begin{bmatrix}-1&-1&2\\-1&-1&2\\2&2&-4\end{bmatrix}$ 是半负定矩阵.

例3 $f(x_1,x_2)=x_1^2-2x_2^2$ 是不定二次型，因其符号有时正有时负，如

$$f(1,1)=-1<0,\quad f(2,1)>0.$$

例4 当 λ 取何值时，二次型 $f(x_1,x_2,x_3)$ 是正定的？

$$f(x_1,x_2,x_3)=x_1^2+2x_1x_2+4x_1x_3+2x_2^2+6x_2x_3+\lambda x_3^2$$

解 题设二次型的矩阵 $\boldsymbol{A}=\begin{bmatrix}1&1&2\\1&2&3\\2&3&\lambda\end{bmatrix}$.

因为 $|\boldsymbol{A}_1|=1>0$，$|\boldsymbol{A}_2|=\begin{vmatrix}1&1\\1&2\end{vmatrix}=1>0$，$|\boldsymbol{A}_3|=|\boldsymbol{A}|=\lambda-5>0$，所以当 $\lambda>5$ 时，$f(x_1,x_2,x_3)$ 是正定的.

例5 判别二次型 $f(x,y,z)$ 是否是负定的.

$$f(x,y,z)=-5x^2-6y^2-4z^2+4xy+4xz$$

解 题设二次型的矩阵 $\boldsymbol{A}=\begin{bmatrix}-5&2&2\\2&-6&0\\2&0&-4\end{bmatrix}$.

因为 $|\boldsymbol{A}_1|=-5<0$，$|\boldsymbol{A}_2|=\begin{vmatrix}-5&2\\2&-6\end{vmatrix}=26>0$，$|\boldsymbol{A}_3|=|\boldsymbol{A}|=-80<0$，所以 $f(x_1,x_2,x_3)$ 是负定的.

例6 证明：如果 $\boldsymbol{A}$ 为正定矩阵，则 $\boldsymbol{A}^{-1}$ 也是正定矩阵.

证 因为 $\boldsymbol{A}$ 正定，所以存在可逆矩阵 $\boldsymbol{C}$，使 $\boldsymbol{C}^{\mathrm{T}}\boldsymbol{A}\boldsymbol{C}=\boldsymbol{E}_n$，两边取逆得：$\boldsymbol{C}^{-1}\boldsymbol{A}^{-1}(\boldsymbol{C}^{\mathrm{T}})^{-1}=\boldsymbol{E}_n$.

又因为 $(\boldsymbol{C}^{\mathrm{T}})^{-1}=(\boldsymbol{C}^{-1})^{\mathrm{T}}$，$[(\boldsymbol{C}^{-1})^{\mathrm{T}}]^{\mathrm{T}}=\boldsymbol{C}^{-1}$，所以 $[(\boldsymbol{C}^{-1})^{\mathrm{T}}]^{\mathrm{T}}\boldsymbol{A}^{-1}(\boldsymbol{C}^{-1})^{\mathrm{T}}=\boldsymbol{E}_n$，$|(\boldsymbol{C}^{-1})^{\mathrm{T}}|=|\boldsymbol{C}|^{-1}\neq 0$，故 $\boldsymbol{A}^{-1}$ 与 $\boldsymbol{E}_n$ 合同，即 $\boldsymbol{A}^{-1}$ 为正定矩阵.

练习题 4－5

1. 判断下列二次型的正定性：

(1) $f=x_1^2+2x_2^2+5x_3^2+2x_1x_2-4x_2x_3$；

(2) $f=2x_1^2+5x_2^2+5x_3^2+4x_1x_2-4x_1x_3-8x_2x_3$.

2. 填空：

(1) 二次型 $f(x_1,x_2,x_3)=(x_1+ax_2-2x_3)^2+(2x_2+3x_3)^2+(x_1+3x_2+ax_3)^2$ 是正定二次型的充要条件是 a 必须满足________.

(2) 已知 $\boldsymbol{A}=\begin{bmatrix}1 & 2 & -1\\ a+b & 5 & 0\\ -1 & 0 & c\end{bmatrix}$ 是正定矩阵，则 a，b，c 分别为________.

3. 解答题：

(1) 已知二次型 $f(x_1,x_2,x_3)=4x_2^2-3x_3^2+4x_1x_2-4x_1x_3+8x_2x_3$. 写出二次型 f 的矩阵表达式. 用正交变换把二次型 f 化为标准形，并写出相应的正交矩阵.

(2) 求一个满秩线性变换矩阵，化二次型 $f=ax_1^2+bx_2^2+ax_3^2+2cx_1x_3$ 为标准形，并指出当 a，b，c 满足什么条件时，f 是正定二次型.

(3) 已知二次型 $f(x_1,x_2,x_3)=4x_2^2-3x_3^2+4x_1x_2-4x_1x_3+8x_2x_3$. 写出二次型 f 的矩阵表达式. 用正交变换把二次型 f 化为标准形，并写出相应的正交矩阵.

4.6　层次分析法

层次分析法是 Saaty 等人 20 世纪 70 年代提出的一种决策方法. 它是将半定性、半定量问题转化为定量问题的有效途径，它将各种因素层次化，并逐层比较多种关联因素，为分析和预测事物的发展提供可靠的定量依据. 层次分析法在决策工作中有广泛的应用，主要用于确定综合评价的权重系数. 层次分析法所用数学工具主要是矩阵运算.

层次分析法是系统分析的重要工具之一，其基本思想是把问题层次化、数量化，并用数学方法为分析、决策、预报或控制提供定量依据. 它特别适用于难以完全量化，又相互关联、相互制约的众多因素构成的复杂问题. 它把人的思维过程层次化、数量化，是系统分析的一种新型的数学方法.

运用层次分析法建立数学模型，一般可按如下基本步骤进行：

一、建立层次结构

首先对所面临的问题要掌握足够的信息，搞清楚问题的范围、因素、各因素之间的相互关系，及所要解决问题的目标. 把问题条理化、层次化，构造出一个有层次的结构模型. 在这个模型下，复杂问题被分解为元素的组成部分. 这些元素又按其属性及关系形成若干层次. 一般分三层：

第一层为最高层，它是分析问题的预定目标和结果，也称目标层 O；

第二层为中间层，它是为了实现目标所涉及的中间环节，如：准则、子准则，也称准则层 C；

第三层为最底层，它包括为实现目标可供选择的各种措施、决策方案等，也称方案层 P. 如图 4－2 所示．

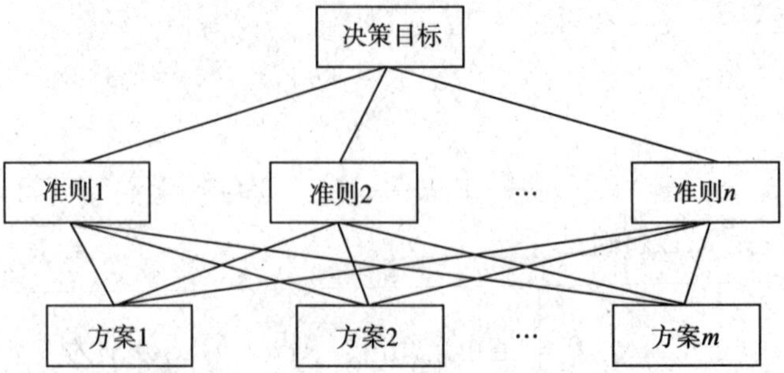

图 4－2　层次结构

注：上述层次结构具有以下特点：

（1）从上到下顺序地存在支配关系，并用直线段表示；

（2）整个层次结构中层次数不受限制．

例　大学毕业生就业选择问题.

获得大学毕业学位的毕业生，“双向选择”时，用人单位与毕业生都有各自的选择标准和要求．就毕业生而言，选择单位的标准和要求是多方面的，例如：

（1）能发挥自己的才干为国家做出较好贡献（即工作岗位适合发挥专长）；

（2）工作收入较好（待遇好）；

（3）生活环境好（大城市、气候等工作条件等）；

（4）单位名声好（声誉－Reputation）；

（5）工作环境好（人际关系和谐等）；

（6）发展晋升（Promote，Promotion）机会多（如新单位或单位发展有后劲）等．

问题：现在有多个用人单位可供他选择，因此，他面临多种选择和决策，问题是：他将如何做出决策和选择？或者说他将用什么方法将可供选择的工作单位排序？绘制层次分析图，如图 4－3 所示．

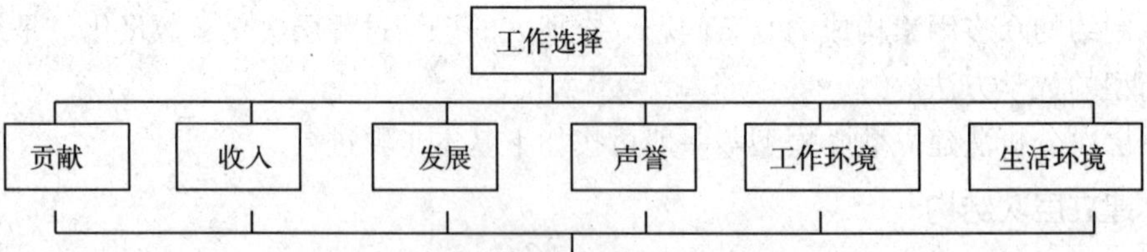

图 4－3　层次分析图

二、构造判断矩阵

构造判断矩阵是建立层次分析模型的关键．假定以上一层的某元素 y 为准则，它所支配的下一层次的元素为 $x_1,x_2,\cdots,x_n$，这 n 个元素对上一层次的元素 y 有影响，要确定它们在 y 中的比重．采用成对比较法，即每次取两个元素 x_i 和 x_j，用 a_{ij} 表示 x_i 与 x_j 对 y 的影响之比，全部比较的结果可用矩阵 $\boldsymbol{A}$ 表示，即

$$\boldsymbol{A}=(a_{ij})_{n\times n}\quad(i,j=1,2,\cdots,n)$$

称矩阵 $\boldsymbol{A}$ 为判断矩阵．

根据上述定义，易见判断矩阵的元素 a_{ij} 满足下列性质：

$$a_{ji}=\frac{1}{a_{ij}}(i\neq j),\quad a_{ii}=1(i=j)$$

当 $a_{ij}>0$ 时，我们称判断矩阵 $\boldsymbol{A}$ 为正互反矩阵．

关于正互反矩阵 $\boldsymbol{A}$，我们不加证明地给出下列结果．

(1) 如果一个正互反矩阵 $\boldsymbol{A}=(a_{ij})_{n\times n}$ 满足

$$a_{ij}\times a_{jk}=a_{ik}\ (i,j,k=1,2,\cdots,n)$$

则称矩阵 $\boldsymbol{A}$ 具有一致性，称元素 C_i,C_j,C_k 的成对比较是一致的，并且称 $\boldsymbol{A}$ 为一致矩阵．

(2) n 阶正互反矩阵 $\boldsymbol{A}$ 的最大特征根 $\lambda_{\max}\geqslant n$，当 $\lambda=n$ 时，$\boldsymbol{A}$ 是一致的．

(3) n 阶正互反矩阵是一致矩阵的充分必要条件是最大特征值 $\lambda_{\max}=n$.

三、计算层次单排序权重并做一致性检验

层次单排序是指同一层次各个元素对于上一层次中的某个元素的相对重要性进行排序．具体做法是：根据同一层 n 个元素 $C_1,C_2,\cdots,C_n$ 对上一层某元素 y 的判断矩阵 $\boldsymbol{A}$ 求出特征值和特征向量，从而求出它们对于元素 O 的相对排序权重，记为 $\boldsymbol{w}_1,\boldsymbol{w}_2,\cdots,\boldsymbol{w}_n$，写成向量形式 $\boldsymbol{w}=(\boldsymbol{w}_1\quad \boldsymbol{w}_2\quad\cdots\quad \boldsymbol{w}_n)^{\mathrm{T}}$，称其为 $\boldsymbol{A}$ 的层次单排序权重向量，其中，$\boldsymbol{w}_i$ 表示第 i 个元素对上一层中某元素 y 所占的比重，从而得到层次单排序．

层次单排序权重向量有几种求解方法，常用的方法是利用判断矩阵 $\boldsymbol{A}$ 的特征值与特征向量来计算排序权重向量 $\boldsymbol{w}$.

(一) 计算排序权重向量的方法和步骤

设 $\boldsymbol{w}=(\boldsymbol{w}_1\quad \boldsymbol{w}_2\quad\cdots\quad \boldsymbol{w}_n)^{\mathrm{T}}$ 是 n 阶判断矩阵的排序权重向量，当 $\boldsymbol{A}$ 为一致矩阵时，根据 n 阶判断矩阵构成的定义，有

$$\boldsymbol{A}=\begin{bmatrix}\frac{\boldsymbol{w}_1}{\boldsymbol{w}_1} & \frac{\boldsymbol{w}_1}{\boldsymbol{w}_2} & \cdots & \frac{\boldsymbol{w}_1}{\boldsymbol{w}_n}\\ \frac{\boldsymbol{w}_2}{\boldsymbol{w}_1} & \frac{\boldsymbol{w}_2}{\boldsymbol{w}_2} & \cdots & \frac{\boldsymbol{w}_2}{\boldsymbol{w}_n}\\ \vdots & \vdots & & \vdots\\ \frac{\boldsymbol{w}_n}{\boldsymbol{w}_1} & \frac{\boldsymbol{w}_n}{\boldsymbol{w}_2} & \cdots & \frac{\boldsymbol{w}_n}{\boldsymbol{w}_n}\end{bmatrix}\qquad(1)$$

因而满足 $\boldsymbol{Aw}=n\boldsymbol{w}$，这里 n 是矩阵 $\boldsymbol{A}$ 的最大特征根，$\boldsymbol{w}$ 是相应的特征向量；当 $\boldsymbol{A}$ 为一般的判断矩阵时，$\boldsymbol{Aw}=\lambda_{\max}\boldsymbol{w}$，其中 $\lambda_{\max}$ 是 $\boldsymbol{A}$ 的最大特征值（也称主特征根），$\boldsymbol{w}$ 是相应的特征向量（也称主特征向量）．经归一化 $\left(\text{即}\sum_{i=1}^{n}\boldsymbol{w}_i=1\right)$ 后，可近似作为排序权重向量，这种方

法称为特征根法.

在确定各层次各因素之间的权重时，如果只是定性的结果，则常常不容易被别人接受，因而 Saaty 等人提出一致矩阵法.

即（1）不把所有因素放在一起比较，而是两两相互比较；

（2）此时采用相对尺度，以尽可能减少性质不同的诸因素相互比较的困难，提高准确度.

因素比较方法——成对比较矩阵法：

目的是比较某一层 n 个因素 $C_1, C_2, \cdots, C_n$ 对上一层因素 O 的影响（例如：旅游决策解中，比较景色等 5 个准则在选择旅游地这个目标中的重要性）.

采用的方法是：每次取两个因素 C_i 和 C_j，比较其对目标因素 O 的影响，并用 a_{ij} 表示，全部比较的结果用成对比较矩阵表示.

定义 设 $\mathbf{A}=(a_{ij})_{n\times n}, a_{ij}>0, a_{ji}=\dfrac{1}{a_{ij}}$（或 $a_{ij}\cdot a_{ji}=1$）. (1)

由于上述成对比较矩阵有特点：$\mathbf{A}=(a_{ij}), a_{ij}>0, a_{ij}=\dfrac{1}{a_{ji}}$，故可称 $\mathbf{A}$ 为正互反矩阵.

显然，由 $a_{ij}=\dfrac{1}{a_{ji}}$，即 $a_{ij}\cdot a_{ji}=1$，故有 $a_{ji}=1$.

例如，成对比较矩阵：$\mathbf{A}=\begin{bmatrix} 1 & \frac{1}{2} & 4 & 3 & 3 \\ 2 & 1 & 7 & 5 & 5 \\ \frac{1}{4} & \frac{1}{7} & 1 & \frac{1}{2} & \frac{1}{3} \\ \frac{1}{3} & \frac{1}{5} & 2 & 1 & 1 \\ \frac{1}{3} & \frac{1}{5} & 3 & 1 & 1 \end{bmatrix}$.

但是稍加分析就发现上述成对比较矩阵的问题：

（1）存在各元素的<u>不一致性</u>，例如：

$$a_{12}=\frac{C_1}{C_2}=\frac{1}{2}\Rightarrow a_{21}=2;\quad a_{13}=\frac{C_1}{C_3}=\frac{4}{1}\Rightarrow a_{31}=\frac{1}{a_{13}}=\frac{1}{4}$$

所以应该有

$$a_{23}=\frac{C_2}{C_3}=\frac{a_{21}}{a_{31}}=\frac{\frac{C_2}{C_1}}{\frac{C_3}{C_1}}=\frac{2}{\frac{1}{4}}=8=\frac{8}{1}$$

而不应为矩阵 $\mathbf{A}$ 中的 $a_{23}=\dfrac{7}{1}$.

（2）成对比较矩阵比较的次数要求太高，因为 n 个元素比较次数为：$C_n^2=\dfrac{n(n-1)}{2!}$ 次，因此，问题是：如何改造成对比较矩阵，使其能确定诸因素 $C_1, \cdots, C_n$ 对上层因素 O 的权重?

对此 Saaty 提出了：在成对比较出现不一致的情况下，计算各因素 $C_1, \cdots, C_n$ 对因素（上层因素）O 的权重，并确定这种不一致的容许误差范围．

为此，先看成对比较矩阵的完全一致性.

（二）一致性检验

在构造判断矩阵时，我们并没有要求判断矩阵具有一致性，这是由客观事物的复杂性与人的认识的多样性所决定的．特别是在规模大、因素多的情况下，对于判断矩阵的每个元素来说，不可能求出精确的 w_i/w_j ，但要求判断矩阵大体上应该是一致的．一个经不起推敲的判断矩阵有可能导致决策的失误．利用上述方法计算排序权重向量，当判断矩阵过于偏离一致性时，其可靠性也有问题．因此，需要对判断矩阵的一致性进行检验，检验可按如下步骤进行：

1. 计算一致性指标 CI

$$CI = \frac{\lambda_{\max} - n}{n - 1} \tag{2}$$

当 $CI = 0$ 即 $\lambda_{\max} = n$ 时，判断矩阵 $\boldsymbol{A}$ 是一致的．CI 的值越大，判断矩阵 $\boldsymbol{A}$ 的不一致的程度就越严重．

2. 查找相应的平均随机一致性指标 RI

表 4－1 给出了 $n(1 \sim 11)$ 阶正互反矩阵的平均随机一致性指标 RI ，其中数据采用了 100～150 个随机样本矩阵 $\boldsymbol{A}$ 计算得到．

表 4－1　Saaty 的结果

n	1	2	3	4	5	6	7	8	9	10	11
RI	0	0	0.58	0.9	1.12	1.24	1.32	1.41	1.45	1.49	1.51

3. 计算一致性比例 CR

$$CR = \frac{CI}{RI} \tag{3}$$

当 $CR < 0.10$ 时，认为判断矩阵的一致性是可以接受的；否则，应对判断矩阵做适当修正．

4. 计算层次总排序权重并做一致性检验

计算出某层元素对其上一层中某元素的排序权重向量后，还需要得到各层元素，特别是最底层中各方案对于目标层的排序权重，即层次总排序权重向量，再进行方案选择．层次总排序权重通过自上而下地将层次单排序的权重进行合成而得到．考虑 3 个层次的决策问题：第一层只有 1 个元素，第二层有 n 个元素，第三层有 m 个元素．设第二层对第一层的层次单排序的权重向量为

$$\boldsymbol{w}^{(2)} = (w_1^{(2)} \quad w_2^{(2)} \quad \cdots \quad w_n^{(2)})^{\mathrm{T}}$$

第三层对第二层的层次单排序的权重向量为

$$\boldsymbol{w}_k^{(3)} = (w_{k1}^{(3)} \quad w_{k2}^{(3)} \quad \cdots \quad w_{kn}^{(3)})^{\mathrm{T}} \quad k = 1, 2, \cdots, n$$

以 $\boldsymbol{w}_k^{(3)}$ 为列向量构成矩阵

$$W^{(3)}=(w_1^{(3)}\quad w_2^{(3)}\quad\cdots\quad w_n^{(3)})=\begin{bmatrix} w_{11}^{(3)} & w_{21}^{(3)} & \cdots & w_{n1}^{(3)} \\ w_{12}^{(3)} & w_{22}^{(3)} & \cdots & w_{n2}^{(3)} \\ \vdots & \vdots & & \vdots \\ w_{1m}^{(3)} & w_{2m}^{(3)} & \cdots & w_{nm}^{(3)} \end{bmatrix}_{m\times n} \tag{4}$$

则第三层对第一层的层次总排序权重向量为

$$\boldsymbol{w}^{(3)}=\boldsymbol{W}^{(3)}\boldsymbol{w}^{(2)} \tag{5}$$

一般地，若层次模型共有 s 层，则第 k 层对第一层的总排序权重向量为

$$\boldsymbol{w}^{(k)}=\boldsymbol{W}^{(k)}\boldsymbol{w}^{(k-1)}\quad (k=3,4,\cdots,s) \tag{6}$$

其中，$\boldsymbol{W}^{(k)}$ 是以第 k 层对第 $k-1$ 层的排序权重向量为列向量组成的矩阵；$\boldsymbol{w}^{(k-1)}$ 是第 $k-1$ 层对第一层的总排序权重向量．按照上述递推公式，可得到最下层（第 s 层）对第一层的总排序权重向量为

$$\boldsymbol{w}^{(s)}=\boldsymbol{W}^{(s)}\boldsymbol{W}^{(s-1)}\cdots\boldsymbol{W}^{(3)}\boldsymbol{w}^{(2)} \tag{7}$$

对层次总排序权重向量也要进行一致性检验．具体方法是从最高层到最低层逐层进行检验．

如果所考虑的层次分析模型共有 s 层．设第 $l(3\leqslant l\leqslant s)$ 层的一致性指标与随机一致性指标分别为 $CI_1^{(l)},CI_2^{(l)},\cdots,CI_n^{(l)}$（$n$ 是第 $l-1$ 层元素的数目）与 $RI_1^{(l)},RI_2^{(l)},\cdots,RI_n^{(l)}$，令

$$\boldsymbol{CI}^{(l)}=(CI_1^{(l)}\quad\cdots\quad CI_n^{(l)})\boldsymbol{w}^{(l-1)} \tag{8}$$

$$\boldsymbol{RI}^{(l)}=(RI_1^{(l)}\quad\cdots\quad RI_n^{(l)})\boldsymbol{w}^{(l-1)} \tag{9}$$

则第 l 层对第一层的总排序权重向量的一致性比率为

$$\boldsymbol{CR}^{(l)}=\boldsymbol{CR}^{(l-1)}+\frac{\boldsymbol{CI}^{(l)}}{\boldsymbol{RI}^{(l)}}\quad (l=3,4,\cdots,s) \tag{10}$$

其中，$\boldsymbol{CR}^{(2)}$ 为由式（10）计算的第二层对第一层的排序权重向量的一致性比率．

当最下层对第一层的总排序权重向量的一致性比率 $\boldsymbol{CR}^{(s)}<0.1$ 时，就认为整个层次结构的比较判断可通过一致性检验．

练习题 4－6

1. 简述层次分析法的原理．
2. 绘制层次分析法解决实际问题的流程图．

4.7　层次分析法应用

4.7.1　旅游地选择一问题提出

暑假有 3 个旅游胜地可供选择．例如，P_1 苏州，P_2 北戴河，P_3 桂林，到底到哪个地方去旅游最好？要作出决策和选择．为此，要把三个旅游地的特点，例如：①景色；②费用；③居住；④饮食；⑤旅途条件等做一些比较——建立一个决策的准则，最后综合评判确定出一个可选择的最优方案，如图 4－4 所示．

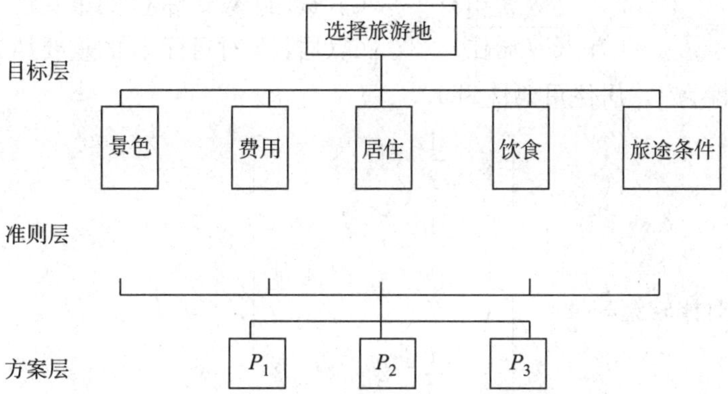

图 4－4　层次分析图

4.7.2　旅游地选择一问题分析

一般来说，分析此决策问题可按如下步骤进行：

(1) 将决策解分解为三个层次，即

目标层（选择旅游地）；

准则层（景色、费用、居住、饮食、旅途条件 5 个准则）；

方案层（有 P_1,P_2,P_3 三个选择地点）.

并用直线连接各层次.

(2) 互相比较各准则对目标的权重，各方案对每一个准则的权重. 这些权重在人的思维过程中常是定性的.

例如，经济好，身体好的人：会将景色好作为第一选择；

中老年人：会将居住、饮食好作为第一选择；

经济不好的人：会把费用低作为第一选择.

而层次分析方法则应给出确定权重的定量分析方法.

(3) 将对准则层的权重及对目标层的权重进行综合.

(4) 最终得出方案层对目标层的权重，从而作出决策.

以上步骤和方法即是 AHP 的决策分析方法.

4.7.3　旅游地选择一问题求解

在旅游决策问题中：

$$a_{12}=\frac{1}{2}=\frac{C_1(\text{景色})}{C_2(\text{费用})}\text{表示}\begin{cases}C_1(\text{景色})\text{对目标 O 的重要性为 1}\\C_2(\text{费用})\text{对目标 O 的重要性为 2}\end{cases}$$

故 $a_{12}=\dfrac{1}{2}$(即景色重要性为 1,费用重要性为 2)

$$a_{13}=4=\frac{4}{1}=\frac{C_1(\text{景色})}{C_3(\text{居住})}\text{表示}\begin{cases}C_1(\text{景色})\text{对目标 O 的重要性为 4}\\C_3(\text{居住})\text{对目标 O 的重要性为 1}\end{cases}$$

即景色为 4，居住为 1.

$$a_{23}=7=\frac{7}{1}=\frac{C_2(\text{费用})}{C_3(\text{居住})}\text{表示}\begin{cases}C_2(\text{费用})\text{对目标 O 的重要性为 }7\\ C_3(\text{居住})\text{对目标 O 的重要性为 }1\end{cases}$$

即费用重要性为 7，居住重要性为 1.

因此，有成对比较矩阵 $\boldsymbol{A}=\begin{bmatrix}1 & \frac{1}{2} & 4 & 3 & 3\\ 2 & 1 & 7 & 5 & 5\\ \frac{1}{4} & \frac{1}{7} & 1 & \frac{1}{2} & \frac{1}{3}\\ \frac{1}{3} & \frac{1}{5} & 2 & 1 & 1\\ \frac{1}{3} & \frac{1}{5} & 3 & 1 & 1\end{bmatrix}$.

对前面旅游问题进行决策：

已知：(1) 目标 $\boldsymbol{A}$ 对准则 $\boldsymbol{B}_i(i=1,2,3,4,5)$ 的权重向量为 $\boldsymbol{W}=(0.262\quad 0.474\quad 0.055\quad 0.099\quad 0.102)^{\mathrm{T}}$（由前面已算出），并已通过一致性检验.

(2) 准则 $\boldsymbol{B}_1$，$\boldsymbol{B}_2$，$\boldsymbol{B}_3$，$\boldsymbol{B}_4$，$\boldsymbol{B}_5$ 相对于 P_1，P_2，P_3 的成对比较矩阵分别为：

$\boldsymbol{B}_1$ 对 P_1，P_2，P_3 作用的成对比较矩阵为

$$\boldsymbol{B}_1=\begin{bmatrix}b_{11} & b_{12} & b_{13}\\ b_{21} & b_{22} & b_{23}\\ b_{31} & b_{32} & b_{33}\end{bmatrix}=\begin{bmatrix}1 & 2 & 5\\ Y_2 & 1 & 2\\ \frac{1}{5} & Y_2 & 1\end{bmatrix}$$

同样，$\boldsymbol{B}_2$ 对 P_1，P_2，P_3 作用的成对比较矩阵为

$$\boldsymbol{B}_2=\begin{bmatrix}1 & \frac{1}{3} & \frac{1}{8}\\ 3 & 1 & \frac{1}{3}\\ 8 & 3 & 1\end{bmatrix},\ \boldsymbol{B}_3=\begin{bmatrix}1 & 1 & 3\\ 1 & 1 & 3\\ Y_3 & Y_3 & 1\end{bmatrix}$$

$$\boldsymbol{B}_4=\begin{bmatrix}1 & 3 & 4\\ \frac{1}{3} & 1 & 1\\ \frac{1}{4} & 1 & 1\end{bmatrix},\ \boldsymbol{B}_5=\begin{bmatrix}1 & 1 & \frac{1}{4}\\ 1 & 1 & \frac{1}{4}\\ 4 & 4 & 1\end{bmatrix}$$

解

对以上每个比较矩阵都可计算出最大特征根 $\lambda_{\max}$ 及对象的特征向量 $\boldsymbol{W}$（即权重向量），并进行一致性检验：$CI \cdot RI = CR$.

以 $\boldsymbol{B}_1$ 为例用“和法”求出 $\boldsymbol{B}_1$ 的特征根 $\lambda_{\max}$ 及对立的特征向量 $\boldsymbol{W}_1$.

$$\boldsymbol{B}_1=\begin{bmatrix}1 & 2 & 5\\ 0.5 & 1 & 2\\ 0.2 & 0.5 & 1\end{bmatrix}$$

(1) 对 $\boldsymbol{B}_1$ 按列归一化得：$\boldsymbol{B}_1\ (\boldsymbol{W}_{ij}) = \begin{bmatrix} 0.588 & 0.571 & 0.625 \\ 0.294 & 0.286 & 0.25 \\ 0.118 & 0.143 & 0.125 \end{bmatrix}$；

(2) 对反向量按列归一化，再按行求和：$\boldsymbol{W} = \sum\limits_{j=1}^{n} \boldsymbol{W}_{ij} = \begin{bmatrix} 1.784 \\ 0.83 \\ 0.386 \end{bmatrix}$；

(3) 对 $\boldsymbol{W}$ 按行归一化得到特征向量 $\boldsymbol{W}$：$\boldsymbol{W} = \dfrac{\boldsymbol{W}_i}{\sum\limits_{i=1}^{n} \boldsymbol{W}_i}$.

$$\boldsymbol{W} = \begin{bmatrix} \dfrac{1.784}{(1.784+0.83+0.386)} \\ \dfrac{0.83}{(1.784+0.83+0.386)} \\ \dfrac{0.386}{(1.784+0.83+0.386)} \end{bmatrix} = \begin{bmatrix} 0.595 \\ 0.277 \\ 0.129 \end{bmatrix}$$

(4) 计算特征根 $\lambda_{\max}^{(\boldsymbol{B}_1)}$

$$\lambda_{\max} = \frac{1}{n} \sum_{i=1} \frac{(\boldsymbol{B},\boldsymbol{W})_i}{W_i}, \boldsymbol{B}_1 = \begin{bmatrix} 1 & 2 & 5 \\ 0.5 & 1 & 2 \\ 0.2 & 0.5 & 1 \end{bmatrix}$$

$$\begin{aligned}
\lambda_{\max}^{(\boldsymbol{B}_1)} &= \frac{1}{3}\left[\frac{(1\quad 2\quad 5)\begin{bmatrix} 0.595 \\ 0.277 \\ 0.129 \end{bmatrix}}{0.595} + \frac{(0.5\quad 1\quad 2)\begin{bmatrix} 0.595 \\ 0.277 \\ 0.129 \end{bmatrix}}{0.277} + \frac{(0.2\quad 0.5\quad 1)\begin{bmatrix} 0.595 \\ 0.277 \\ 0.129 \end{bmatrix}}{0.129}\right] \\
&= \frac{1}{3}\left[\frac{(0.595+0.554+0.645)}{0.595} + \frac{(0.298+0.277+0.258)}{0.277} + \frac{(0.119+0.139+0.129)}{0.129}\right] \\
&= \frac{1}{3}\left(\frac{1.794}{0.595} + \frac{0.833}{0.277} + \frac{0.387}{0.129}\right) \\
&= \frac{1}{3}(3.015+3.007+3) = \frac{1}{3} \times 9.022 = 3.007
\end{aligned}$$

一致性检验：

$$CI = \frac{\lambda_{\max} - m}{n-1} = \frac{3.007-3}{3-1} = \frac{0.007}{2} = 0.0035 < 0.1$$

$$RI = 0.58$$

$$CR = \frac{CI}{RI} = \frac{0.0035}{0.58} = 0.006 < 0.1$$

故通过检验，即成对矩阵 $\boldsymbol{B}_1$ 可以接受．

同样步骤，$\boldsymbol{B}_2$，$\boldsymbol{B}_3$，$\boldsymbol{B}_4$，$\boldsymbol{B}_5$ 对 P_1，P_2，P_3，P_4，P_5 的影响用特征向量 $\boldsymbol{W}^{(\boldsymbol{B}_2)}$，$\boldsymbol{W}^{(\boldsymbol{B}_3)}$，$\boldsymbol{W}^{(\boldsymbol{B}_4)}$，$\boldsymbol{W}^{(\boldsymbol{B}_5)}$ 表示；

最大特征根用 $\lambda_{\max}^{(\boldsymbol{B}_2)}, \lambda_{\max}^{(\boldsymbol{B}_3)}, \lambda_{\max}^{(\boldsymbol{B}_4)}, \lambda_{\max}^{(\boldsymbol{B}_5)}$ 表示.

分别计算一致性检验指标：$\boldsymbol{CI}^{(\boldsymbol{B}_2)}$、$\boldsymbol{CI}^{(\boldsymbol{B}_3)}$、$\boldsymbol{CI}^{(\boldsymbol{B}_4)}$、$\boldsymbol{CI}^{(\boldsymbol{B}_5)}$.

$$\boldsymbol{RI}^{(3)}=0.58$$

$$\boldsymbol{CR}^{(\boldsymbol{B}_2)}=\frac{CI}{RI}$$

列表如下：

决策层 \ 准则层 权值	$\boldsymbol{B}_1$	$\boldsymbol{B}_2$	$\boldsymbol{B}_3$	$\boldsymbol{B}_4$	$\boldsymbol{B}_5$	组合权重向量 $\boldsymbol{W}_i=\sum_{j=1}^{n}a_jb_{ij}$
	0.262	0.474	0.055	0.099	0.102	
P_1	0.595	0.082	0.429	0.633	0.166	$\boldsymbol{W}_1=\sum_{j=1}^{n}a_jb_{1j}=0.299$
P_2	0.277	0.236	0.429	0.193	0.166	$\boldsymbol{W}_2=\sum_{j=1}^{5}a_jb_{2j}=0.246$
P_3	0.129	0.682	0.142	0.175	0.668	$\boldsymbol{W}_3=\sum_{j=1}^{5}a_jb_{3j}=0.456$
$\lambda_{\max}$	3.007	3.002	3	3.009	3	
CI	0.003 5	0.001	0	0.005	0	
RI	0.58	0.58	0.58	0.58	0.58	
CR	0.006					

其中，$\boldsymbol{W}_1,\boldsymbol{W}_2,\boldsymbol{W}_3$ 的计算公式为：$\boldsymbol{W}_i=\sum_{j=1}^{n}a_jb_{ij}\,(i=1,\cdots,n)$.

$$\boldsymbol{W}_1=\sum_{j=1}^{5}a_jb_{1j}=(0.262\quad 0.474\quad 0.055\quad 0.099\quad 0.102)\begin{bmatrix}0.595\\0.082\\0.429\\0.633\\0.166\end{bmatrix}$$

$$\begin{aligned}&=0.262\times0.595+0.474\times0.082+\\&\quad 0.055\times0.429+0.099\times0.633+0.102\times0.166\\&=0.156+0.039+0.024+0.063+0.017\\&=0.299\end{aligned}$$

$$\boldsymbol{W}_2=\sum_{j=1}^{5}a_jb_{2j}=(0.277\quad 0.236\quad 0.429\quad 0.193\quad 0.166)\begin{bmatrix}0.595\\0.082\\0.429\\0.633\\0.166\end{bmatrix}$$

$$=0.246$$

$$W_3=\sum_{j=1}^{5}a_jb_{3j}=(0.129\quad 0.682\quad 0.142\quad 0.175\quad 0.668)\begin{bmatrix}0.595\\0.082\\0.429\\0.633\\0.166\end{bmatrix}$$

$$=0.456$$

因此层次总排序：组合权重向量为：$W=\begin{bmatrix}WP_1\\WP_2\\WP_3\end{bmatrix}=\begin{bmatrix}0.299\\0.246\\0.456\end{bmatrix}$.

故最终决策为 P_3 首选，P_1 次之，P_2 最后．

组合一致性检验：

由 $CR=\dfrac{\sum_{j=1}^{m}a_jCI_j}{\sum_{j=1}^{m}a_jRI_j}$ 可知：组合一致性检验结果为——层次总排序的一致性检验：

$$CR=\frac{\sum_{j=1}^{5}a_jCI_3}{\sum_{j=1}^{5}a_jRI_j}$$

$$=\frac{0.262\times0.0035+0.474\times0.001+0.055\times0+0.099\times0.005+0.102\times0}{0.262\times0.58+0.474\times0.58+0.055\times0.58+0.099\times0.58+0.102\times0.58}$$

$$=\frac{0.0009+0.0005+0+0.0005+0}{(0.262+0.474+0.055+0.099+0.102)\times0.58}$$

$$=\frac{0.0019}{0.992\times0.58}=\frac{0.0019}{0.575}$$

$$=0.0033<0.1$$

故一致性检验通过．

最终决策为 P_3 首选，P_1 次之，P_2 最后．

当然，我们可以使用 MATLAB 软件进行实现，具体代码如下：

```
%层次分析法的 MATLAB 程序
disp('请输入判断矩阵 A(n 阶)');%在屏幕显示这句话
A=input('A=');%从屏幕接收判断矩阵
[n,n]=size(A);%计算 A 的维度,这里是方阵,这么写不太好
x=ones(n,100);% x 为 n 行 100 列全 1 的矩阵
y=ones(n,100);%y 同 x
m=zeros(1,100);% m 为 1 行 100 列全 0 的向量
m(1)=max(x(:,1));% x 第一列中最大的值赋给 m 的第一个分量
y(:,1)=x(:,1);% x 的第一列赋予 y 的第一列
x(:,2)=A* y(:,1);%x 的第二列为矩阵 A * y(:,1)
```

```
m(2)=max(x(:,2));%x 第二列中最大的值赋给 m 的第二个分量
y(:,2)=x(:,2)/m(2);%x 的第二列除以 m(2)后赋给 y 的第二列
p=0.0001;i=2;k=abs(m(2)-m(1));%初始化 p,i,k 为 m(2)－m(1)的绝对值
while  k> p%当 k>p 时执行循环体
  i=i+1;%i 自加 1
  x(:,i)= A* y(:,i-1);%x 的第 i 列等于 A * y 的第 i －1 列
  m(i)= max(x(:,i));%m 的第 i 个分量等于 x 第 i 列中最大的值
  y(:,i)= x(:,i)/m(i);%y 的第 i 列等于 x 的第 i 列除以 m 的第 i 个分量
  k=abs(m(i)-m(i-1));%k 等于 m(i)－m(i－1)的绝对值
end
a=sum(y(:,i));%y 的第 i 列的和赋予 a
w=y(:,i)/a;%y 的第 i 列除以 a
t=m(i);%m 的第 i 个分量赋给 t
disp('权重向量');disp(w);%显示权重向量 w
disp('最大特征值');disp(t);%显示最大特征值 t

%以下是一致性检验
CI=(t-n)/(n-1);%t－维度再除以维度－1 的值赋给 CI
RI=[0 0 0.52 0.89 1.12 1.26 1.36 1.41 1.46 1.49 1.52 1.54 1.56 1.58 1.59];%计算的标准
CR=CI/RI(n);%计算一致性
if CR<0.10
  disp('此矩阵的一致性可以接受！');
  disp('CI= ');disp(CI);
  disp('CR= ');disp(CR);
else
  disp('此矩阵的一致性不可以接受！');
end
```

例 1 在选购电脑时，人们希望花最少的钱买到最理想的电脑．试通过层次分析法建立数学模型，并以此确定欲选购的电脑．

1．建立选购电脑的层次结构模型（见图 4－5）

该层次结构模型共有三层：目标层（用符号 z 表示最终的选择目标）、准则层（分别用符号 $y_1,y_2,\cdots,y_5$ 表示性能、价格、质量、外观、售后服务五个判断准则）和方案层（分别用符号 x_1,x_2,x_3 表示品牌 1，品牌 2，品牌 3 三种选择方案）．

2．构造成对比较判断矩阵

（1）建立准则层对目标层的成对比较判断矩阵．

根据定量化尺度，从建模者的个人观点出发，设准则层对目标层的成对比较判断矩阵为

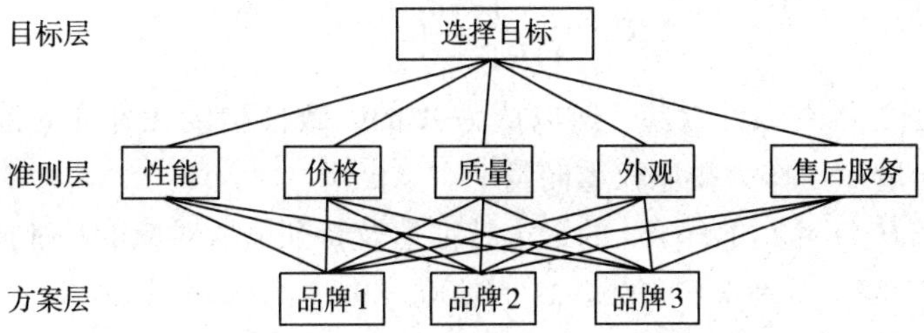

图 4-5　层次结构模型

$$A=\begin{bmatrix}1 & 5 & 3 & 9 & 3\\ \frac{1}{5} & 1 & \frac{1}{2} & 2 & \frac{1}{2}\\ \frac{1}{3} & 2 & 1 & 3 & 1\\ \frac{1}{9} & \frac{1}{2} & \frac{1}{3} & 1 & \frac{1}{3}\\ \frac{1}{3} & 2 & 1 & 3 & 1\end{bmatrix} \tag{12}$$

(2) 建立方案层对准则层的成对比较判断矩阵.

$$B_1=\begin{bmatrix}1 & \frac{1}{3} & \frac{1}{5}\\ 3 & 1 & \frac{1}{2}\\ 5 & 2 & 1\end{bmatrix}, B_2=\begin{bmatrix}1 & 3 & 5\\ \frac{1}{3} & 1 & 2\\ \frac{1}{5} & \frac{1}{2} & 1\end{bmatrix}, B_3=\begin{bmatrix}1 & \frac{1}{3} & \frac{1}{5}\\ 3 & 1 & \frac{1}{2}\\ 5 & 2 & 1\end{bmatrix}$$

$$B_4=\begin{bmatrix}1 & 5 & 3\\ \frac{1}{5} & 1 & \frac{1}{2}\\ \frac{1}{3} & 2 & 1\end{bmatrix}, B_5=\begin{bmatrix}1 & 3 & 3\\ \frac{1}{3} & 1 & 1\\ \frac{1}{3} & 1 & 1\end{bmatrix}$$

3. 计算层次单排序权重向量并做一致性检验

先计算矩阵 A 的最大特征值及特征值所对应的特征向量分别为：$\lambda_{\max}=5.009\ 74$，$x=(0.881\ 26\quad 0.167\ 913\quad 0.304\ 926\quad 0.096\ 055\ 7\quad 0.304\ 926)^{T}$

从而得到归一化后的特征向量：

$$w^{(2)}=(0.502\ 119\quad 0.095\ 672\ 8\quad 0.173\ 739\quad 0.054\ 730\ 1\quad 0.173\ 739)^{T}$$

计算一致性指标 $CI=\dfrac{\lambda_{\max}-n}{n-1}$，其中 $n=5$，$\lambda_{\max}=5.009\ 74$，故

$$CI=0.002\ 435$$

查表得到相应的随机一致性指标

$$RI=1.12$$

从而得到一致性比率

$$CR^{(2)}=\frac{CI}{RI}=0.002\ 174$$

因 $CR^{(2)}<0.1$，通过了一致性检验，所以认为 A 的一致性程度在容许的范围之内，可以用归一化后的特征向量 $w^{(2)}$ 作为排序权重向量．

下面再求矩阵 $B_j(j=1,2,\cdots,5)$ 的最大特征值及特征值所对应的特征向量．最大特征值分别为：$\lambda_1=3.003\ 69$，$\lambda_2=3.003\ 69$，$\lambda_3=3.003\ 69$，$\lambda_4=3.003\ 69$，$\lambda_5=3.000$.

上述特征值所对应的特征向量

$$x_1=(0.163\ 954\quad 0.462\ 86\quad 0.871\ 137)^T$$

$$x_2=(0.928\ 119\quad 0.328\ 758\quad 0.174\ 679)^T$$

$$x_3=(0.163\ 954\quad 0.462\ 86\quad 0.871\ 137)^T$$

$$x_4=(0.928\ 119\quad 0.174\ 679\quad 0.328\ 758)^T$$

$$x_5=(0.904\ 534\quad 0.301\ 511\quad 0.301\ 511)^T$$

其中，$x_i=(x_{i1}\quad x_{i2}\quad x_{i3}),i=1,2,\cdots,5$. 进而可以求出归一化后的特征向量，分别为

$$w_1=(0.109\ 452\quad 0.308\ 996\quad 0.581\ 552)^T$$

$$w_2=(0.648\ 329\quad 0.229\ 651\quad 0.122\ 02)^T$$

$$w_3=(0.109\ 452\quad 0.308\ 996\quad 0.581\ 552)^T$$

$$w_4=(0.648\ 329\quad 0.122\ 02\quad 0.229\ 651)^T$$

$$w_5=(0.600\ 000\quad 0.200\ 000\quad 0.200\ 000)^T$$

计算一致性指标 $CI_i=\frac{\lambda_i-n}{n-1}(i=1,2,\cdots,5)$，其中 $n=3$.

可得

$$CI_1=0.001\ 847\ 3,CI_2=0.001\ 847\ 3,CI_3=0.001\ 847\ 3$$

$$CI_4=0.001\ 847\ 3,CI_5=0$$

查表得到相应的随机一致性指标

$$RI_i=0.58\ (i=1,2,\cdots,5)$$

计算一致性比率 $CR_i=\frac{CI_i}{RI_i},i=1,2,\cdots,5.$

可得：

$$CR_1=0.003\ 185,CR_2=0.003\ 185,CR_3=0.003\ 185,$$

$$CR_4=0.003\ 185,CR_5=0.$$

因 $CR_i<0.1(i=1,2,\cdots,5)$，所以通过了一致性检验．即认为 $B_j(j=1,2,\cdots,5)$ 的一致性程度在容许的范围之内，可以用归一化后的特征向量作为其排序权重向量．

4. 计算层次总排序权重向量并做一致性检验

购买个人电脑问题的第三层对第二层的排序权重计算结果如表 4-2 所示．

表 4－2　权重

k	1	2	3	4	5
$w_k^{(3)}$	0.109 452	0.648 329	0.109 452	0.648 329	0.6
	0.308 996	0.229 651	0.308 996	0.122 02	0.2
	0.581 552	0.122 02	0.581 552	0.229 651	0.2
λ_k	3.003 69	3.003 69	3.003 69	3.003 69	3

以矩阵表示第三层对第二层的排序权重计算结果为

$$\boldsymbol{W}^{(3)}=\begin{bmatrix}0.109\,452 & 0.648\,329 & 0.109\,452 & 0.648\,329 & 0.6\\0.308\,996 & 0.229\,651 & 0.308\,996 & 0.122\,02 & 0.2\\0.581\,552 & 0.122\,02 & 0.581\,552 & 0.229\,651 & 0.2\end{bmatrix}$$

$\boldsymbol{W}^{(3)}$ 即是第三层对第二层的权重向量为列向量组成的矩阵．最下层（第三层）对最上层（第一层）的总排序权重向量为

$$\boldsymbol{w}^{(3)}=\boldsymbol{W}^{(3)}\boldsymbol{w}^{(2)}$$

得到

$$\boldsymbol{w}^{(3)}=(0.275\,728\quad 0.272\,235\quad 0.452\,037)^{\mathrm{T}}$$

为了对总排序权重向量进行一致性检验，计算

$$\boldsymbol{CI}^{(3)}=(CI_1\quad CI_2\quad\cdots\quad CI_5)\boldsymbol{w}^{(2)}$$

可得

$$\boldsymbol{CI}^{(3)}=0.001\,526\,35$$

再计算 $\boldsymbol{RI}^{(3)}=[RI_1\quad\cdots\quad RI_5]\boldsymbol{w}^{(2)}$，

可得

$$\boldsymbol{RI}^{(3)}=0.58$$

最后计算：$\boldsymbol{CR}^{(3)}=\boldsymbol{CR}^{(2)}+\boldsymbol{CI}^{(3)}/\boldsymbol{RI}^{(3)}$.

可得

$$\boldsymbol{CR}^{(3)}=0.004\,805\,75$$

因为 $\boldsymbol{CR}^{(3)}<0.1$，所以总排序权重向量符合一致性要求的范围．

根据总排序权重向量的分量取值，品牌 3 的电脑是建模者对这三种品牌机的首选．

练习题 4－7

1. 根据你的经历设想如何报考大学，需要什么样的判断准则？利用层次分析法及数学软件作出最佳的决策．

2. 假期到了，某学生打算做一次旅游，有四个地点可供选择，假定他要考虑 5 个因素：费用、景色、居住、饮食以及旅游条件．由于该学生没有固定收入，因此他对费用最为看重，其次是旅游点的景色，至于旅游条件、饮食，差不多就行，住什么地方就更无所谓了．这四个旅游点没有一个具有明显的优势，而是各有优劣．该同学拿不定主意，请用层次分析法帮助他找出最佳旅游点．

习　题

一、求矩阵的特征值和特征向量：

1. $\begin{bmatrix}-1 & 2\\ \frac{5}{2} & 3\end{bmatrix}$；　　2. $\begin{bmatrix}2 & -4\\ 1 & -3\end{bmatrix}$；

3. $\begin{bmatrix}3 & -1\\ -1 & 3\end{bmatrix}$；　　4. $\begin{bmatrix}-1 & 1 & 0\\ -4 & 3 & 0\\ 1 & 0 & 2\end{bmatrix}$.

二、设 $\boldsymbol{\alpha}_1$，$\boldsymbol{\alpha}_2$，都是 $\boldsymbol{A}$ 的对应于特征值 λ_0 的特征向量，证明 $k\boldsymbol{\alpha}_1(k\neq 0)$ 和 $\boldsymbol{\alpha}_1+\boldsymbol{\alpha}_2$ 仍是 $\boldsymbol{A}$ 的对应于特征值 λ_0 的特征向量 .

三、设 3 阶方阵 $\boldsymbol{A}$ 的特征值为 $\lambda_1=1$，$\lambda_2=0$，$\lambda_3=-1$；对应的特征向量依次为 $\boldsymbol{P}_1=\begin{bmatrix}1\\2\\2\end{bmatrix}$，$\boldsymbol{P}_2=\begin{bmatrix}2\\-2\\1\end{bmatrix}$，$\boldsymbol{P}_3=\begin{bmatrix}-2\\-1\\2\end{bmatrix}$，求 $\boldsymbol{A}$.

四、试用施密特法把下列向量组正交化：

1. $(\boldsymbol{a}_1\quad \boldsymbol{a}_2\quad \boldsymbol{a}_3)=\begin{bmatrix}1 & 1 & 1\\ 1 & 2 & 4\\ 1 & 3 & 9\end{bmatrix}$；　　2. $(\boldsymbol{a}_1\quad \boldsymbol{a}_2\quad \boldsymbol{a}_3)=\begin{bmatrix}1 & 1 & -1\\ 0 & -1 & 1\\ -1 & 0 & 1\\ 1 & 1 & 0\end{bmatrix}$.

五、下列矩阵是不是正交阵：

1. $\begin{bmatrix}1 & -\frac{1}{2} & \frac{1}{3}\\ -\frac{1}{2} & 1 & \frac{1}{2}\\ \frac{1}{3} & \frac{1}{2} & -1\end{bmatrix}$；　　2. $\begin{bmatrix}\frac{1}{9} & -\frac{8}{9} & -\frac{4}{9}\\ -\frac{8}{9} & \frac{1}{9} & -\frac{4}{9}\\ -\frac{4}{9} & -\frac{4}{9} & \frac{7}{9}\end{bmatrix}$.

六、设 $\boldsymbol{A}$ 与 $\boldsymbol{B}$ 都是 $\boldsymbol{n}$ 阶正交阵，证明 $\boldsymbol{AB}$ 也是正交阵 .

七、设方阵 $\boldsymbol{A}=\begin{bmatrix}1 & -2 & -4\\ -2 & x & -2\\ -4 & -2 & 1\end{bmatrix}$ 与 $\boldsymbol{\Lambda}=\begin{bmatrix}5 & 0 & 0\\ 0 & y & 0\\ 0 & 0 & -4\end{bmatrix}$ 相似，求 x，y.

八、$\boldsymbol{A}=\begin{bmatrix}2 & -2 & 0\\ -2 & 1 & -2\\ 0 & -2 & 0\end{bmatrix}$ 能否对角化？若可以，求可逆矩阵 $\boldsymbol{P}$ 使其对角化 .

九、设 $\boldsymbol{A}=\begin{bmatrix}1 & 0 & 2\\ 0 & 1 & 4\\ a+5 & -a-2 & 2a\end{bmatrix}$，问：$a$ 为何值时 $\boldsymbol{A}$ 能对角化？

十、求正交矩阵 $\boldsymbol{P}$，使得 $\boldsymbol{P}^{\mathrm{T}}\boldsymbol{AP}$ 为对角阵 .

1. $\boldsymbol{A}=\begin{bmatrix}-1 & 0 & 2\\ 0 & 1 & 2\\ 2 & 2 & 0\end{bmatrix}$；

2. $\boldsymbol{A}=\begin{bmatrix}4 & 0 & 0\\ 0 & 3 & 1\\ 0 & 1 & 3\end{bmatrix}$.

十一、设二次型 $f(x_1,x_2,x_3)=x_1^2+x_2^2+2x_3^2+2tx_1x_2-2x_1x_3$，试确定当 t 取何值时，$f(x_1,x_2,x_3)$ 为正定二次型.

十二、判别二次型 $f(x_1,x_2,x_3)=2x_1^2+4x_2^2+5x_3^2-4x_1x_3$ 是否正定.

十三、设 $\boldsymbol{A}$，$\boldsymbol{B}$ 分别为 m 阶，n 阶正定矩阵，试判定分块矩阵 $\boldsymbol{C}=\begin{bmatrix}\boldsymbol{A} & \boldsymbol{O}\\ \boldsymbol{O} & \boldsymbol{B}\end{bmatrix}$是否为正定矩阵.

十四、假设你马上就要大学毕业了，正面临择业的问题，你对工作的选择着重考虑下面几个因素：(1) 单位的声誉；(2) 收入；(3) 专业是否对口；(4) 是否有机会深造或晋升；(5) 工作地点；(6) 休闲时间. 对上述各种因素你可以根据自己的具体情况排序，也可以增加或减少所考虑的因素. 现在你有四个单位打算，但如果用上述标准来衡量，没有一个单位具有明显的优势，请用层次分析法为你自己做一个合理的选择.

第5章

线性规划的基本问题

线性规划是运筹学的一个基本分支，应用极其广泛，其作用已为越来越多的人所重视．从线性规划诞生至今的几十年中，随着计算机的逐渐普及，它越来越急速地渗透于工农业生产、商业活动、军事行动和科学研究的各个方面，为社会节省的财富、创造的价值无法估量．最近十多年来，线性规划无论在深度还是在广度方面都取得了重大进展．

本章先通过例子归纳线性规划数学模型的一般形式，然后着重介绍有关线性规划的一些基本概念、基本理论及求解线性规划问题的若干方法，最后给出用 MATLAB 求解线性规划问题的常用命令及两个应用案例，以便于将线性规划推广到实际应用领域，创造更多的社会价值．

本章思维导图如图 5-1 所示．

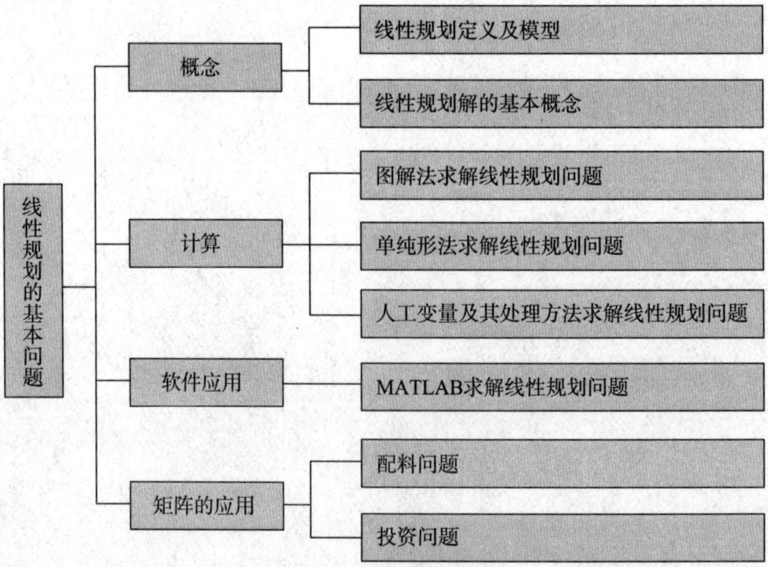

图 5-1　本章思维导图

5.1　线性规划问题的数学模型

5.1.1　线性规划问题及其数学模型

引例 1　资源合理利用问题

某工厂计划在下一个生产周期内生产甲、乙两种产品，要消耗 A_1、A_2、A_3 三种资源（例如钢材、煤炭和设备台时），已知每件产品对这三种资源的消耗，这三种资源现有数量和每件产品可获得的利润如表 5－1 所示．问：如何安排生产计划，才能既充分利用现有资源，又使总利润最大?

表 5－1　资源消耗、数量及产品利润

项目	甲产品	乙产品	资源限制
A_1	5	2	170
A_2	2	3	100
A_3	1	5	150
单件利润	10	18	—

为了建立此问题的数学模型，首先要选定决策变量，即决策人可控制的因素．本例中，可令决策变量 x_1,x_2 分别表示计划生产产品甲和乙的产量．

其次，确定对决策变量的限制条件，称为约束条件．本例中，由于资源 A_1、A_2、A_3 都是有限的，故决策变量 x_1,x_2 必须满足下列条件：

$$\begin{cases} 5x_1+2x_2\leqslant 170 & \text{（对资源 } A_1 \text{ 的限制）} \\ 2x_1+3x_2\leqslant 100 & \text{（对资源 } A_2 \text{ 的限制）} \\ x_1+5x_2\leqslant 150 & \text{（对资源 } A_3 \text{ 的限制）} \end{cases}$$

另外，根据实际问题的需要和计算方面的考虑，还对决策变量 x_1，x_2 加上非负限制，即

$$x_1\geqslant 0，x_2\geqslant 0$$

最后，确定问题的目标，即决策人用来评价问题的不同方案优劣标准．这种目标总是决策变量的函数，称为目标函数．本例中，目标函数是使总利润 $Z=10x_1+18x_2$ 达到最大．

引例 2　运输问题

设有某种物资要从 A_1、A_2、A_3 三个仓库运往四个销售点 B_1，B_2，B_3，B_4．各发点（仓库）的发货量、各收点（销售点）的收货量以及 A_i 到 B_j 的单位运费如表 5－2 所示．问：如何组织运输才能使总运费最少?

表 5-2　运输单价及发货量、收货量

收点 / 运价 / 发点	B_1	B_2	B_3	B_4	发货量
A_1	9	18	1	10	9
A_2	11	6	8	18	10
A_3	14	12	2	16	6
收货量	4	9	7	5	—

解　设 $x_{ij}(i=1,\ 2,\ 3;\ j=1,\ 2,\ 3,\ 4)$ 表示从产地 A_i 运往销地 B_j 的运输量，例如 x_{12} 表示由产地 A_1 运往销地 B_2 的数量等．那么满足产地的供应量约束为

$$\begin{cases} x_{11}+x_{12}+x_{13}+x_{14}=9 \\ x_{21}+x_{22}+x_{23}+x_{24}=10 \\ x_{31}+x_{32}+x_{33}+x_{34}=6 \end{cases}$$

满足销地的需求量约束为

$$\begin{cases} x_{11}+x_{21}+x_{31}=4 \\ x_{12}+x_{22}+x_{32}=9 \\ x_{13}+x_{23}+x_{33}=7 \\ x_{14}+x_{24}+x_{34}=5 \end{cases}$$

所以最佳调运量就是求一组变量 $x_{ij}(i=1,2,3;j=1,2,3,4)$，使它满足上述约束条件并使总运费最小

$$\begin{aligned} z=\ & 9x_{11}+18x_{12}+x_{13}+10x_{14}+11x_{21}+6x_{22}+8x_{23}+ \\ & 18x_{24}+14x_{31}+12x_{32}+2x_{33}+16x_{34} \end{aligned}$$

再加上变量的非负约束 $x_{ij}\geqslant 0(i=1,2,3;j=1,2,3,4)$，就得到解决这个问题的数学模型．

以上两个例子都具有这样的特征：

(1) 问题中要求有一组变量（决策变量），这组变量的一组定值就代表每个问题中的一个具体方案；

(2) 存在一定的限制条件（约束条件），这些限制条件可以用一组线性等式或不等式来表示；

(3) 有一个目标要求（目标函数），表示为决策变量的线性函数，并且要求这个目标函数达到最优（最大或最小）．

具备以上三个条件的问题称为线性规划问题．简单地说，线性规划问题就是求一个线性目标函数在一组线性约束条件下的极值问题．

线性规划问题数学模型的一般形式为：

$$\max(\text{或}\min)z = c_1x_1 + c_2x_2 + \cdots + c_nx_n$$

$$\text{s.t.}\begin{cases} a_{11}x_1 + a_{12}x_2 + \cdots + a_{1n}x_n \leqslant (\text{或} =, \text{或} \geqslant) b_1 \\ a_{21}x_1 + a_{22}x_2 + \cdots + a_{2n}x_n \leqslant (\text{或} =, \text{或} \geqslant) b_2 \\ \cdots \\ a_{m1}x_1 + a_{m2}x_2 + \cdots + a_{mn}x_n \leqslant (\text{或} =, \text{或} \geqslant) b_m \\ x_1 \geqslant 0, x_2 \geqslant 0, \cdots, x_n \geqslant 0 \end{cases}$$

式中，max 表示求最大值；min 表示求最小值；$c_j(j = 1,2,\cdots,n)$ 是由实际问题所确定的常数，为利润系数或成本系数；$b_i(i=1,2,\cdots,m)$ 为限定系数或常数项；$a_{ij}(i=1,2,\cdots,m;j=1,2,\cdots,n)$ 为结构系数或消耗系数；$x_j(j = 1,2,\cdots,n)$ 为决策变量；每一个约束条件只有一种符号（$\leqslant$或$=$或$\geqslant$）.

5.1.2　线性规划问题模型的标准形式

由于对目标的追求和约束形式的不同，因此线性规划模型的具体形式也是多种多样的．为了讨论和计算方便，我们要在这众多的形式中规定一种形式，将其称为线性规划模型的标准形．线性规划模型的标准形为：

$$\max z = c_1x_1 + c_2x_2 + \cdots + c_nx_n$$

$$\text{s.t.}\begin{cases} a_{11}x_1 + a_{12}x_2 + \cdots + a_{1n}x_n = b_1 \\ a_{21}x_1 + a_{22}x_2 + \cdots + a_{2n}x_n = b_2 \\ \cdots \\ a_{m1}x_1 + a_{m2}x_2 + \cdots + a_{mn}x_n = b_m \\ x_1 \geqslant 0, x_2 \geqslant 0, \cdots, x_n \geqslant 0 \end{cases}$$

上述形式的特点是：

(1) 所有决策变量都是非负的；

(2) 所有约束条件都是“$=$”型；

(3) 目标函数求最大值；

(4) 所有常数项 $b_i(i = 1,2,\cdots,m)$ 都是非负的．

线性规划模型的标准形可以写成简缩形式：

$$\max \sum_{j=1}^{n} c_jx_j$$

$$\text{s.t.}\begin{cases} \sum\limits_{j=1}^{n} \boldsymbol{p}_jx_j = \boldsymbol{b} \\ x_j \geqslant 0, j = 1,2,\cdots,n \end{cases}$$

其中，$\boldsymbol{p}_j = (p_{1j} \quad p_{2j} \quad \cdots \quad p_{mj})^{\mathrm{T}}$.

线性规划模型的标准形也可以用矩阵形式表示如下：

$$\max \boldsymbol{c}^{\mathrm{T}}\boldsymbol{x}$$

$$\text{s.t.}\begin{cases} \boldsymbol{Ax} = \boldsymbol{b} \\ \boldsymbol{x} \geqslant \boldsymbol{0} \end{cases}$$

其中,$\boldsymbol{A}=(a_{ij})_{m\times n}$，$\boldsymbol{c}=(c_1\quad c_2\quad\cdots\quad c_n)^{\mathrm{T}}$，$\boldsymbol{b}=(b_1\quad b_2\quad\cdots\quad b_m)^{\mathrm{T}}$ 以及 $\boldsymbol{x}=(x_1\quad x_2\quad\cdots\quad x_n)^{\mathrm{T}}$.

线性规划模型的标准化

我们对线性规划问题的研究是基于标准形进行的．因此，对于给定的非标准形线性规划问题的数学模型，则需要将其化为标准形．一般地，对于不同形式的线性规划模型，可以采用以下一些方法将其化为标准形．

(1) 对于目标函数是求最小值的线性规划问题，只要将目标函数的系数取反号，即可化为等价的最大值问题．

(2) 约束条件为“⩽”(“⩾”) 类型的线性规划问题，可在不等式左边加上（减去）一个非负的新变量，即可化为等式．这个新增的非负变量称为松弛变量（剩余变量），也可统称为松弛变量．在目标函数中，一般认为新增的松弛变量的系数为零．

(3) 如果在一个线性规划问题中，决策变量 x_k 的符号没有限制，则可用两个非负的新变量 x_k^1 和 x_k^2 之差来代替，即将变量 x_k 写成 $x_k=x_k^1-x_k^2$，且有 $x_k^1\geqslant 0$，$x_k^2\geqslant 0$. 通常将这样的 x_k 称为自由变量．

(4) 当常数项 b_i 为负值时，在该约束条件的两边分别乘以 -1 即可．

例 1　将引例 1 中的模型化为标准形.

$$\max z=10x_1+18x_2$$

$$\begin{cases}5x_1+2x_2\leqslant 170\\2x_1+3x_2\leqslant 100\\x_1+5x_2\leqslant 150\\x_1,x_2\geqslant 0\end{cases}$$

解　在各不等式的左边分别加上松弛变量 x_3，x_4，x_5，使不等式成为等式，得到标准形：

$$\max z=10x_1+18x_2$$

$$\begin{cases}5x_1+2x_2+x_3=170\\2x_1+3x_2+x_4=100\\x_1+5x_2+x_5=150\\x_1,x_2\geqslant 0\end{cases}$$

例 2　将下列线性规划模型化成标准形．

$$\min z=3x_1-x_2+3x_3$$

$$\begin{cases}x_1+2x_2+x_3\leqslant 6\\x_1+x_2-x_3\geqslant 2\\-3x_1+2x_2+x_3=5\\x_1\geqslant 0,x_2\geqslant 0,x_3\text{ 无非负约束}\end{cases}$$

解　(1) 目标函数两边乘以 -1 化为求最大值；

(2) 以 $x_3=x_3^1-x_3^2$ 代入目标函数和所有的约束条件中，其中 $x_3^1\geqslant 0,x_3^2\geqslant 0$；

(3) 在第一个约束条件的左边加上松弛变量 x_4；

(4) 在第二个约束条件的左边减去剩余变量 x_5.

得到该线性规划模型的标准形为

$$\max(-z)=-3x_1+x_2-3x_3^1+3x_3^2$$

$$\begin{cases} x_1+2x_2+x_3^1-x_3^2+x_4 \\ x_1\ \ +x_2-x_3^1+x_3^2-x_5 \\ -3x_1+2x_2+x_3^1-x_3^2=5 \\ x_1,x_2,x_3^1,x_3^2,x_4,x_5\geqslant 0 \end{cases}$$

练习题 5 - 1

将下列线性规划问题变换成标准形：

(1) $\max z=-3x_1+4x_2-2x_3+5x_4$

$$\text{s. t.}\begin{cases} 4x_1-x_2+2x_3-x_4=-2 \\ x_1+x_2-x_3+2x_4\leqslant 14; \\ -2x_1+3x_2+x_3-x_4\geqslant 2 \\ x_1,x_2,x_3\geqslant 0,x_4\ \text{无约束} \end{cases}$$

(2) $\min z=2x_1-2x_2+3x_3$

$$\text{s. t.}\begin{cases} -x_1+x_2+x_3=4 \\ -2x_1+x_2-x_3\leqslant 6. \\ x_1\leqslant 0,x_2\geqslant 0,x_3\ \text{无约束} \end{cases}$$

5.2　线性规划解的定义及图解法

5.2.1　线性规划问题解的基本概念

$$\max z=c_1x_1+c_2x_2+\cdots+c_nx_n \tag{5.1}$$

$$\text{设线性规划问题 s. t.}\begin{cases} a_{11}x_1+a_{12}x_2+\cdots+a_{1n}x_n=b_1 \\ a_{21}x_1+a_{22}x_2+\cdots+a_{2n}x_n=b_2 \\ \cdots \\ a_{m1}x_1+a_{m2}x_2+\cdots+a_{mn}x_n=b_m \\ x_1\geqslant 0,x_2\geqslant 0,\cdots,x_n\geqslant 0 \end{cases} \tag{5.2}$$

定义 1　满足线性规划约束方程组（5.2）的解 $\boldsymbol{X}=(x_1\quad x_2\quad\cdots\quad x_n)^{\mathrm{T}}$ 称为线性规划问题的可行解．所有可行解的集合称为可行域或可行解集．

定义 2　使线性规划的目标函数达到最大的可行解称为线性规划的最优解．

定义 3　设 $\boldsymbol{A}$ 是约束方程组（5.2）的 $m\times n$ 阶的系数矩阵（$m<n$），其秩为 m，则 $\boldsymbol{A}$ 中任意 m 个线性无关的列向量构成的 $m\times m$ 阶子矩阵称为线性规划的一个基矩阵或简称为一个基，记为 $\boldsymbol{B}$. 显然，$\boldsymbol{B}$ 为非奇异矩阵，即 $|\boldsymbol{B}|\neq 0$.

构成基矩阵的 m 个列向量称为基向量，其余 $n-m$ 个向量称为非基向量．

与 m 个基向量相对应的 m 个变量称为基变量，其余的 $n-m$ 个变量则称为非基变量．

显然，基变量随着基的变化而变化，当基被确定以后，基变量和非基变量也随之确定了.

若令约束方程组（5.2）中的 $n-m$ 个非基变量为零，再对余下的 m 个基变量求解，则所得到的约束方程组的解称为基本解.基本解的个数总是小于等于 C_n^m.

如设 $\boldsymbol{B}=(p_1 \quad p_2 \quad \cdots \quad p_m)$ 为线性规划的一个基，于是 $x_i(i=1,2,\cdots,m)$ 为基变量，$x_j(j=m+1,m+2,\cdots,n)$ 就为非基变量.

现令非基变量 $x_{m+1}=x_{m+2}=\cdots=x_n=0$，约束方程组（5.2）就变为

$$\begin{cases} a_{11}x_1+a_{12}x_2+\cdots+a_{1m}x_m=b_1 \\ a_{21}x_1+a_{22}x_2+\cdots+a_{2m}x_m=b_2 \\ \cdots \\ a_{m1}x_1+a_{m2}x_2+\cdots+a_{mm}x_m=b_m \end{cases}$$

此时方程组有 m 个方程，m 个未知数，可唯一地解出 $x_1,x_2,\cdots,x_m$. 则向量 $\boldsymbol{X}=(x_1 \quad x_2 \quad \cdots \quad x_m \quad \underbrace{0 \quad \cdots \quad 0}_{n-m\text{个}})^{\mathrm{T}}$ 就是对应于基 $\boldsymbol{B}$ 的基本解.

定义 4 满足非负约束方程组的基本解称为基本可行解；对应于基本可行解的基称为可行基.

显然，基本可行解既是基本解，又是可行解.一般，基本可行解的数目要少于基本解的数目，最多两者相等.

当基本可行解的非零分量个数恰为 m 时，称此解是非退化的解；如果有的基变量也取零值，即基本可行解的非零分量个数小于 m 时，称此解是退化解.

例 1 求引例 1 的线性规划问题的所有基本解，并指出哪些是基本可行解.

$$\max z=10x_1+18x_2$$

$$\begin{cases} 5x_1+2x_2+x_3=170 \\ 2x_1+3x_2 \qquad +x_4=100 \\ \ \ x_1+5x_2 \qquad\qquad +x_5=150 \\ x_1,x_2\geqslant 0 \end{cases}$$

系数矩阵为 $\boldsymbol{A}=\begin{bmatrix} 5 & 2 & 1 & 0 & 0 \\ 2 & 3 & 0 & 1 & 0 \\ 1 & 5 & 0 & 0 & 1 \end{bmatrix}=(\boldsymbol{P}_1 \quad \boldsymbol{P}_2 \quad \boldsymbol{P}_3 \quad \boldsymbol{P}_4 \quad \boldsymbol{P}_5)$.

由于其中任意两个向量都是线性无关的，故共有 $C_5^2=10$ 个不同的基，对应于 10 个不同的基本解，如表 5-3 所示.

表 5-3 基向量及基本解

序号	基	基向量	基变量	非基变量	对应的基本解	解的类型
1	$\boldsymbol{B}_1=\begin{bmatrix} 5 & 2 & 1 \\ 2 & 3 & 0 \\ 1 & 5 & 0 \end{bmatrix}$	$(\boldsymbol{P}_1 \quad \boldsymbol{P}_2 \quad \boldsymbol{P}_3)$	$(x_1 \quad x_2 \quad x_3)$	$(x_4 \quad x_5)$	$\boldsymbol{x}_{\boldsymbol{B}_1}=\left(\frac{50}{7} \quad \frac{200}{7} \quad \frac{540}{7} \quad 0 \quad 0\right)^{\mathrm{T}}$	基本可行解
2	$\boldsymbol{B}_2=\begin{bmatrix} 5 & 2 & 0 \\ 2 & 3 & 1 \\ 1 & 5 & 0 \end{bmatrix}$	$(\boldsymbol{P}_1 \quad \boldsymbol{P}_2 \quad \boldsymbol{P}_4)$	$(x_1 \quad x_2 \quad x_4)$	$(x_3 \quad x_5)$	$\boldsymbol{x}_{\boldsymbol{B}_2}=(20 \quad 35 \quad 0 \quad -45 \quad 0)^{\mathrm{T}}$	非可行解

续表

序号	基	基向量	基变量	非基变量	对应的基本解	解的类型
3	$\boldsymbol{B}_3=\begin{bmatrix}5&2&0\\2&3&0\\1&5&1\end{bmatrix}$	$(\boldsymbol{P}_1\quad\boldsymbol{P}_2\quad\boldsymbol{P}_5)$	$(x_1\quad x_2\quad x_5)$	$(x_3\quad x_4)$	$\boldsymbol{x}_{\boldsymbol{B}_3}=\left(\frac{550}{23}\quad\frac{580}{23}\quad 0\quad 0\quad -\frac{540}{23}\right)^{\mathrm{T}}$	非可行解
4	$\boldsymbol{B}_4=\begin{bmatrix}5&1&0\\2&0&1\\1&0&0\end{bmatrix}$	$(\boldsymbol{P}_1\quad\boldsymbol{P}_3\quad\boldsymbol{P}_4)$	$(x_1\quad x_3\quad x_4)$	$(x_2\quad x_5)$	$\boldsymbol{x}_{\boldsymbol{B}_4}=(150\quad 0\quad -580\quad -200\quad 0)^{\mathrm{T}}$	非可行解
5	$\boldsymbol{B}_5=\begin{bmatrix}5&1&0\\2&0&0\\1&0&1\end{bmatrix}$	$(\boldsymbol{P}_1\quad\boldsymbol{P}_3\quad\boldsymbol{P}_5)$	$(x_1\quad x_3\quad x_5)$	$(x_2\quad x_4)$	$\boldsymbol{x}_{\boldsymbol{B}_5}=(50\quad 0\quad -80\quad 0\quad 100)^{\mathrm{T}}$	非可行解
6	$\boldsymbol{B}_6=\begin{bmatrix}5&0&0\\2&1&0\\1&0&1\end{bmatrix}$	$(\boldsymbol{P}_1\quad\boldsymbol{P}_4\quad\boldsymbol{P}_5)$	$(x_1\quad x_4\quad x_5)$	$(x_2\quad x_3)$	$\boldsymbol{x}_{\boldsymbol{B}_6}=(34\quad 0\quad 0\quad 32\quad 116)^{\mathrm{T}}$	基本可行解
7	$\boldsymbol{B}_7=\begin{bmatrix}2&1&0\\3&0&1\\5&0&0\end{bmatrix}$	$(\boldsymbol{P}_2\quad\boldsymbol{P}_3\quad\boldsymbol{P}_4)$	$(x_2\quad x_3\quad x_4)$	$(x_1\quad x_5)$	$\boldsymbol{x}_{\boldsymbol{B}_7}=(0\quad 30\quad 110\quad 10\quad 0)^{\mathrm{T}}$	基本可行解
8	$\boldsymbol{B}_8=\begin{bmatrix}2&1&0\\3&0&0\\5&0&1\end{bmatrix}$	$(\boldsymbol{P}_2\quad\boldsymbol{P}_3\quad\boldsymbol{P}_5)$	$(x_2\quad x_3\quad x_5)$	$(x_1\quad x_4)$	$\boldsymbol{x}_{\boldsymbol{B}_8}=\left(0\quad\frac{100}{3}\quad\frac{310}{3}\quad 0\quad -\frac{50}{3}\right)^{\mathrm{T}}$	非可行解
9	$\boldsymbol{B}_9=\begin{bmatrix}2&0&0\\3&1&0\\5&0&1\end{bmatrix}$	$(\boldsymbol{P}_2\quad\boldsymbol{P}_4\quad\boldsymbol{P}_5)$	$(x_2\quad x_4\quad x_5)$	$(x_1\quad x_3)$	$\boldsymbol{x}_{\boldsymbol{B}_9}=(0\quad 85\quad 0\quad -155\quad -275)^{\mathrm{T}}$	非可行解
10	$\boldsymbol{B}_{10}=\begin{bmatrix}1&0&0\\0&1&0\\0&0&1\end{bmatrix}$	$(\boldsymbol{P}_3\quad\boldsymbol{P}_4\quad\boldsymbol{P}_5)$	$(x_3\quad x_4\quad x_5)$	$(x_1\quad x_2)$	$\boldsymbol{x}_{\boldsymbol{B}_{10}}=(0\quad 0\quad 170\quad 100\quad 150)^{\mathrm{T}}$	基本可行解

5.2.2　两个变量的线性规划问题的图解法

如果一个线性规划问题只有两个变量，那么我们就可以直观地了解可行解区域 D 的结构，同时还可利用目标函数与可行解区域的关系，通过图解法求解该问题．具体步骤如下：

第一步：在坐标平面上作出可行域 D 的图形；

第二步：令目标函数值等于一个特定的常数，作等值线；

第三步：再令目标函数值由小变大，即将目标函数的等值线沿其正法线方向平移到最远处，它与可行域 D 的最后一个交点（一般是 D 的一个顶点）就是所求的最优点．也可能是等值线与 D 的一条边界线重合，最优点包括两个顶点．

第四步：将最优点所在的两条边界线所代表的方程联立求解，即得最优解.

例 2　求解线性规划

$$\min z = x_1 - x_2$$

$$\text{s. t.} \begin{cases} 2x_1 - x_2 \geqslant -2 \\ x_1 - 2x_2 \leqslant 2 \\ x_1 + x_2 \leqslant 5 \\ x_1 \geqslant 0, x_2 \geqslant 0 \end{cases}$$

解 可行区域 D 如图 5 - 2 所示．在区域 $OA_1A_2A_3A_4O$ 的内部及边界上的每一个点都是可行点，目标函数的等值线 $z=-x_1+x_2$（z 取定某一个常值）的法线方向（梯度方向）$(-1\quad 1)^{\mathrm{T}}$ 是函数值增加最快的方向（负梯度方向是函数值减小最快的方向）．沿着函数的负梯度方向移动，函数值会减小，当移动到点 A_2（1　4）时，再继续移动就离开区域 D 了．于是点 A_2 就是最优解，而最优值为 $z=1-4=-3$.

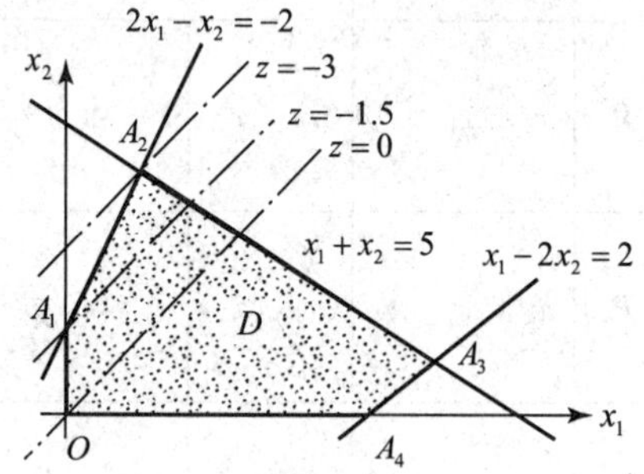

图 5 - 2　图解法示意图 1

由图 5 - 2 可以看出，点 O、A_1、A_2、A_3、A_4 都是该线性规划问题可行域的极点．

如果将例 4 中的目标函数改为 $\min z = 4x_1 - 2x_2$，可行区域不变，则用图解法求解的过程如图 5 - 3 所示．

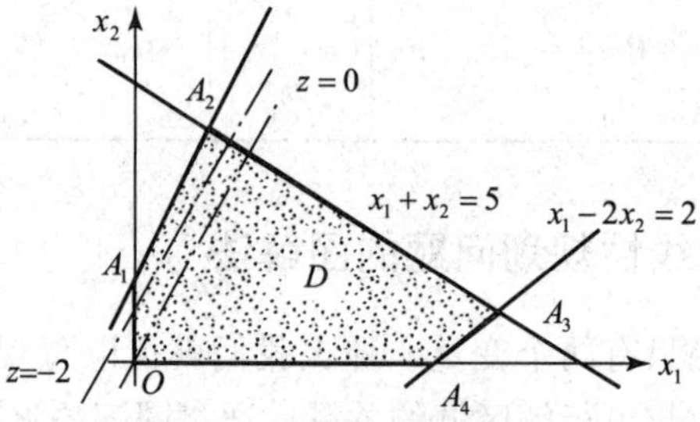

图 5 - 3　图解法示意图 2

如图 5 - 3 所示，由于目标函数 $z=4x_1-2x_2$ 的等值线与直线 A_1A_2 平行，故当目标函数的等值线与直线 A_1A_2 重合（此时 $z=-4$）时，目标函数 $z=4x_1-2x_2$ 达到最小值 -4，于是，线段 A_1A_2 上的每一个点均为该问题的最优解．特别地，线段 A_1A_2 的两个端点，即可行区域 D 的两个顶点 A_1（0　2），A_2（1　4）均是该线性规划问题的最优解．此时，最优解不唯一．

例 3　用图解法解线性规划

$$\min z = -2x_1 + x_2$$

$$\text{s. t.} \begin{cases} x_1 + x_2 \geqslant 1 \\ x_1 - 3x_2 \geqslant -3 \\ x_1 \geqslant 0, x_2 \geqslant 0 \end{cases}$$

解　该问题的可行区域如图 5 - 4 所示．

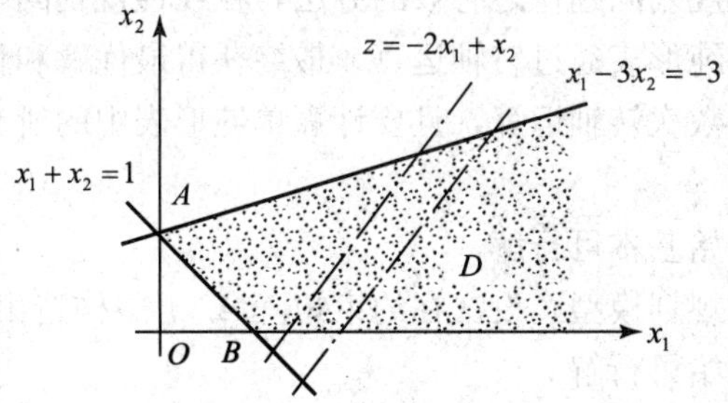

图 5 - 4　图解法示意图 3

与上例求解方法类似，目标函数 $z = -2x_1 + x_2$ 沿着它的负法线方向 $(2\quad -1)^{\mathrm{T}}$ 移动，由于可行域 D 无界，因此移动可以无限制下去，而目标函数值一直减小，所以该线性规划问题无有限最优解，即该问题无界．

从图解法的几何直观容易得到下面几个重要结论：

(1) 线性规划的可行区域 D 是若干个半平面的交集，它形成了一个多面凸集（也可能是空集）．

(2) 对于给定的线性规划问题，如果它有最优解，则最优解总可以在可行域 D 的某个顶点上达到．在这种情况下还包含两种情况：有唯一解和有无穷多解．

(3) 如果可行域无界，那么线性规划问题的目标函数可能有无界的情况．

练习题 5 - 2

1. 分别用图解法求解下述线性规划问题：

(1) $\max z = 10x_1 + 5x_2$

$$\text{s. t.} \begin{cases} 3x_1 + 4x_2 \leqslant 9 \\ 5x_1 + 2x_2 \leqslant 8; \\ x_1, x_2 \geqslant 0 \end{cases}$$

(2) $\max z = 2x_1 + x_2$

$$\text{s. t.} \begin{cases} 3x_1 + 5x_2 \leqslant 15 \\ 6x_1 + 2x_2 \leqslant 24. \\ x_1, x_2 \geqslant 0 \end{cases}$$

5.3 线性规划问题的单纯形法

5.3.1 单纯形法的基本思路

单纯形法是求解线性规划问题行之有效的方法，在线性规划问题的求解上得到了广泛的应用．单纯形法是利用单纯形表通过转轴运算，最终获得最优解和目标函数的极值，但一般要列数个单纯形表和进行数次转轴运算，且要计算单纯形表中的所有元素，其计算量较大也较烦琐．

第一步：构造一个初始基本可行解．

对已经标准化的线性规划模型，设法在约束矩阵 $\boldsymbol{A}_{m\times n}$ 中构造出一个 m 阶单位阵初始可行基，相应的就有一个初始可行解．

以引例 1 来说明

$$\max z = 10x_1 + 18x_2$$

$$\begin{cases} 5x_1 + 2x_2 \leqslant 170 \\ 2x_1 + 3x_2 \leqslant 100 \\ x_1 + 5x_2 \leqslant 150 \\ x_1, x_2 \geqslant 0 \end{cases}$$

化为标准形式

$$\max z = 10x_1 + 18x_2 \tag{5.3}$$

$$\begin{cases} 5x_1 + 2x_2 + x_3 = 170 \\ 2x_1 + 3x_2 \qquad + x_4 = 100 \\ x_1 + 5x_2 \qquad\qquad + x_5 = 150 \\ x_1, x_2 \geqslant 0 \end{cases} \tag{5.4}$$

约束方程组（5.4）的系数矩阵为

$$\boldsymbol{A} = \begin{bmatrix} 5 & 2 & 1 & 0 & 0 \\ 2 & 3 & 0 & 1 & 0 \\ 1 & 5 & 0 & 0 & 1 \end{bmatrix} = (\boldsymbol{P}_1 \quad \boldsymbol{P}_2 \quad \boldsymbol{P}_3 \quad \boldsymbol{P}_4 \quad \boldsymbol{P}_5) \tag{5.5}$$

从式（5.5）可看到 x_3, x_4, x_5 的系数构成的列向量

$$\boldsymbol{P}_3 = (1 \quad 0 \quad 0)^{\mathrm{T}}, \boldsymbol{P}_4 = (0 \quad 1 \quad 0)^{\mathrm{T}}, \boldsymbol{P}_5 = (0 \quad 0 \quad 1)^{\mathrm{T}}$$

$\boldsymbol{P}_3$，$\boldsymbol{P}_4$，$\boldsymbol{P}_5$ 是线性无关的，这些向量构成一个基 $\boldsymbol{B}$，对应于 $\boldsymbol{B}$ 的变量 x_3, x_4, x_5 为基变量，x_1, x_2 为非基变量．将基变量用非基变量表示，则方程组（5.4）可表示为

$$\begin{cases} x_3 = 170 - 5x_1 - 2x_2 \\ x_4 = 100 - 2x_1 - 3x_2 \\ x_5 = 150 - x_1 - 5x_2 \end{cases} \tag{5.6}$$

将方程组（5.6）带入目标函数式（5.3），得到目标函数的非基变量表示式

$$z = 0 + 10x_1 + 18x_2 \tag{5.7}$$

若令非基变量 $x_1 = x_2 = 0$，代入方程组（5.6），即可得到一个基本可行解 $\boldsymbol{x}^{(0)}$．

$$\boldsymbol{x}^{(0)} = (0 \quad 0 \quad 170 \quad 100 \quad 150)$$

第二步：判断当前基本可行解是不是最优解．

在目标函数的规范式中，若至少有一个非基变量前的系数为正数，则当前解就不是最优解；若所有的非基变量前的系数均为非负数，则当前解就是最优解（特指最大化问题）. 将目标函数的规范式中非基变量前的系数称为检验数，故对最大化问题，当所有的检验数$\leqslant 0$时，当前解即为最优解 .

在例题中得到一个基本可行解

$$\boldsymbol{x}^{(0)}=(0\quad 0\quad 170\quad 100\quad 150)$$

这个基本可行解显然不是最优解，故进行第三步 .

第三步：若当前解不是最优解，则要进行基变换迭代到下一个基本可行解 .

首先从当前解的基变量中选一个作为进基变量 . 选择的原则一般是：目标函数的规范式中，将最大检验数所属的非基变量作为进基变量 .

再从当前解的基变量中选择一个作为出基变量 . 选择的方法是：在用非基变量表示的规范式中，除进基变量外，让其余变量取值为 0，再按最小比值准则确定出基变量 . 这样就得到一组新的基变量与非基变量，即已从上一个基本可行解迭代到下一个基本可行解 . 然后求出关于新基矩阵的线性规划问题的规范式，在新的规范式中可求出新基本可行解的取值及目标函数的取值 .

再回到第二步判断当前新基本可行解是否达到最优 . 若已到达最优，停止迭代，当前基本可行解即为最优解；若没有达到最优，则再进行第三步做新的基变换，再次迭代，如此往复，直到求出最优解或者判断无（有界）最优解停止 .

在本例中，第一次迭代，x_2 作为进基变量，x_5 为出基变量，得到新的基本可行解为 $\boldsymbol{x}^{(1)}=(0\quad 30\quad 110\quad 10\quad 0)^{\mathrm{T}}$，其对应的规范式：

$$\begin{cases}x_3=110-\dfrac{23}{5}x_1+\dfrac{2}{5}x_5\\ x_4=10-\dfrac{7}{5}x_1+\dfrac{3}{5}x_5\\ x_2=30-\dfrac{1}{5}x_1-\dfrac{1}{5}x_5\end{cases}\tag{5.8}$$

$$z=10x_1+18x_2=10x_1+18\left(30-\frac{1}{5}x_1-\frac{1}{5}x_5\right)=540+\frac{32}{5}x_1-\frac{18}{5}x_5\tag{5.9}$$

由式（5.9）可知，基本可行解 $\boldsymbol{x}^{(1)}$ 对应的目标函数值为 $\boldsymbol{z}^{(1)}=540$.

而目标函数的非基变量前的系数仍有正的，故此可行解不是最优的，再进行下一次迭代，x_1 为进基变量，x_4 为出基变量，得到新的基本可行解：

$$\boldsymbol{x}^{(2)}=\begin{bmatrix}\dfrac{50}{7} & \dfrac{200}{7} & \dfrac{540}{7} & 0 & 0\end{bmatrix}^{\mathrm{T}}$$

其对应的规范式：

$$\begin{cases}x_1=\dfrac{50}{7}-\dfrac{5}{7}x_4+\dfrac{3}{7}x_5\\ x_2=\dfrac{200}{7}+\dfrac{1}{7}x_4-\dfrac{2}{7}x_5\\ x_3=\dfrac{540}{7}+\dfrac{23}{7}x_4-\dfrac{11}{7}x_5\end{cases}\tag{5.10}$$

$$z=\frac{4\ 100}{7}-\frac{32}{7}x_4-\frac{6}{7}x_5 \tag{5.11}$$

由式（5.11）可知，基本可行解 $\boldsymbol{x}^{(2)}$ 对应的目标函数值为$\frac{4\ 100}{7}$，并且目标函数中非基变量前的系数（检验数）均为负数，故此可行解为最优解．

即得本题最优解为 $\boldsymbol{x}^{(2)}=\begin{pmatrix}\frac{50}{7} & \frac{200}{7} & \frac{540}{7} & 0 & 0\end{pmatrix}^{\mathrm{T}}$，最大值 $z=\frac{4\ 100}{7}$.

5.3.2 确定初始基可行解

确定初始基可行解，首先要找出初始可行基，其方法如下：(1) 直接观察；(2) 加松弛变量；(3) 加非负的人工变量．

(1) 直接观察.

$$\max z=\sum_{i=1}^{n}c_ix_i \tag{5.12}$$

$$\begin{cases}\sum_{i=1}^{n}\boldsymbol{P}_ix_i=\boldsymbol{b}\\ x_i\geqslant 0\ i=1,2,3,\cdots,n\end{cases} \tag{5.13}$$

从线性规划问题的系数构成的列向量 $\boldsymbol{P}_i(i=1,2,\cdots,n)$ 中，通过观察，可找出一个初始可行基

$$\boldsymbol{B}=(\boldsymbol{P}_1\quad \boldsymbol{P}_2\quad \cdots\quad \boldsymbol{P}_n)=\begin{bmatrix}1 & 0 & \cdots & 0\\ 0 & 1 & \cdots & 0\\ \vdots & \vdots & & \vdots\\ 0 & 0 & \cdots & 1\end{bmatrix}$$

(2) 加松弛变量.

对所有约束条件为“$\leqslant$”形式的不等式，利用化标准形的方法，在每个约束条件的左端加上一个松弛变量．经过整理，重新对 x_1 及 $a_{ij}(i=1,2,\cdots,m,j=1,2,\cdots,n)$ 进行编号，则可得下列方程组（$x_1,x_2,\cdots,x_m$ 为松弛变量）：

$$\begin{cases}x_1+a_{1,m+1}x_{m+1}+\cdots+a_{1n}x_n=b_1\\ x_2+a_{2,m+1}x_{m+1}+\cdots+a_{2n}x_n=b_2\\ \cdots\\ x_m+a_{m,m+1}x_{m+1}+\cdots+a_{mn}x_n=b_m\\ x_j\geqslant 0,j=1,2,\cdots,n\end{cases} \tag{5.14}$$

于是方程组（5.14）中含有一个 $m\times m$ 阶单位矩阵，初始可行基 $\boldsymbol{B}$ 即可取该单位矩阵

$$\boldsymbol{B}=(\boldsymbol{P}_1\quad \boldsymbol{P}_2\quad \cdots\quad \boldsymbol{P}_n)=\begin{bmatrix}1 & 0 & \cdots & 0\\ 0 & 1 & \cdots & 0\\ \vdots & \vdots & & \vdots\\ 0 & 0 & \cdots & 1\end{bmatrix}$$

将方程组（5.14）中的每个等式移项得

$$\begin{cases} x_1 = b_1 - (a_{1,m+1}x_{m+1} + \cdots + a_{1n}x_n) \\ x_2 = b_2 - (a_{2,m+1}x_{m+1} + \cdots + a_{2n}x_n) \\ \cdots \\ x_m = b_m - (a_{m,m+1}x_{m+1} + \cdots + a_{mn}x_n) \\ x_j \geqslant 0, j = 1,2,\cdots,n \end{cases} \tag{5.15}$$

令 $x_{m+1} = \cdots = x_n = 0$，由方程组（5.15）可得

$$x_i = b_i (i = 1,2,\cdots,m)$$

又因 $b_i \geqslant 0$，所以得到一个初始基可行解

$$\begin{aligned} \boldsymbol{x} &= (x_1 \quad x_2 \quad \cdots \quad x_m \quad 0 \quad \cdots \quad 0)^{\mathrm{T}} \\ &= (b_1 \quad b_2 \quad \cdots \quad b_m \quad 0 \quad \cdots \quad 0)^{\mathrm{T}} \quad n-m \text{ 个 } 0 \end{aligned}$$

（3）加非负的人工变量.

对所有约束条件为“$\geqslant$”形式的不等式及等式约束情况，若不存在单位矩阵，则可采用人造基方法：

①对等式约束，减去一个非负的剩余变量，再加上一个非负的人工变量；

②对于不等式约束，再加上一个非负的人工变量.

这样，总能在新的约束条件系数构成的矩阵中得到一个单位矩阵.

5.3.3　最优性检验

根据最优性准则判断当前解是否为最优解：经过若干次迭代后的当前解，其基变量用非基变量表示的规范式的一般形式为

$$x_i = b'_i - \sum_{j=m+1}^{n} a'_{ij}x_j (i = 1,2,3,\cdots,m) \tag{5.16}$$

将式（5.16）代入目标函数中可得目标函数用非基变量表示的规范式为

$$\begin{aligned} z &= \sum_{i=1}^{m} c_i x_i + \sum_{j=m+1}^{n} c_j x_j \\ &= \sum_{i=1}^{m} c_i (b'_i - \sum_{j=m+1}^{n} a'_{ij}x_j) + \sum_{j=m+1}^{n} c_j x_j \\ &= \sum_{i=1}^{m} c_i b'_i - \sum_{i=1}^{m}\sum_{j=m+1}^{n} c_i a'_{ij}x_j + \sum_{j=m+1}^{n} c_j x_j \\ &= \sum_{i=1}^{m} c_i b'_i - \sum_{j=m+1}^{n} (c_j - \sum_{i=1}^{m} c_i a'_{ij})x_j \end{aligned} \tag{5.17}$$

记

$$z_0 = \sum_{i=1}^{m} c_i b'_i, z_j = \sum_{i=1}^{m} c_i a'_{ij} (j = m+1,\cdots,n)$$

则有

$$z = z_0 - \sum_{j=m+1}^{n} (c_j - z_j)x_j \tag{5.18}$$

再记

$$\sigma_j = c_j - \sum_{i=1}^{m} c_i a'_{ij} = c_j - z_j$$

得

$$z = z_0 + \sum_{j=m+1}^{n} \sigma_j x_j \tag{5.19}$$

定理 1 设式（5.16）及式（5.19）是最大化线性规划问题关于当前解的基本可行解 $\boldsymbol{x}^*$ 的两个规范式．若关于非基变量的所有检验数 $\sigma_j \leqslant 0(j \in j_N)$ 成立，则当前基本可行解 $\boldsymbol{x}^*$ 就是最优解．将 $\sigma_j \leqslant 0(j \in j_N)$ 称为最大化问题的最有性准则．

5.3.4 基变换

若初始基可行解 $\boldsymbol{x}^{(0)}$ 不是最优解及不能判别无界，则需要找一个新的基可行解．具体做法是：

从原可行解基中换一个列向量（当然要保证线性无关），得到一个新的可行基，称为基变换．为了换基，先要确定换入变量，再确定换出变量，让它们相应的系数列向量进行对换，就得到一个新的基可行解．

换入变量的确定：

由式（5.19）可知，当某些 $\sigma_i > 0$ 时，若 x_i 增大，则目标函数值还可以增大．这时需要将某个非基变量 x_i 换到基变量中去（称为换入变量）．

若有两个以上的 $\sigma_i > 0$，为了使目标函数值增加得快，从直观上看应选 $\sigma_i > 0$ 中的较大者，即由 $\max\limits_j(\sigma_j > 0) = \sigma_k$ 知，应选择 x_k 为换入变量．

（1）换出变量的确定.

设 $\boldsymbol{P}_1$，$\boldsymbol{P}_2$，…，$\boldsymbol{P}_m$ 是一组线性无关的向量组，它们对应的基可行解是 $\boldsymbol{x}^{(0)}$，将它代入约束方程组（5.13）得到

$$\sum_{i=1}^{m} \boldsymbol{x}_i^{(0)} \boldsymbol{P}_i = \boldsymbol{b} \tag{5.20}$$

其他的向量 $\boldsymbol{P}_{m+1}$，$\boldsymbol{P}_{m+2}$，…，$\boldsymbol{P}_{m+t}$，…，$\boldsymbol{P}_n$ 都可以用 $\boldsymbol{P}_1$，$\boldsymbol{P}_2$，…，$\boldsymbol{P}_m$ 线性表示．若确定非基变量 x_{m+t} 为换入变量，则必然可以找到一组不全为 0 的数 $\beta_{i,m+t}(i = 1,2,\cdots,m)$，使得

$$\boldsymbol{P}_{m+t} = \sum_{i=1}^{m} \beta_{i,m+t} \boldsymbol{P}_i \text{ 或 } \boldsymbol{P}_{m+t} - \sum_{i=1}^{m} \beta_{i,m+t} \boldsymbol{P}_i = \boldsymbol{0} \tag{5.21}$$

在式（5.21）两边同乘一个正数 θ，然后将它加到式（5.20）上，得到

$$\sum_{i=1}^{m} \boldsymbol{x}_i^{(0)} \boldsymbol{P}_i + \theta\left(\boldsymbol{P}_{m+t} - \sum_{i=1}^{m} \beta_{i,m+t} \boldsymbol{P}_i\right) = \boldsymbol{b}$$

或

$$\sum_{i=1}^{m} (\boldsymbol{x}_i^{(0)} - \theta\beta_{i,m+t}) \boldsymbol{P}_i + \theta \boldsymbol{P}_{m+t} = \boldsymbol{b} \tag{5.22}$$

当 θ 取适当值时，就能得到满足约束条件的一个可行解（即非零分量的数目不大于 m 个）．就应使（$\boldsymbol{x}_i^{(0)} - \theta\beta_{i,m+t}$），$i=1$，2，…，$m$ 中的某一个为零，并保证其余分量为非负．即取 θ 为

$$\theta = \min_i \left(\frac{\boldsymbol{x}_i^{(0)}}{\beta_{i,m+t}} \middle| \beta_{i,m+t} > 0 \right) = \frac{\boldsymbol{x}_l^{(0)}}{\beta_{l,m+t}}$$

这时的 x_l 为换出变量．按最小比值确定 θ 值，这种方法称为最小比值规则．

将 $\dfrac{\boldsymbol{x}_l^{(0)}}{\beta_{l,m+t}}$ 带入到 $\boldsymbol{X}$ 中，便可得到新的可行解．新的可行解为

$$\boldsymbol{x}^{(1)} = \left(\boldsymbol{x}_l^{(0)} - \frac{\boldsymbol{x}_i^{(0)}}{\beta_{l,m+t}} \cdot \beta_{1,m+t}, \cdots, 0, \boldsymbol{x}_m^{(0)} - \frac{\boldsymbol{x}_i^{(0)}}{\beta_{l,m+t}} \cdot \beta_{m,m+t}, \cdots, 0, \frac{\boldsymbol{x}_l^{(0)}}{\beta_{l,m+t}}, \cdots, 0 \right)$$

由此得到由 $\boldsymbol{x}^{(0)}$ 转换到 $\boldsymbol{x}^{(1)}$ 的各分量的转换公式：

$$\boldsymbol{x}_i^l=\begin{cases}\boldsymbol{x}_i^{(0)}-\dfrac{\boldsymbol{x}_i^{(0)}}{\beta_{l,m+t}}\cdot\beta_{i,m+t}\ i\neq m+t\\ \dfrac{\boldsymbol{x}_l^{(0)}}{\beta_{l,m+t}}\ i=m+t\end{cases}$$

这里 $\boldsymbol{x}_i^{(0)}$ 是原基可行解 $\boldsymbol{x}^{(0)}$ 的分量；$\boldsymbol{x}_i^{(1)}$ 是新基可行解 $\boldsymbol{x}^{(1)}$ 的分量；$\beta_{i,m+t}$ 是换入向量 $\boldsymbol{P}_{m+t}$ 对应原来一组基向量的坐标．

该新可行解 $\boldsymbol{x}^{(1)}$ 也是基可行解．下面我们来证明这个新可行解 $\boldsymbol{x}^{(1)}$ 的 m 个非零分量对应的列向量是线性无关的．事实上，因为 $\boldsymbol{x}^{(0)}$ 的第 l 个分量对应于 $\boldsymbol{x}^{(1)}$ 的相应分量是零，即 $\boldsymbol{x}_l^{(0)}-\theta\beta_{l,m+t}=\boldsymbol{0}$．其中 $\boldsymbol{x}_l^{(0)},\theta$ 均不为零，根据最小比值规则（$\beta_{l,m+t}\neq 0$），x_l 中的 m 个非零分量对应的各列向量是 $\boldsymbol{P}_j(j=1,2,\cdots,m,j\neq l)$ 和 $\boldsymbol{P}_{m+t}$．若这组向量不是线性无关，则一定可以找到不全为零的数 α_j，使得

$$\boldsymbol{P}_{m+t}=\sum_{j=1}^{m}a_j\boldsymbol{P}_j\,,j\neq l \tag{5.23}$$

成立．又因为

$$\boldsymbol{P}_{m+t}=\sum_{j=1}^{m}\beta_{j,m+t}\boldsymbol{P}_j \tag{5.24}$$

将式（5.24）减式（5.23）得到

$$\sum_{\substack{j=1\\ j\neq l}}^{m}(\beta_{j,m+t}-a_j)\boldsymbol{P}_j+\beta_{l,m+t}\boldsymbol{P}_l=\boldsymbol{0}$$

由于上式中至少有 $\beta_{i,m+t}\neq 0$，因此上式表明 $\boldsymbol{P}_1$，$\boldsymbol{P}_2$，…，$\boldsymbol{P}_m$ 是线性相关的，这与假设相矛盾．由此可得，x_l 中的 m 个非零分量对应的各列向量 $\boldsymbol{P}_j(j=1,2,\cdots,m,j\neq l)$ 和 $\boldsymbol{P}_{m+t}$ 是线性无关的，即经过基变换得到的解是基可行解．此外，由式（5.16）可导出经过基变换得到的新解的目标函数值为

$$z_1=z_0+\sigma_{m+t}\boldsymbol{x}_{m+t}^{(1)}=z_0+\sigma_{m+t}\theta>z_0$$

因此，该新基可行解 $\boldsymbol{x}^{(1)}$ 也是一个改进了的基本可行解．

做题时我们会发现每次选用迭代的可行基矩阵都是单位矩阵，我们不妨设

$$\boldsymbol{P}'_{m+t}=(a'_{1,m+t}\quad a'_{2,m+t}\quad\cdots\quad a'_{m,m+t})^{\mathrm{T}}$$

则

$$\boldsymbol{P}'_{m+t}=\sum_{i=1}^{m}\beta_{i,m+t}\boldsymbol{P}'_i=\beta_{1,m+t}\begin{bmatrix}1\\0\\\vdots\\0\end{bmatrix}+\beta_{2,m+t}\begin{bmatrix}0\\1\\\vdots\\0\end{bmatrix}+\cdots+\beta_{n,m+t}\begin{bmatrix}0\\0\\\vdots\\1\end{bmatrix}=\begin{bmatrix}\beta_{1,m+t}\\\beta_{2,m+t}\\\vdots\\\beta_{m,m+t}\end{bmatrix}$$

所有的 $\beta_{i,m+t}=a'_{i,m+t}$，$i=1$，2，…，m. 即 $\boldsymbol{P}'_{m+t}$ 的表出系数为 $\boldsymbol{P}'_{m+t}$ 的分量．同时，当可行基为单位矩阵时，当前基本可行解的基变量取值为

$$\boldsymbol{x}_i^{(0)}=b'_i\quad(i=1,2,\cdots,m)$$

即当前基变量的取值为约束方程右端项的值．故最小比值准则式子为

$$\theta=\min_i\left(\frac{\boldsymbol{x}_i^{(0)}}{\beta_{i,m+t}}\mid\beta_{i,m+t}>0\right)=\min_i\left(\frac{b'_i}{a'_{i,m+t}}\mid a'_{i,m+t}>0\right)=\frac{b'_l}{a'_{l,m+t}}$$

这不仅简化了计算，而且提供了以表格形式连续完成用单纯形法求解线性规划问题各个步骤的可能性．

5.3.5　解的判别

对于线性规划问题，除了有唯一解外还有可能出现无穷多最优解、无界解和无可行解等情况，因此，需要建立解的判别准则．

定理 1　若 $\boldsymbol{x}^{(0)}=(b_1' \quad b_2' \quad \cdots \quad b_m' \quad 0 \quad \cdots \quad 0)^{\mathrm{T}}$ 为对应于基 $\boldsymbol{B}$ 的一个基可行解，且对于一切 $j=m+1, \cdots, n$，有 $\sigma_j \leqslant 0$，则 $\boldsymbol{x}^{(0)}$ 为最优解．若对于一切 $j=m+1, \cdots, n$，有 $\sigma_j \leqslant 0$，则该线性规划问题有 $\boldsymbol{x}^{(0)}$ 为唯一最优解，若有某个 $\sigma_j=0$，$j=m+1, \cdots, n$，则该线性规划问题有无穷多解，且均为最优解．

定理 2　若 $\boldsymbol{x}^{(0)}=(b_1' \quad b_2' \quad \cdots \quad b_m' \quad 0 \quad \cdots \quad 0)^{\mathrm{T}}$ 为一个基可行解，有一个 $\sigma_{m+k}>0$，并且对 $i=1,2,\cdots,m$，有 $a_{i,m+k} \leqslant 0$，那么该线性规划问题具有无界解（或称无最优解）．

证　构造一个新的解 $\boldsymbol{x}^{(1)}$，它的分量为

$$\boldsymbol{x}_i^{(1)}=b_i'-\lambda a'_{i,m+k}(\lambda>0)$$

$$\boldsymbol{x}_{m+k}^{(1)}=\lambda$$

$$\boldsymbol{x}_j^{(1)}=0; j=m+1,\cdots,n. j \neq m+k$$

因为 $a'_{i,m+k} \leqslant 0$，所以对任意的 $\lambda>0$ 都是可行解，把 $\boldsymbol{x}^{(1)}$ 代入目标函数内得到

$$z=z_0+\lambda \sigma_{m+k}$$

因 $\sigma_{m+k}>0$，故当 $\lambda \rightarrow+\infty$时，$z \rightarrow+\infty$，故该问题目标函数无界．

对于其他的情形：当要求目标函数极小化时，一种情况是将其化为标准形．如果不化为标准形，则只需在上述定理 1，定理 2 中把 $\sigma_j \leqslant 0$ 改为 $\sigma_j \geqslant 0$.

5.3.6　单纯形表求解

前面我们提到了，若初始可行基及在做基变换时得到的当前可行基，都化成单位矩阵，则可以表格形式用单纯形法来求解线性规划问题．将这种表格称为单纯形表，其功能与增广矩阵类似．

考虑线性规划问题：

$$\max z=c_1 x_1+c_2 x_2+\cdots+c_n x_n$$

$$\begin{cases}x_1+a_{1,m+1} x_{m+1}+\cdots+a_{1n} x_n=b_1 \\ x_2+a_{2,m+1} x_{m+1}+\cdots+a_{2n} x_n=b_2 \\ \cdots \\ x_m+a_{m,m+1} x_{m+1}+\cdots+a_{mn} x_n=b_m \\ x_j \geqslant 0, j=1,2,\cdots,n\end{cases}$$

将目标函数改写为

$$-z+c_1 x_1+c_2 x_2+\cdots+c_n x_n=0$$

为了便于迭代运算，可将上述方程组写成增广矩阵形式

$$\begin{array}{cccccccccc} -z & x_1 & x_2 & \cdots & x_m & x_{m+1} & \cdots & x_n & \text{右端} \end{array}$$

$$\begin{bmatrix} 0 & 1 & 0 & \cdots & 0 & a_{1,m+1} & \cdots & a_{1n} & b_1 \\ 0 & 0 & 1 & \cdots & 0 & a_{2,m+1} & \cdots & a_{2n} & b_2 \\ \vdots & \vdots & \vdots & & \vdots & \vdots & & \vdots & \vdots \\ 0 & 0 & 0 & \cdots & 1 & a_{m,m+1} & \cdots & a_{mn} & b_m \\ 1 & c_1 & c_2 & \cdots & c_m & c_{m+1} & \cdots & c_n & 0 \end{bmatrix}$$

采用行初等变换将 $c_1,c_2,\cdots,c_m$ 变换为零，使其对应的系数矩阵为单位矩阵，则

$$\begin{array}{cccccccc} -z & x_1 & x_2 & \cdots & x_m & x_{m+1} & \cdots & x_n & b \end{array}$$

$$\begin{bmatrix} 0 & 1 & 0 & \cdots & 0 & a_{1,m+1} & \cdots & a_{1n} & b_1 \\ 0 & 0 & 1 & \cdots & 0 & a_{2,m+1} & \cdots & a_{2n} & b_2 \\ \vdots & \vdots & \vdots & & \vdots & \vdots & & \vdots & \vdots \\ 0 & 0 & 0 & \cdots & 1 & a_{m,m+1} & \cdots & a_{mn} & b_m \\ 1 & 0 & 0 & \cdots & 0 & c_{m+1}-\sum\limits_{i=1}^{m}c_ia_{i,m+1} & \cdots & c_n-\sum\limits_{i=1}^{m}c_ia_{in} & -\sum\limits_{i=1}^{m}c_ib_i \end{bmatrix}$$

说明：最后一行为变检验数 σ_j ，其中基变量检验数为 $0, z=\sum\limits_{i=1}^{m}c_ib_i$.

该线性规划问题所对应的单纯形法表如表 5－4 所示.

表 5－4　单纯形法表

项目	c_j		c_1	$\cdots$	c_m	c_{m+1}	$\cdots$	c_n	
c_B	X_B	b	x_1	$\cdots$	x_m	x_{m+1}	$\cdots$	x_n	θ
c_1	x_1	b_1	1	$\cdots$	0	$a_{1,m+1}$	$\cdots$	a_{1n}	θ_1
c_2	x_2	b_2	0	$\cdots$	0	$a_{2,m+1}$	$\cdots$	a_{2n}	θ_2
$\cdots$	$\cdots$	$\cdots$	$\cdots$	$\cdots$	$\cdots$	$\cdots$	$\cdots$	$\cdots$	$\cdots$
c_m	x_m	b_m	0	$\cdots$	1	$a_{m,m+1}$	$\cdots$	a_{mn}	θ_m
	$-z$	$-z$ 值	0	$\cdots$	0	σ_{m+1}	$\cdots$	σ_n	

注：① $\theta_i=\min\limits_{i}\left\{\dfrac{b_i}{a_{ij}} \mid a_{ij}>0\right\}=\dfrac{b_i}{a_{ik}}$;

② $\sigma_j=c_j-\sum\limits_{i=1}^{m}c_ia_{ij}$;

③ $\max\{\sigma_j \mid \sigma_j>0\}=\sigma_k$.

下面我们来介绍利用单纯形法表解线性规划问题的步骤：

(1) 按数学模型确定初始可行基和初始基可行解，建立初始单纯形法表；

(2) 计算各非基变量 x_j 的检验数，若所有检验数

$$\sigma_j=c_j-\sum_{i=1}^{m}c_ia_{ij}\leqslant 0 \quad (j=1,2,\cdots,n)$$

则已得到最优解，可停止计算．否则转入下一步．

（3）在 $\sigma_j \geqslant 0, j=m+1,\cdots,n$ 中，若有某个 σ_k 对应 x_k 的系数列向量 $\boldsymbol{P}_k \leqslant 0$，则此问题无界，停止计算．否则，转入下一步．

（4）根据 $\max(\sigma_j > 0) = \sigma_k$，确定 x_k 为换入变量，按 θ 规则计算

$$\theta = \min\left(\frac{b_i}{a_{ik}} \mid a_{ik} > 0\right) = \frac{b_l}{a_{ik}}$$

（5）以 a_{lk} 为主元素进行迭代，把 x_k 所对应的列向量

$$\boldsymbol{P}_k = (a_{1k} \quad a_{2k} \quad \cdots \quad a_{lk} \quad \cdots \quad a_{mk})^{\mathrm{T}} \text{ 变换为 } (0 \quad 0 \quad \cdots \quad 1 \quad \cdots \quad 0)^{\mathrm{T}}$$

将 $\boldsymbol{x}_{\boldsymbol{B}}$ 列中的 $\boldsymbol{x}_l$ 换为 $\boldsymbol{x}_k$，得到新的单纯形表．重复（2）～（5），直到终止．

例 线性规划问题的标准形式为

$$\max z = 10x_1 + 18x_2 + 0x_3 + 0x_4 + 0x_5$$

$$\begin{cases} 5x_1 + 2x_2 + x_3 = 170 \\ 2x_1 + 3x_2 \quad + x_4 = 100 \\ x_1 + 5x_2 \quad\quad + x_5 = 150 \\ x_1, x_2 \geqslant 0 \end{cases}$$

用单纯形法表解决该问题，如表 5-5 所示．

表 5-5 单纯形法表求解

c_j			10	18	0	0	0	
c_B	X_B	b	x_1	x_2	x_3	x_4	x_5	θ
0	x_3	170	5	2	1	0	0	34
0	x_4	100	2	3	0	1	0	100/3
0	x_5	150	1	[5]	0	0	1	30
$-z$		0	10	18	0	0	0	
0	x_3	110	23/5	0	1	0	−2/5	550/23
10	x_4	10	[7/5]	0	0	1	−3/5	14
18	x_2	30	1/5	1	0	0	1/5	30
$-z$		−540	32/5	0	0	0	−18/5	
0	x_3	540/7	0	0	1	−23/7	11/7	
10	x_1	50/7	1	0	0	5/7	−3/7	
18	x_2	200/7	0	1	0	−1/7	2/7	
$-z$		−4 100/7	0	0	0	−32/7	−6/7	

由表 5-5 可知，检验数行的元素 $\sigma_j \leqslant 0$ 均成立，所以由最优解的判别方法可知，当前解为最优解，即为 $x = \left(\frac{50}{7} \quad \frac{200}{7} \quad \frac{540}{7} \quad 0 \quad 0\right)^{\mathrm{T}}$，目标函数值 $z = \frac{4\,100}{7}$.

通过本题，我们可知用单纯形法表解决线性规划问题非常简便快捷，而且非常容易得出最优解，这也是单纯形法表在解决现行规划问题中重要性的表现．

练习题 5－3

1. 用单纯形法解下面的线性规划：

$$\max f(x)=2x_1+5x_2+3x_3$$

$$\text{s. t.}\begin{cases}3x_1+2x_2-x_3\leqslant 610\\-x_1+6x_2+3x_3\leqslant 125\\-2x_1+x_2+0.5x_3\leqslant 420\\x_1,x_2,x_3\geqslant 0\end{cases}$$

2. 已知线性规划问题：

$$\max z=2x_1-x_2+x_3$$

$$\text{s. t.}\begin{cases}x_1+x_2+x_3\leqslant 6\\-x_1+2x_2\leqslant 4\\x_1,x_2,x_3\geqslant 0\end{cases}$$

先用单纯形法求出最优解，再分析在下列条件单独变化的情况下最优解的变化 .

(1) 目标函数变为 $\max z=2x_1+3x_2+x_3$；

(2) 约束右端项由 $\begin{bmatrix}6\\4\end{bmatrix}$ 变为 $\begin{bmatrix}3\\4\end{bmatrix}$；

(3) 增添一个新的约束条件 $-x_1+x_3\geqslant 2$.

5.4　人工变量及其处理方法

5.4.1　人工变量

在用单纯形法表解决线性规划问题时，为了使初始可行基成为一个单位矩阵，在有约束条件中需要加入人工变量，但加入人工变量后的数学模型与原模型一般不等价 . 因此，我们需要引入新的方法解决这一问题 .

考虑线性规划：

$$\max z=\sum_{j=1}^{n}c_jx_j$$

$$\text{s. t.}\begin{cases}\sum_{j=1}^{n}x_j\boldsymbol{P}_j=\boldsymbol{b}\\x_j\geqslant 0,j=1,2,\cdots,n\end{cases}\tag{5.25}$$

式中，$\boldsymbol{b}\geqslant\boldsymbol{0},\boldsymbol{P}_j=(a_{1j}\quad a_{2j}\quad\cdots\quad a_{mj})^{\mathrm{T}}$. 则在每一个约束方程左边加上一个人工变量 $x_{n+i}(i=1,2,\cdots,m)$，可得到

$$\begin{cases} a_{11}x_1 + a_{12}x_2 + \cdots + a_{1n}x_n + x_{n+1} = b_1 \\ a_{21}x_1 + a_{22}x_2 + \cdots + a_{2n}x_n + x_{n+2} = b_2 \\ \cdots \\ a_{m1}x_1 + a_{m2}x_2 + \cdots + a_{mn}x_n + x_{n+m} = b_m \\ x_1, x_2, \cdots, x_n, x_{n+1}, \cdots, x_{n+m} \geqslant 0 \end{cases} \tag{5.26}$$

方程组（5.26）含有一个 m 阶单位矩阵，以 $x_{n+1}, \cdots, x_{n+m}$ 为基变量，得到一个初始基本可行解：$\boldsymbol{x}^{(0)} = (0 \quad \cdots \quad 0 \quad b_1 \quad \cdots \quad b_m)^{\mathrm{T}}$，可以从 $\boldsymbol{x}^{(0)}$ 出发进行迭代．

但是以方程组（5.26）为约束方程的线性规划模型与原规划问题一般不是等价的．只有当最优解中，人工变量都取零值时，才可以认为两个问题的最优解是相当的．

关于这一点有以下结论：

(1) 以方程组（5.26）为约束方程组的线性规划问题的最优解中人工变量都处在非基变量位置（即取零值），原问题式（5.25）有最优解，且将前者最优解中去掉人工变量部分即为后者最优解．

(2) 若方程组（5.26）的最优解中包含非零的人工变量，则原问题式（5.25）无可行解．

(3) 若方程组（5.26）的最优解的基变量中包含人工变量，但该人工变量取值为零，则这时将某个非基变量引入基变量中来替换该人工变量，从而得到原问题的最优解.

对于以上结论这里不作更多的理论上的证明．如何将基变量中的人工变量赶出去，下面主要介绍两种方法：大 M 法和两阶段法．

5.4.2 大 M 法

当以方程组（5.26）作为约束方程组时，若将目标函数修改为

$$\max z = \sum_{j=1}^{n} c_j x_j - M x_{n+1} - M x_{n+2} - M x_{n+m}$$

其中，M 是个很大的正数，因为是对目标规划实现最大化，所以人工变量必须从基变量中迅速出去，否则目标函数不可能实现最大化．

例　考虑线性规划问题：

$$\max z = 3x_1 - x_2 - x_3$$

$$\text{s.t.} \begin{cases} x_1 - 2x_2 - x_3 \leqslant 11 \\ -4x_1 + x_2 + 2x_3 \geqslant 3 \\ -2x_1 + x_3 = 1 \\ x_1, x_2, x_3 \geqslant 0 \end{cases}$$

解　用大 M 法求解步骤如下：添加人工变量，将上述问题转化为

$$\max z = 3x_1 - x_2 - x_3 - 0 \cdot x_4 - 0 \cdot x_5 - M x_6 - M x_7$$

$$\text{s.t.} \begin{cases} x_1 - 2x_2 - x_3 + x_4 = 11 \\ -4x_1 + x_2 + 2x_3 - x_5 + x_6 = 3 \\ -2x_1 + x_3 + x_7 = 1 \\ x_j \geqslant 0, j = 1, 2, \cdots, 7 \end{cases}$$

式中，M 是一个很大的正数，令 $\boldsymbol{B}^{(0)}=(\boldsymbol{P}_4\quad \boldsymbol{P}_6\quad \boldsymbol{P}_7)$ 作初试可行基，作单纯形法表如表 5-6 所示．

表 5-6　单纯形法求解

c_j			3	-1	-1	0	0	$-M$	$-M$	
c_B	x_B	$\overline{b}$	x_1	x_2	x_3	x_4	x_5	x_6	x_7	θ
0	x_4	11	1	-2	1	1	0	0	0	11
$-M$	x_6	3	-4	1	2	0	-1	1	0	3/2
$-M$	x_7	1	-2	0	1	0	0	0	1	1
	$-z$	$4M$	$3-6M$	$M-1$	$3M-1$	0	$-M$	0	0	
0	x_4	10	3	-2	0	1	0	0	-1	\
$-M$	x_6	1	0	1	0	0	-1	1	-2	1
-1	x_3	1	-2	0	1	0	0	0	1	\
	$-z$	$1+M$	1	$M-1$	0	0	$-M$	0	$1-3M$	
0	x_4	12	3	0	0	1	-2	2	-5	4
-1	x_2	1	0	1	0	0	-1	1	-2	\
-1	x_3	1	-2	0	1	0	0	0	1	\
	$-z$	2	1	0	0	0	-1	$1-M$	$-M-1$	
3	x_1	4	1	0	0	1/3	$-2/3$	2/3	$-5/3$	
-1	x_2	1	0	1	0	0	-1	1	-2	
-1	x_3	1	0	0	1	2/3	$-4/3$	4/3	$-7/3$	
	$-z$	-2	0	0	0	$-1/3$	$-1/3$	$1/3-M$	$-2/3-M$	

从表 5-6 中可以看出人工变量全部出基，且检验数全部小于 0，故 $\boldsymbol{x}^*=(4\quad 1\quad 9\quad 0\quad 0\quad 0\quad 0)^{\mathrm{T}}$ 是原问题的最优解，最优值为 $z^*=2$.

显然，对于最小化问题，若用大 M 法，则对最小化目标函数中应加上惩罚项 Mx_a（x_a 为一个人工变量)，才能在最小化过程中迫使人工变量 x_a 从基变量中换出去，则有如下一般形式：

$$\max z=\sum_{j=1}^{n}c_jx_j-Mx_{n+1}-Mx_{n+2}-Mx_{n+m}$$

式中，x_{n+i}（$i=1，2，\cdots，m$）均为人工变量．

5.4.3　两阶段法

当线性规划问题式（5.25）添加人工变量后，得到以方程组（5.26）为约束方程的线性规划，然后将问题拆成两个线性规划．第一阶段求解第一个线性规划：

$$\min \boldsymbol{w}=\sum_{i=1}^{m}x_{n+i}$$

$$\text{s.t.}\begin{cases}a_{11}x_1+a_{12}x_2+\cdots+a_{1n}x_n+x_{n+1}=b_1\\a_{21}x_1+a_{22}x_2+\cdots+a_{2n}x_n+x_{n+2}=b_2\\\cdots\\a_{m1}x_1+a_{m2}x_2+\cdots+a_{mn}x_n+x_{n+m}=b_m\\x_1,x_2,\cdots,x_n,x_{n+1},\cdots,x_{n+m}\geqslant 0\end{cases}\tag{5.27}$$

第一个线性规划的目标函数是对所有人工变量之和求最小值．

（1）若求得的最优解中，所有人工变量都处在费基变量的位置，即 $x_{n+i}=0(i=1,2,\cdots,m)$ 及 $\boldsymbol{w}^*=0$，则从第一阶段的最优解中去掉人工变量之后，即为原问题的一个基本可行解．再利用其求解原问题，从而进入第二阶段．

（2）假若求得第一阶段的最优解中，至少有一个人工变量不为零值，则说明添加人工变量之前的原问题无可行解，不再需要进入第二阶段计算．

因此，两阶段法的第一阶段求解有两个目的：一是判断原问题有无可行解；二是若有可行解，则可求得原问题的一个初始基本可行解，再对原问题进行第二阶段的计算．

下面用两阶段法求解例 7，建立第一阶段的线性规划问题：

$$\min \boldsymbol{w}=x_6+x_7$$

$$\textbf{s.t.}\begin{cases}x_1-2x_2+x_3+x_4=11\\-4x_1+x_2+2x_3-x_5+x_6=3\\-2x_1+x_3+x_7=1\\x_j\geqslant 0,j=1,2,\cdots,7\end{cases}$$

令 $\boldsymbol{B}^{(0)}=(\boldsymbol{P}_4\quad \boldsymbol{P}_6\quad \boldsymbol{P}_7)=\boldsymbol{I}_3$，可作为初始基本可行解．建立初始单纯形法求解表，如表 5-7 所示，并由此开始进行出基入基运算．

表 5-7　单纯形法求解表

	c_j		0	0	0	0	0	1	1	
c_B	x_B	$\overline{b}$	x_1	x_2	x_3	x_4	x_5	x_6	x_7	θ
0	x_4	11	1	−2	1	1	0	0	0	11
1	x_6	3	−4	1	2	0	−1	1	0	3/2
1	x_7	1	−2	0	1	0	0	0	1	1
$-z$		−4	6	−1	−3	0	1	0	0	
0	x_4	10	3	−2	0	1	0	0	−1	\
1	x_6	1	0	1	0	0	−1	1	−2	1
0	x_3	1	−2	0	1	0	0	0	1	\
$-z$		−1	0	−1	0	0	1	0	3	
0	x_4	12	3	0	0	1	−2	2	−5	
1	x_2	1	0	1	0	0	−1	1	−2	
0	x_3	1	−2	0	1	0	0	0	1	
$-z$		0	0	0	0	0	0	1	1	

通过二次基迭代之后，$\sigma_j \geqslant 0$，且人工变量 x_6，x_7 已从基变量中换出．因此，第一阶段的最优解已得到：$\boldsymbol{x}^{(0)} = (0\quad 1\quad 1\quad 12\quad 0\quad 0\quad 0)^{\mathrm{T}}$ 为最优解．将最优表中人工变量列划去，即可作为第二阶段的单纯形法表．$\boldsymbol{x}^{(0)} = (0\quad 1\quad 1\quad 12\quad 0)^{\mathrm{T}}$ 为第二阶段的初始基本可行解．

建立第二阶段的数学模型：

$$\max z = 3x_1 - x_2 - x_3 + 0 \cdot x_4 + 0 \cdot x_5$$

$$\text{s. t.} \begin{cases} x_1 - 2x_2 + x_3 + x_4 = 11 \\ -4x_1 + x_2 + 2x_3 - x_5 = -3 \\ -2x_1 + x_3 = 1 \\ x_j \geqslant 0, j = 1,2,\cdots,5 \end{cases}$$

相应地，建立初始单纯形法表，这时初始单纯形法表中的主体只要将第一阶段中相应的列换入即可．而目标函数行中数值须重新计算，如表 5－8 所示．

表 5－8　单纯形法求解表

c_j			3	−1	−1	0	0	
c_B	x_B	$\bar{b}$	x_1	x_2	x_3	x_4	x_5	θ
0	x_4	12	[3]	0	0	1	−2	4
−1	x_2	1	0	1	0	0	−1	\
−1	x_3	1	−2	0	1	0	0	\
$-z$		2	1	0	0	0	−1	
3	x_1	4	1	0	0	1/3	−2/3	
−1	x_2	1	0	1	0	0	−1	
−1	x_3	9	0	0	1	2/3	−4/3	
$-z$		−2	0	0	0	−1/3	−1/3	

通过一次迭代已得到最优解（$\sigma_j \geqslant 0$）．最优解 $\boldsymbol{x}^* = (4\quad 1\quad 9\quad 0\quad 0)^{\mathrm{T}}, z^* = 2$.

5.4.4　无最优解和无穷多最优解

无最优解与无可行解是两个不同的概念．

无可行解是指原规划不存在可行解，从几何的角度解释是指线性规划问题的可行域为空集；

无最优解是指线性规划问题存在可行解，但是可行解的目标函数达不到最优值，即目标函数在可行域内可以趋于无穷大（或者无穷小）．无最优解也称为无限最优解，或无界解．

无最优解判别定理：

在求解极大化的线性规划问题过程中，若某单纯形法表的检验行存在某个大于零的检验数，但是该检验数所对应的非基变量的系数列向量的全部系数都为负数或零，则该线性规划问题无最优解．

无穷多最优解判别原理：

若线性规划问题中某个基本可行解所有的非基变量检验数都小于等于零，但其中存在一个检验数等于零，那么该线性规划问题有无穷多最优解．

5.4.5 退化与循环

如果在一个基本可行解的基变量中至少有一个分量为零，则称此基本可行解是退化的基本可行解．

产生的原因：在单纯形法计算中用最小比值原则确定换出变量时，有时存在两个或两个以上相同的最小比值 θ，那么在下次迭代中就会出现一个甚至多个基变量等于零．

退化可能出现以下情况：

（1）进行进基、出基变换后，虽然改变了基，但没有改变基本可行解（极点），目标函数当然也不会改进．进行若干次基变换后，才脱离退化基本可行解（极点），进入其他基本可行解（极点）．这种情况会增加迭代次数，使单纯形法收敛的速度减慢．

（2）在特殊情况下，退化会出现基的循环，一旦出现这样的情况，单纯形迭代将永远停留在同一极点上，因而无法求得最优解．事实上，已经有人给出了循环的例子．

练习题 5－4

1. 用两阶段法解下面问题：

$$\min f(x)=4x_1+6x_2$$
$$\text{s. t.}\begin{cases}x_1+2x_2\geqslant 80\\3x_1+\ x_2\geqslant 75\\x_1,x_2\geqslant 0\end{cases}$$

2. 用大 M 法解下面问题，并讨论问题的解.

$$\max f(x)=10x_1+15x_2+12x_3$$
$$\text{s. t.}\begin{cases}5x_1+3x_2+\ \ x_3\leqslant 9\\-5x_1+6x_2+15x_3\leqslant 15\\2x_1+\ x_2+\ \ x_3\geqslant 5\\x_1,x_2,x_3\geqslant 0\end{cases}$$

5.5 线性规划问题上机实现

在 MATLAB 中有一个专门的函数 linprog() 来求解线性规划问题．在线性规划模型中，目标函数的极值有最大和最小两种，但求 z 的极大就是求 $-z$ 的极小，在 MATLAB 中以求极小为标准形式，函数 linprog() 的具体格式如下：

1. x=linprog（c，A，b).

$$\min z=cX$$

用于求解模型：$\text{s. t.}\{\boldsymbol{AX}\leqslant \boldsymbol{b}$

2. x=linprog（c，A，b，Aeq，beq).

用于求解模型：

$$\min z = cX$$
$$\text{s. t.} \begin{cases} \boldsymbol{AX} \leqslant \boldsymbol{b} \\ \text{Aeq} \cdot X = \text{beq} \end{cases}$$

若没有不等式约束 $\boldsymbol{AX} \leqslant \boldsymbol{b}$，则令 $\boldsymbol{A}$=[]，$\boldsymbol{b}$=[]．

3. x=linprog（c，A，b，Aeq，beq，vlb，vub）.

用于求解模型：

$$\min z = cX$$
$$\text{s. t.} \begin{cases} \boldsymbol{AX} \leqslant \boldsymbol{b} \\ \text{Aeq} \cdot X = \text{beq} \\ \text{vlb} \leqslant X \leqslant \text{vub} \end{cases}$$

若没有等式约束 Aeq · X=beq，则令 Aeq=[]，beq=[].

4. x=linprog（c，A，b，Aeq，beq，vlb，vub，X0）.

也用于求解模型 3，其中 X_0 表示初始点．

5. [x，fval] =linprog（）.

返回最优解 x 及 x 处的目标函数值 fval.

例 1

$$\max z = 7\ 000x_1 + 10\ 000x_2$$
$$\begin{cases} 8x_1 + 6x_2 \leqslant 380 \\ 4x_1 + 8x_2 \leqslant 300 \\ 4x_1 + 6x_2 \leqslant 220 \\ x_1 \leqslant 0, x_2 \leqslant 0 \end{cases}$$

MATLAB 程序如下．

```
clear
f=[-7000,-10000];
A=[8,6;4,8;4,6];
b=[380,300,220];
[X,fval]=linprog(f,A,b)
```

运行结果为

```
Optimization terminated.

X =

   40.0000
   10.0000

f val=

-3.8000e+ 005
```

说明：求解的结果为 $x_1 = 40, x_2 = 10$，目标函数值为 380 000.

例 2　求解下面的线性规划问题

$$\min z = -5x_1 - 4x_2 - 6x_3$$

$$\text{s. t.}\begin{cases} x_1 - x_2 + x_3 \leqslant 20 \\ 3x_1 + 2x_2 + 4x_3 \leqslant 42 \\ 3x_1 + 2x_2 \leqslant 30 \\ 0 \leqslant x_1,\ 0 \leqslant x_2,\ 0 \leqslant x_3 \end{cases}$$

MATLAB 程序为 .

```
clear
f=[-5,-4,-6];
A=[1,-1,1;3,2,4;3,2,0];
b=[20,42,30];
LB=[0;0;0];
x=linprog(f,A,b,[],[],LB)
```

程序运行的结果为

```
Optimization terminated.

X =

    0.0000
    15.0000
    3.0000
```

说明：在使用 linprog() 命令时，系统默认它的参数至少为 3 个，但如果我们需要给定第 5 个参数，则第 4 个参数也必须给出，否则系统无法认定给出的是第 5 个参数 . 遇到无法给出时，则用空矩阵“ []”替代 .

练习题 5 - 5

利用 MATLB 求解下列线性规划问题：

（1）$\max z = 10x_1 + 24x_2 + 20x_3 + 20x_4 + 25x_5$

$$\text{s. t.}\begin{cases} x_1 + x_2 + 2x_3 + 3x_4 + 5x_5 \leqslant 19 \\ 2x_1 + 4x_2 + 3x_3 + 2x_4 + x_5 \leqslant 57 \\ x_j \geqslant 0 \end{cases} \quad (j=1,\ 2,\ 3,\ 4,\ 5);$$

（2）$\max z = 8x_1 + 6x_2 + 3x_3 + 6x_4$

$$\text{s. t.}\begin{cases} x_1 + 2x_2 + x_4 \geqslant 3 \\ 3x_1 + x_2 + x_3 + x_4 \geqslant 6 \\ x_3 + x_4 \geqslant 2 \\ x_1 + x_3 \geqslant 2 \\ x_j \geqslant 0 \end{cases} \quad (j=1,\ 2,\ 3,\ 4).$$

5.6　线性规划的应用

5.6.1　配料问题

某工厂要用三种原料 1，2，3 混合调配出三种不同规格的产品甲、乙、丙，已知产品的规格要求、产品单价、每天能供应的原材料数量及原材料单价，分别如表 5-9 和表 5-10 所示．该厂如何安排生产会使利润最大?

表 5-9　规格要求及产品单价

产品名称	规格要求	单价/(元·千克$^{-1}$)
甲	原材料 1 不少于 50%，原材料 2 不超过 25%	50
乙	原材料 1 不少于 25%，原材料 2 不超过 50%	35
丙	不限	25

表 5-10　原材料数量及单价

原材料名称	每天最多供应量	单价/(元·千克$^{-1}$)
1	100	65
2	100	25
3	60	35

解　设 x_{ij} 表示第 i 种产品中原材料 j 的含量（分别用产品 1，2，3 表示产品甲、乙、丙），变量假设如表 5-11 所示．

表 5-11　变量假设（一）

项目	原材料 1	原材料 2	原材料 3
产品甲	x_{11}	x_{12}	x_{13}
产品乙	x_{21}	x_{22}	x_{23}
产品丙	x_{31}	x_{32}	x_{33}

$$利润 = \sum_{i=1}^{3}(销售单价 \times 该产品的数量) - \sum_{j=1}^{3}(每种原料单价 \times 使用原材料数量)$$

所以目标函数为

$$\begin{aligned}&\max 50(x_{11}+x_{12}+x_{13})+35(x_{21}+x_{22}+x_{23})+25(x_{31}+x_{32}+x_{33})-\\&65(x_{11}+x_{21}+x_{31})-25(x_{12}+x_{22}+x_{32})-35(x_{13}+x_{23}+x_{33})\\&=-15x_{11}+25x_{12}+15x_{13}-30x_{21}+10x_{22}-40x_{31}-10x_{33}\end{aligned}$$

从表 5-9 中有

$$x_{11} \geqslant 0.5(x_{11}+x_{12}+x_{13})$$
$$x_{12} \leqslant 0.25(x_{11}+x_{12}+x_{13})$$
$$x_{21} \geqslant 0.25(x_{21}+x_{22}+x_{23})$$
$$x_{22} \leqslant 0.5(x_{21}+x_{22}+x_{23})$$

从表 5-10 中有

$$x_{11}+x_{21}+x_{31} \leqslant 100$$
$$x_{12}+x_{22}+x_{32} \leqslant 100$$
$$x_{13}+x_{23}+x_{33} \leqslant 60$$

此问题的数学模型如下：

目标函数：$\max(-15x_{11}+25x_{12}+15x_{13}-30x_{21}+10x_{22}-40x_{31}-10x_{33})$

约束条件：$\begin{cases} 0.5x_{11}-0.5x_{12}-0.5x_{13} \geqslant 0 \\ -0.25x_{11}+0.75x_{12}-0.25x_{13} \leqslant 0 \\ 0.75x_{21}-0.25x_{22}-0.25x_{23} \geqslant 0 \\ -0.5x_{21}+0.5x_{22}-0.5x_{23} \leqslant 0 \\ x_{11}+x_{21}+x_{31} \leqslant 100 \\ x_{12}+x_{22}+x_{32} \leqslant 100 \\ x_{13}+x_{23}+x_{33} \leqslant 60 \\ x_{ij} \geqslant 0 (i=1,2,3; j=1,2,3) \end{cases}$

5.6.2 投资问题

某部门现有资金 200 万元，今后 5 年内考虑给以下项目投资，已知：

项目 A：从第 1 年到第 5 年每年年初都可投资，当年年底能回收本利 110%.

项目 B：从第 1 年到第 4 年每年年初都可投资，次年年底回收本利 125%，但规定每年最大投资额不能超过 30 万元.

项目 C：第 3 年年初需要投资，到第 5 年年底能回收本利 140%，但规定最大投资额不能超过 80 万元.

项目 D：第 2 年年初需要投资，到第 5 年年底能回收本利 135%，但规定最大投资额不能超过 100 万元.

测得每万元每次投资的风险指数如表 5-12 所示.

表 5-12 投资风险指数

项目	风险指数/每万元每次
A	1
B	3
C	4
D	5.5

问：应如何确定这些项目的每年投资额，使得第 5 年年底拥有资金的本利在 330 万元的

基础上其投资总的风险系数为最小？

解　这是一个连续投资的问题，设 x_{ij} =第 i 年初投资于 j 项目的金额（单位：万元），根据给定条件，将变量列于表 5-13 中．

表 5-13　变量假设（二）

项目	第 1 年	第 2 年	第 3 年	第 4 年	第 5 年
项目 A	x_{1A}	x_{2A}	x_{3A}	x_{4A}	x_{5A}
项目 B	x_{1B}	x_{2B}	x_{3B}	x_{4B}	
项目 C			x_{3C}		
项目 D		x_{2D}			

约束条件分析：

因为项目 A 每年都可以投资，并且当年年底就能收回本息，所以该部门每年都应把资金投出去，手中不应该有剩余的呆滞资金，因此

第 1 年：该部门年初有资金 200 万元，故有

$$x_{1A}+x_{1B}=200$$

第 2 年：因第 1 年给项目 B 的投资到第 2 年年底才能回收，所以该部门在第 2 年年初拥有资金仅为项目 A 在第 1 年投资额所收回的本息 $110\%x_{1A}$，故有

$$x_{2A}+x_{2B}+x_{2D}=1.1x_{1A}$$

第 3 年：第 3 年年初的资金额是项目 A 第 2 年投资额和项目 B 第 1 年投资回收的本息和 $1.1x_{2A}+1.25x_{1B}$，故有

$$x_{3A}+x_{3B}+x_{3C}=1.1x_{2A}+1.25x_{1B}$$

第 4 年：第 4 年年初的资金额是从项目 A 第 3 年投资额和项目 B 第 2 年投资回收的本息和 $1.1x_{3A}+1.25x_{2B}$，故有

$$x_{4A}+x_{4B}=1.1x_{3A}+1.25x_{2B}$$

第 5 年：第 5 年年初的资金额是项目 A 第 4 年投资额和项目 B 第 3 年投资回收的本息和 $1.1x_{4A}+1.25x_{3B}$，故有

$$x_{5A}=1.1x_{4A}+1.25x_{3B}$$

第 5 年年底拥有资金为

$$1.1x_{5A}+1.25x_{4B}+1.40x_{3C}+1.55x_{2D}\geqslant 330$$

另外，对投资项目 B，C，D 的投资额的限制有：

$$x_{iB}\leqslant 30\ (i=1,\ 2,\ 3,\ 4)$$

$$x_{3C}\leqslant 80$$

$$x_{2D}\leqslant 100$$

其目标函数为最小风险系数，故有

目标函数为：$\min[x_{1A}+x_{2A}+x_{3A}+x_{4A}+x_{5A}+3(x_{1B}+x_{2B}+x_{3B}+x_{4B})+4x_{3C}+5.5x_{2D}]$

约束条件：

$$
\begin{cases}
x_{1A}+x_{1B}=200 \\
x_{2A}+x_{2B}+x_{2D}=1.1x_{1A} \\
x_{3A}+x_{3B}+x_{3C}=1.1x_{2A}+1.25x_{1B} \\
x_{4A}+x_{4B}=1.1x_{3A}+1.25x_{2B} \\
x_{5A}=1.1x_{4A}+1.25x_{3B} \\
x_{iB}\leqslant 30,\ (i=1,\ 2,\ 3,\ 4) \\
x_{3C}\leqslant 80 \\
x_{2D}\leqslant 100 \\
1.1x_{5A}+1.25x_{4B}+1.40x_{3C}+1.55x_{2D}\geqslant 330 \\
x_{ij}\geqslant 0
\end{cases}
$$

练习题 5－6

1. 某厂生产 A，B，C 三种产品，其所需劳动力、材料等有关数据如表 5－14 所示．要求：(1) 确定利润最大的产品生产计划；(2) 产品 A 的利润在什么范围内变动时，上述最优计划不变；(3) 如果设计一种新产品 D，单件劳动力消耗为 8 单位，材料消耗为 2 单位，每件可获利 3 元，那么该种产品是否值得生产？(4) 当劳动力数量不增、材料不足时可从市场购买，每单位 0.4 元．问：该厂要不要购进原材料扩大生产？以购多少为宜？(5) 由于某种原因该厂决定暂停 A 产品的生产，试重新确定该厂的最优生产计划．

表 5－14　产品单位利润及资源消耗

消耗定额产品 / 产品 / 资源	A	B	C	可用量（单位）
劳动力	6	3	5	45
材料	3	4	5	30
产品利润/(元·件$^{-1}$)	3	1	4	

2. 1，2，3 三个城市每年需分别供应电力 320，250，和 350 单位，由Ⅰ，Ⅱ两个电站提供，它们的最大可供电量分别为 400 个单位和 450 个单位，单位费用如表 5－15 所示．由于可供量大于需要量，因此决定城市 1 的供应量可减少 0～30 单位，城市 2 的供应量不变，城市 3 的供应量不能少于 270 单位，试求总费用最低的分配方案（将可供电量用完）．

表 5－15　供应电力单位费用

城市 / 电站	1	2	3
Ⅰ	15	18	22
Ⅱ	21	25	16

习　题

一、将下列线性规划问题化为标准形：

1. $$\min z = 2x_1 - x_2 + 3x_3$$
$$\begin{cases} -x_1 + 2x_2 + x_3 = 4 \\ 5x_1 + x_2 - 3x_3 \leqslant 6 \\ x_1 \leqslant 0, x_2 \geqslant 0, x_3 \text{ 无约束} \end{cases}$$；

2. $$\min z = -3x_1 + 4x_2 - 2x_3 + 5x_4$$
$$\begin{cases} 4x_1 - x_2 + 2x_3 - x_4 = -2 \\ x_1 + x_2 + 3x_3 - x_4 \leqslant 14 \\ -2x_1 + 3x_2 - x_3 + 2x_4 \geqslant 2 \\ x_1, x_2, x_3 \geqslant 0, x_4 \text{ 无约束} \end{cases}$$.

二、用图解法求下列线性规划问题，并指出各问题是具有唯一最优解、无穷多最优解、无界最优解或无可行解中的哪一种：

1. $$\max z = 2x_1 + x_2$$
$$\begin{cases} 2x_1 + 5x_2 \leqslant 60 \\ x_1 + x_2 \leqslant 18 \\ 3x_1 + x_2 \leqslant 44 \\ x_2 \leqslant 10 \\ x_1, x_2 \geqslant 0 \end{cases}$$；

2. $$\max z = 5x_1 + 10x_2$$
$$\begin{cases} -x_1 + 2x_2 \leqslant 25 \\ x_1 + x_2 \leqslant 20 \\ 5x_1 + 3x_2 \leqslant 75 \\ x_1, x_2 \geqslant 0 \end{cases}$$.

三、用单纯形法求解下列线性规划问题：

1. $$\max z = 6x_1 + 2x_2 + 10x_3 + 8x_4$$
$$\begin{cases} 5x_1 + 6x_2 - 4x_3 - 4x_4 \leqslant 20 \\ 3x_1 - 3x_2 + 2x_3 + 8x_4 \leqslant 25 \\ 4x_1 - 2x_2 + x_3 + 3x_4 \leqslant 10 \\ x_1, x_2, x_3, x_4 \geqslant 0 \end{cases}$$；

2. $$\max z = x_1 + 6x_2 + 4x_3$$
$$\begin{cases} -x_1 + 2x_2 + 2x_3 \leqslant 13 \\ 4x_1 - 4x_2 + x_3 \leqslant 20 \\ x_1 + 2x_2 + x_3 \leqslant 17 \\ x_1 \geqslant 1, x_2 \geqslant 2, x_3 \geqslant 3 \end{cases}$$.

四、分别用大 M 法和两阶段法求解下列线性规划问题：

1. $$\max z = 4x_1 + 5x_2 + x_3$$
$$\begin{cases} 3x_1 + 2x_2 + x_3 \geqslant 18 \\ 2x_1 + x_2 \leqslant 4 \\ x_1 + x_2 - x_3 = 5 \\ x_1, x_2, x_3 \geqslant 0 \end{cases}$$；

2. $$\max z = 2x_1 + x_2 + x_3$$
$$\begin{cases} 4x_1 + 2x_2 + 2x_3 \geqslant 4 \\ 2x_1 + 4x_2 \leqslant 20 \\ 4x_1 + 8x_2 + 2x_3 \leqslant 16 \\ x_1, x_2, x_3 \geqslant 0 \end{cases}$$.

五、某昼夜服务的公交线路每天各时间段内所需司机和乘务人员数如表 5 - 16 所示.

表 5 - 16　各时段所需司机和乘务人员人数

班次	时间	所需人数/人
1	6 点到 10 点	60
2	10 点到 14 点	70
3	14 点到 18 点	60
4	18 点到 22 点	50
5	22 点到 2 点	20
6	2 点到 6 点	30

设司机和乘务人员分别在各时间段一开始时上班，并连续工作 8 小时，问：该公交线路怎样安排司机和乘务人员，既能满足工作需要，又配备最少司机和乘务人员？

六、某工厂要做 100 套钢架，每套用长为 2.9 m，2.1 m 和 1.5 m 的圆钢各一根．已知原料每根长 7.4 m，问：应如何下料，可使所用原料最省？

七、某公司从两个产地 A_1，A_2 将物品运往三个销地 B_1，B_2，B_3，各产地的产量、各销地的销量和各产地运往各销地的每件物品的运费如表 5－17 所示．应如何组织运输，使总运输费用最小？

表 5－17　物品运费

运费单价 销地 / 产地	B_1	B_2	B_3	产量/件
A_1	6	4	6	300
A_2	6	5	5	300
销量/件	150	150	200	

参 考 文 献

[1] 宋金国、秦君琴、宋佳乾．线性代数及其应用［M］．北京：清华大学出版社，2017.

[2] 冯琦．线性代数导引［M］．北京：科学出版社，2019.

[3] 阿克斯勒（Sheldon Axler）．线性代数应该这样学［M］．北京：人民邮电出版社，2016.

[4] 卢刚．线性代数中的典型例题分析与习题［M］．北京：高等教育出版社．2015.